최신 드론조종자 자격증

학과시험 표준교재

KB011161

최신 드론조종자 자격증 학과시험 표준교재

초판 발행 2024년 4월 26일

지은이 양현호, 김민지, 김선영
감 수 강봉철 · 김세진 · 김승환 · 김태수 · 류은희
오승주 · 오용훈 · 이문철 · 이임걸 · 이주성
전상훈 · 조하윤 · 주양선 · 진병동 · 최서연

펴낸곳 도서출판 네오
펴낸이 신장섭
등 록 제406-2012-000070호
주 소 10881 경기도 파주시 재두루미길 110(신촌동)
전 화 02)718-3111
팩 스 02)704-3113

디자인 네오프린텍(주)
인쇄 제본 네오프린텍(주)

값 25,000원
ISBN 979-11-973825-6-7 (13550)

최신 드론조종자 자격증 학과시험 표준교재

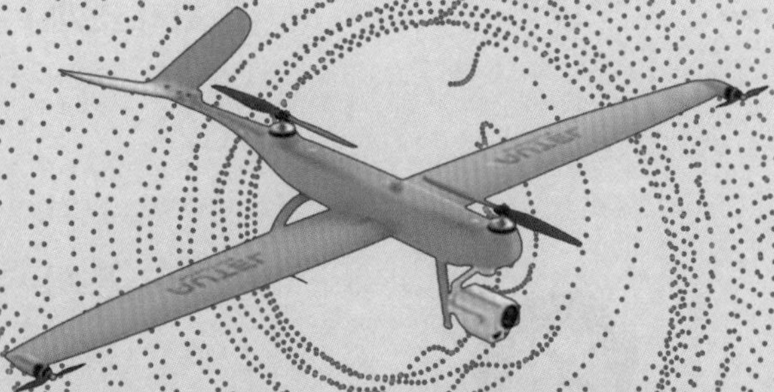

양현호·김민지·김선영 지음

감수 강봉철·김세진·김승환·김태수·류은희
오승주·오용훈·이문철·이임걸·이주성
전상훈·조하윤·주양선·진병동·최서연

도서출판 네오

| 저자 소개 |

양현호

| 양현호 주임교수 주요약력 |

- 한세대학교 평교원 행정학 · 범죄수사학과 교수
- 서울디지털대학교 탐정학 · 드론학 교수
- 전 서울청 용산경찰서 미8군출장소장
- 전 한세대학교 대학평의원회 의원
- 한세대학교 한세드론아카데미 운영 교수
- 한세대학교 경찰학박사 총동문회 고문
- 한세대학교 경찰법무대학원 총동문회 고문
- IDDA 국제드론탐정사 연합회장
- 한국드론연구 발행인

김민지

- 한세대학교 경찰학박사 과정
- IDDA 국제드론탐정사연합 고문
- 한세대학교 한세드론아카데미 교관
- 전 SK C&C 메타버스팀 차장

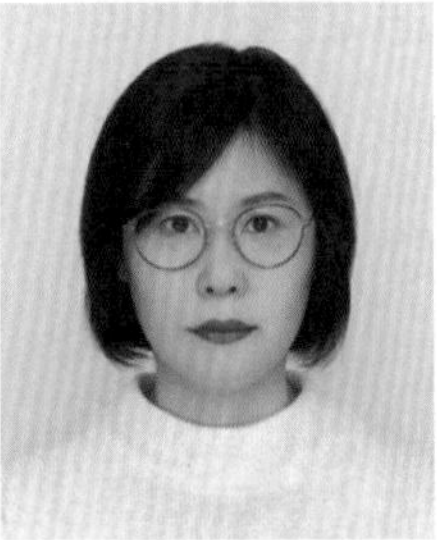

김선영

- 한세대학교 한세드론아카데미 원장
- IDDA 국제드론탐정사연합 운영이사
- TS 한국교통안공단 실기평가 조종자
- 경찰 소방 탐정 한세드론봉사대 사무총장

| 발간사 |

AI 인공지능 시대에 따라 무인 항공기 및 드론 기술의 발전과 그 활용도가 광대해지고 급성장하고 있습니다. 이러한 상황에서 드론에 대한 인식과 남녀노소 항공 관련 조종자격은 필수 시대가 되었고 새로운 항공법 개정에 따른 학습 표준교재가 절실한 실정입니다. 이에 따라 일선 대학 드론학과 교수로서 큰 뜻을 갖고 초경량비행장치 표준교재 수험서를 재차 수정 발간하게 되었습니다. 본교재가 초경량비행장치 무인멀티콥터, 무인비행기, 무인헬리콥터 초보자들에게 뿐만 아니라, 연구 · 개발 분야의 드론을 시연하는 각종 분야에서 자격증을 취득하려는 사람들에게 또한 많은 도움이 되기를 기대합니다. 무인비행기 드론은 현재 많은 분야에서 활용되고 있으며 그 영역은 점차 확대되고 있습니다. 특히 전쟁의 최첨단무기로 활용되고 있으며 국가기관 등 산업 분야에서는 영상촬영, 맵핑, 공간정보 생성 등 드론을 활용한 스트리밍 서비스 등 실시간 드론을 이용하여 알고리즘을 접목한 첨단기술을 집약적으로 수행하고 있으며, 농업 분야에서는 드론을 이용한 작물 상태 모니터링 및 농약 살포 방제방역 등에 활용하고 있습니다. 소방, 경찰 분야는 인명구조, 수색감시, 순찰업무에도 실시간 활용이 이루어지는 등 드론은 교통운송 택배 서비스 등 생태계 전 분야에서 거의 다방면으로 활용되고 있는 실정입니다. 점차 드론의 콘텐츠 분야가 확대됨에 따라 사용자가 드론을 정확히 이해하고 활용하기 위해서는 다양한 분야의 기술과 국가자격증 습득이 기본이고 필수가 되고 있습니다. 본 교재는 초경량비행장치 비행교육 입문 자격증을 취득하려는 수험생들에게 이해하기 쉽도록 이론 학과시험 공부를 하는 데 필요하고 다양한 분야의 기본개념을 중심으로 항공 기본지식을 총망라하여 표준교재로 집약 출판하였습니다. 지금까지는 드론을 다루는 무수한 이론적 책들을 통해 드론에 관한 기존의 내용을 반복적으로 접할 수 있었지만, 본 교재는 현직 드론 학과 교수님들과 드론 비행 교육원 현장 전문가들의 경험을 바탕으로 이론 및 현장의 충실한 정보 및 내용을 수정 보완 집필한 초경량비행장치 무인멀티콥터, 무인비행기, 무인헬리콥터의 이론 기본해설 표준교재입니다. 본 교재 내용은 초경량비행장치의 항공법규, 비행이론 및 운용, 항공기상 예제 등 다양한 이론을 설명하고 있습니다. 기출예상문제 및 사진해설을 통해 교재 내용을 만14세 이상이면 남녀노소 누구나 이해할 수 있도록 쉽고 편리 하게 설명 하였습니다. 본 교재를 3일간 집중적으로 학습하면서 실기시험 비행 연습을 동시에 진행한다면 드론 분야의 완전 초보 입문자라도 10일 안에 한국교통공단 시행 초경량비행장치 자격시험 합격을 확신 할 수 있습니다. 수험생 여러분의 도전을 힘차게 응원합니다.

끝으로 본 교재가 출판되기까지 물심양면 많은 도움을 주신 한세대 백인자 총장님, 경기도북부자치경찰 위원회 신현기 위원장님, 서울디지 탈대학 최순호 교수님, 한세대평생교육원장 조재혁 교수님, 신세룡 팀장님, 경찰청 항공과 이문철 기장님, 세한대 조하윤 교수님, 해병대 사령부 강봉철 대장님, 에어로게이트 박상선 대표님, 네오프린텍(주) 신장섭 회장님, 박진경 부장님, 한세드론아카데미 동역자 박철호, 양동현 고문님과 경찰 인재개발원 오용훈 교수님, 한세드론축구단 박수정 감독님, 용산의 양승화, 유장수, 문태준 실기평가조종자와 전국 한세대 출신 교관 교육생 드론선교사 님들께 깊은 감사의 글을 올립니다.

한세에서 세계로 모두 힘차게 비상합시다.

2024 봄학기를 맞이하면서 한세대 한세드론아카데미에서

저자 양현호

목차
Contents

PART 01 항공법규

PART 02 비행이론 및 운용

PART 04 복원 기출 모의고사

PART 05 부록

PART

01

항공법규

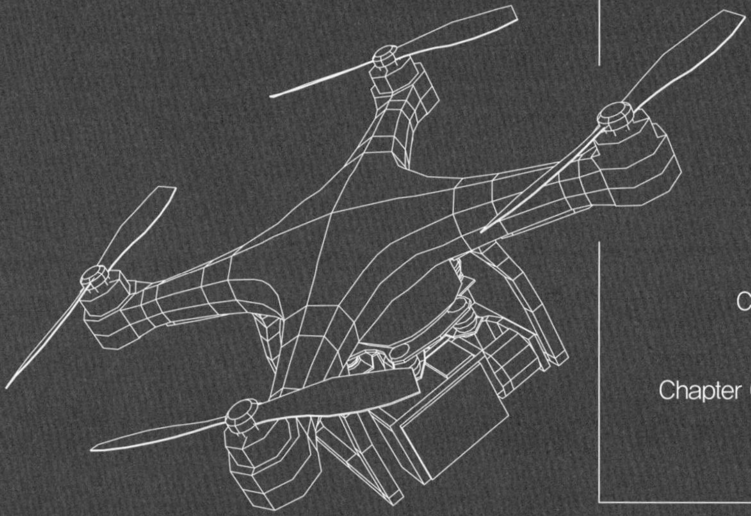

CHAPTER

01 항공안전법

01 항공법규의 목적, 분법 및 체계

여러분들이 준비하고 있는 초경량비행장치 무인멀티콥터 조종자 증명(자격증) 대비 항공법규는 항공안전법에서 대부분 출제되므로 항공안전법을 기출문제와 서로 비교하면서 출제경향을 파악하면서 공부한다면 시험대비에 매우 효과적일 것이다. 항공사업법(지도 조종자과정에서 중요)과 공항시설법은 중요한 용어 정의와 기출문제 위주로 대비하면 충분할 것으로 생각한다.

항공법규는 1961년 3월에 처음으로 대한민국 항공법을 제정 후 2017년 3월, 기존 항공법은 항공안전법, 항공사업법, 공항시설법으로 구분시행했다. 항공안전법은 항공기 기술기준, 종사자, 초경량비행장치 등에 관련 기술이고, 항공사업법은 항공운송사업, 사용사업, 교통이용자 보호 등을 기술하고 있으며 공항시설법은 공항 및 비행장의 개발, 항행안전시설 등을 기술하고 있다.

KEY POINT 항공안전법의 분법 개정취지

1. 국제기준의 변화에 탄력적으로 대응
2. 국민이 이해하기 쉽도록 개선
3. 운영상 나타난 미비점 개선

1) 항공안전법의 목적(항공안전법 제1조)

이 법은 「국제민간항공협약」 및 같은 협약의 부속서에서 채택된 표준과 권고되는 방식에 따라 항공기, 경량항공기 또는 초경량비행장치의 안전하고 효율적인 항행을 위한 방법과 국가, 항공사업자 및 항공종사자 등의 의무 등에 관한 사항을 규정함을 목적으로 한다.

2) 국제민간항공협약(Convention on International Civil Aviation) = 시카고협약

항공기가 발달하고 타국에서 비행이 증가함에 따라 국가간 비행의 국제적 법률관계 발생으로 표준화의 필요성을 절감하게 되었다. 이에 따라 본 협약을 1944년 12월에 미국 시카고에서 제정하고 1947년 4월 4일 발효되었으며 국제민간항공에 관한 일반적 룰을 규율하는 다자간 협약으로 '시카고 협약'이라고도 한다. 시카고협약은 4부 22장 96조항으로 구성되어있고 동협약 부속서로 항공안전기준과 관련하여 19개의 부속서(Annex)를 채택하였고, 헌법6조에 따라 시카고협약은 국내법과 동등한 지위에 있다고 볼 수 있다. 한국은 1952년 12월에 시카고 협약에 가입하였다.

| 19개의 부속서(Annex) |

부속서	영문명	국문명
Annex 1	Personnel Licensing	항공종사자의 면허
Annex 2	Rule of the Air	항공교통 규칙

부속서	영문명	국문명
Annex 3	Meteorology	항공기상
Annex 4	Aeronautical Chart	항공지도
Annex 5	Unit of Measurement to be Used in Air and Ground Operation	항공단위
Annex 6	Operation of Aircraft	항공기 운항
Annex 7	Aircraft Nationality and Registration Marks	항공기 국적 및 등록기호
Annex 8	Airworthiness of Aircraft	항공기 감항성
Annex 9	Facilitation	출입국 간소화
Annex 10	Aeronautical Telecommunications	항공통신
Annex 11	Air Traffic Services	항공교통업무
Annex 12	Search and Rescue	수색 및 구조
Annex 13	Aircraft Accident and Incident Investigation	항공기사고조사
Annex 14	Aerodromes	비행장
Annex 15	Aeronautical Information Services	항공정보업무
Annex 16	Environmental Protection	환경보호(소음, 엔진배출)
Annex 17	Security	항공보안
Annex 18	The Safe Transport of Dangerous Goods by Air	위험물 수송
Annex 19	Safety Management	안전관리

3) 국제민간항공기구(International Civil Aviation Organization)

국제민간항공기구(ICAO)는 국제민간항공협약에 의해 설립된 정부간 국제기구이다. ICAO는 세계 항공업계의 정책과 질서를 총괄하는 기구로서 UN 산하 전문기구로 사무국은 캐나다 '몬트리올'에 있고 국제민간항공이 안전하고 질서있게 발전할 수 있도록 도모하며, 체약국간에 국제항공업무가 기회균등주의를 기초로 하여 건전하고 경제적으로 운영을 위해 설립되었다.

KEY POINT 무인기 현황

- ❖ ICAO 기준의 무인비행기준 마련단계에 있다.
- ❖ 국가별 Drone 비행관련 규정으로만 운영되어 국제적으로 통용이 안 된다.

기출 핵심문제

❖ **항공안전법의 제1조에서 정의하고 있는 이 법의 목적은?**

① 민간항공 보안 기준 규정

② 안전 · 효율적인 항행과 항공종사자 등의 의무 규정

③ 항공사업의 질서유지

④ 국내 민간항공의 안전 항행과 발전 도모

해설 정답 2

02 항공안전법에 따른 항공기 등의 구분

'항공기'와 '비행기' 같은 말 아닌가요? 다르다면 어떻게 다를까요? 항공기(Aircraft)는 비행기(Airplane)를 포함하고 하늘을 날아다니는 모든 기구들의 포괄적인 표현입니다. 우리가 흔히 타고 다니는 항공사의 비행기와 헬리콥터, 기구나 비행선까지 다 항공기에 포함이 됩니다. 다음은 항공안전법에 따른 항공기의 분류입니다.

1) 항공기의 분류(항공안전법 시행규칙 제5조)

가) 항공기

비행기, 비행선, 활공기, 회전익항공기, 항공우주선 및 최대 이륙중량 600kg 이상의 동력비행장치로 구분되며, 국제민간항공협약(ICAO)에 따른 공통된 안전기준 적용(국제기준에 따라 항공기는 '형식증명' 필요. 「항공법」 제17조)

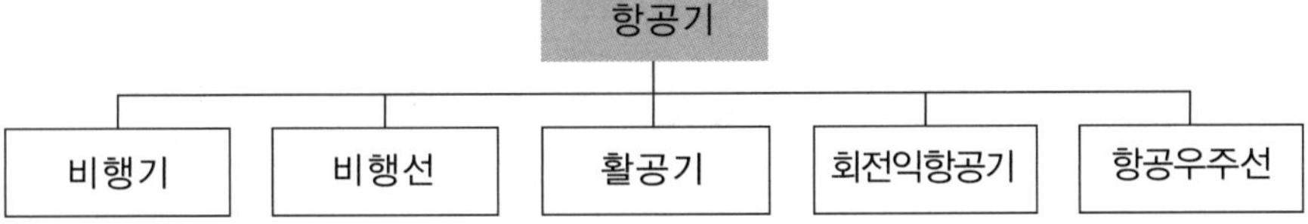

항공기 종류		설명	기준
비행기		엔진의 추진력과 고정된 날개(고정익)로 얻은 양력으로 비행	최대이륙중량 600kg 초과 (수상비행용은 650kg 초과)
헬리콥터		주회전날개(로터블레이더)에 의해 양력을 얻고, 그 축을 변화시켜 전후좌우 방향을 조절하고 꼬리날개는 기체의 좌우 회전 조절	
활공기		엔진이 없고 다른 항공기나 자동차로 견인해서 띄우고 기류를 통해 비행	자체중량 70kg 초과
비행선		수소가스, 헬륨가스 등의 정적인 부력을 이용, 공중 부양하고 레저스포츠 관광용으로 주로 사용	자체중량 180kg 또는 길이 20m 초과
항공우주선		지구 대기권 내외를 비행할 수 있는 항공기	

☞ 수험대비 : 항공기의 종류를 경량항공기 또는 초경량비행장치 종류와 구별하는 문제들이 기출됨

나) 경량항공기

항공기 외에 비행할 수 있는 장치로서 동력비행장치, 회전익비행장치, 동력패러글라이더 중 2인승, 최대 이륙중량 600kg 이하의 것으로 국내 안전기준 적용(형식증명 대신 '안전성인증'을 받도록 함. 「항공법」 제24조)

※ 엔진을 장착하고 사람이 탑승하는 초경량비행장치 중 비행성능과 규모가 큰 것을 대상으로 항공기에 준한 안전관리를 위해 경량항공기 제도 마련(2009.6.9.)

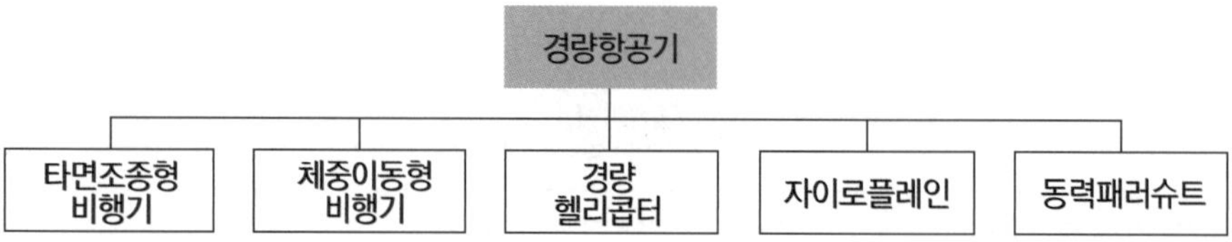

경량항공기 종류		설명	기준
타면 조종형 비행기		고정익 날개의 방향타, 승강타(☞타면 조종형)등으로 양력의 불균형을 발생시켜 조종 ☞ 고정익비행장치에 해당됨	최대이륙중량 600kg이하 (수상비행용 650kg 이하) 좌석 2개 이하 고정된 착륙장치
체중 이동형 비행기		행글라이더에 엔진 부착, 체중을 이동하여 방향을 조종	
경량 헬리콥터		일반 항공기의 헬리콥터와 구조는 같으나 중량, 좌석이 소규모	
자이로 플레인		고정익과 회전익의 조합형으로 이륙시 활주로가 필요함 * 정지호버링이 안됨 * 초경량 자이로플레인과 구별	
동력 패러슈터		낙하산류에 엔진과 조종석을 장착한 동체(Trike)를 연결한 비행체 조종줄로 방향과 속도를 조종	

다) 초경량비행장치

항공기와 경량항공기 외에 공기의 반작용으로 뜰 수 있는 작은 규모의 비행장치로 동력비행장치, 회전익비행장치, 동력패러글라이더, 인력활공기 등으로 구분되며, 국가별 안전기준이 상이하게 적용(형식증명 대신 '안전성 인증')되며 여러분들이 취득하고자 하는 국가공인 드론(무인멀티콥터) 자격증은 여기에 포함되므로 초경량비행장치 분야에 좀 더 관심을 가지고 공부를 해야 한다.

초경량비행장치

- 동력 비행장치
- 회전익 비행장치
- 동력패러 글라이더
- 인력 활공기
- 기구류
- 무인 비행장치
- 낙하산류

(1) 동력비행장치

- 동력 즉 엔진을 이용하여 프로펠러를 회전시켜 추진력을 얻는 비행장치로서 착륙장치가 장착된 고정익(날개가 움직이지 않는) 비행장치를 말한다.

| 고정익 비행장치 |

- 좌석이 1개인 비행장치로서 자체중량이 115kg 이하인 것
- 착륙장치가 장착된 고정익 비행장치

(2) 회전익 비행장치

고정익 비행장치와는 달리 1개 이상의 회전익(프로펠러)을 이용하여 양력을 얻는 비행장치를 말한다.

- 초경량 헬리콥터, 초경량 자이로플레인(※자이로플레인: 경량항공기)
- 좌석이 1개이고 자체중량이 115kg 이하인 것

초경량 자이로플레인		초경량 헬리콥터	
	고정익과 회전익의 조합형이라 할 수 있으며, 1개 이상의 회전익에서 양력을 얻는 비행장치		일반 헬리콥터와 구조적으로 유사하며, 무게 및 탑승인원에 제한을 받음

※ 자이로플레인의 특징 : 일반적으로 활주로가 필요하며 정지호버링을 할 수 없다.

(3) 동력 패러글라이더

패러글라이더에 추진력을 얻는 장치를 부착한 비행장치이다.

- 착륙장치가 없는 비행장치
- 착륙장치가 있는 비행장치로 좌석이 1개이고 자체중량이 115kg이하인 것

착륙장치가 없는 동력 패러글라이더		착륙장치가 있는 동력 패러글라이더	
	낙하산류 조종자의 등에 엔진을 메고, 조종줄을 사용하여 비행장치의 방향과 속도를 조종		패러글라이더에 동체(Trike : 삼륜차)를 장착한 것으로 무게 및 탑승인원에 제한을 받음

(4) 인력 항공기 : 체중이동 등 인력을 이용하여 조종하는 행글라이더와 패러글라이더로서 자체중량이 70kg 이하인 비행장치

행글라이더		패러글라이더	
	탑승자가 공중에서 체중을 이동 방향조종		동력장치 없이 사람이 달려가며 이륙, 비행 후 두 발로 착륙하는 비행장치

(5) 기구류

기구란, 기체의 성질이나 온도 차 등으로 발생하는 부력을 이용하여 하늘로 오르는 비행장치이다. 기구는 비행기처럼 자기가 날아가고자 하는 쪽으로 방향을 전환하는 그런 장치가 없다. 한번 뜨면 바람 부는 방향으로만 흘러 다니는 풍선과도 같다.

– 유인 자유기구 또는 무인 자유기구

– 계류식 기구

* 계류식 : 기구를 지상에서 150m미만의 높이로 두꺼운 케이블로 기구를 고정한 방식

자유기구		계류식 기구	
	온도차에 의한 공기부력으로 상승하는 기구, 버너(burner) 및 사람이 타는 탑승장치와 연료 용기를 탑재		공기보다 가벼운 헬륨가스 부력을 이용하여 연결된 케이블을 풀거나 감는 방식으로 상승, 하강하는 기구

(6) 무인비행장치

무인비행장치란 사람이 타지 않고, 원격 조종 또는 스스로 조종되는 비행체를 말한다. 사용용도에 따라 카메라, 센서, 통신장비, 또는 다른 장비를 탑재한다.

① 무인동력비행장치 : 자체중량 150kg 이하인 무인비행기, 무인헬리콥터, 무인멀티콥터

② 무인비행선 : 자체중량 180kg 이하이고 길이 20m 이하인 무인비행선

(7) 낙하산류

– 항력(抗力)을 발생시켜 대기(大氣)중을 낙하하는 사람 또는 물체의 속도를 느리게 하는 비행장치

2) 초경량비행장치의 분류(항공안전법 시행규칙 제5조)

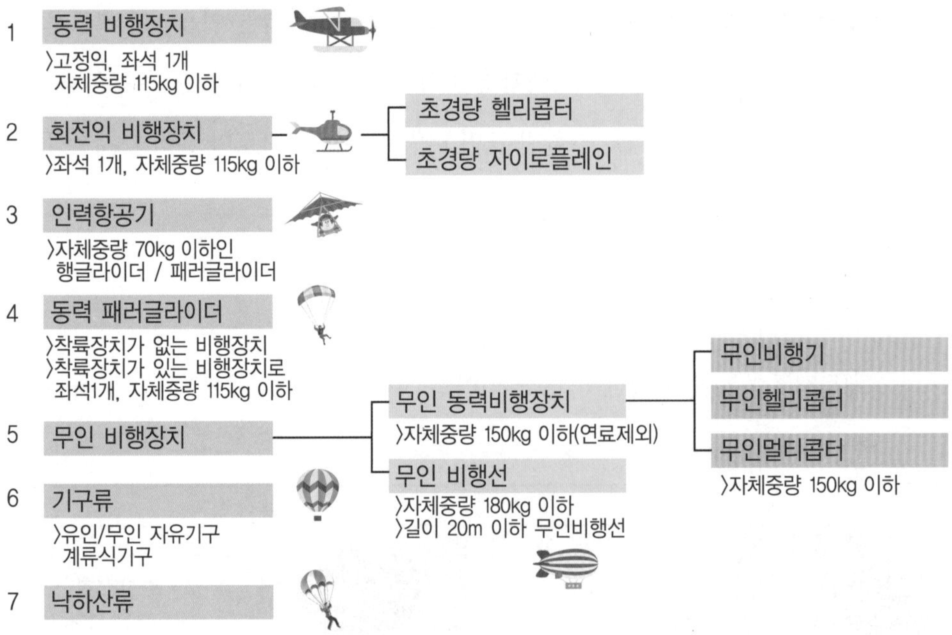

| 한눈에 보는 초경량비행장치 유형 |

3) 엔진을 장착하고 사람이 탑승하는 항공기 등의 분류

구분	초경량비행장치	경량항공기	항공기
무게기준	자체중량 115kg 이하	최대이륙중량 600kg 이하	최대이륙중량 600kg 이상
좌석 수	1인승	2인승 이하	제한없음

- 항공기 중 활공기는 70kg 이하를 초경량비행장치로 구분
- 무인항공기 중 자체중량 150kg(무인비행선 180kg) 이하를 초경량 비행장치로 분류
- 무인비행장치 〈 150kg(자체중량) 〈 무인 항공기

기출 핵심문제

❖ 초경량비행장치에 해당하지 않는 것은?

① 회전익비행장치
② 동력비행장치
③ 낙하산류
④ 자이로플레인

해설 **정답 4**

자이로플레인은 경량항공기이고, 초경량 자이로플레인은 초경량비행장치이다.

4) 초경량비행장치 조종자 증명(자격증)의 취득

가) 합격기준 및 구비서류

(1) 무인멀티콥터는 학과시험 40문제 70점 이상, 비행경력 20시간 이상, 실기시험 (실기 + 구술) 합격으로 취득(학과시험 유효기간 2년)

(2) 무인헬기 조종자 취득자는 학과시험 면제, 비행경력 10시간으로 무인멀티콥터 실기 응시 가능

(3) 구비서류 : 운전면허증 또는 신체검사서

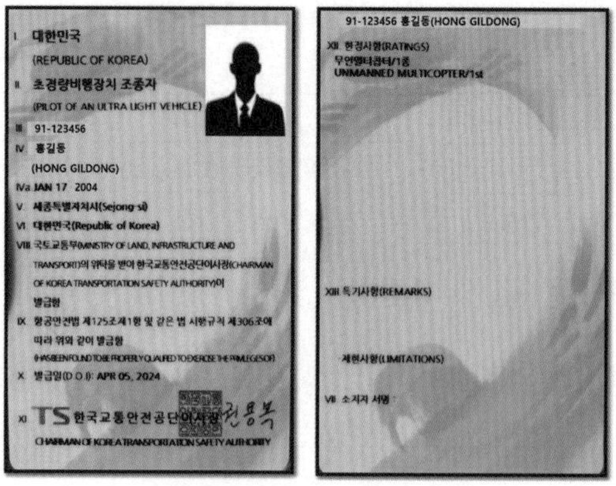

| 초경량비행장치 조종자 증명서 |

나) 조종자증명을 받아야 하는 경우

드론 자격증이 없다고 드론을 날리지 못하는 건 아니다. 무게가 12㎏ 이하이거나, 12㎏을 초과하더라도 '비상업 용도'로 날리는 경우엔 자격증이 없어도 가능하다. 예를 들어 농민이 본인 소유 논에 방제할 목적으로 12㎏을 넘는 드론을 조종할 땐 자격증이 없어도 된다. 결국 12㎏이 넘는 드론을 상업적으로 운전할 때만 국가공인자격증이 필요하다. 이를 위반하면 300만원 이하 과태료가 부과된다. 다만 개인적 목적의 사용자라도 12㎏이 넘는 드론은 한국교통안전공단 이사장에게 '신고'해야 하고 사업 목적일 경우엔 무게와 상관없이 모두 신고해야 한다. 이를 어기면 6개월 이하의 징역 또는 500만원 이하 벌금형을 받을 수 있다. 그러나 2021. 3. 1부터 최대이륙중량 250g 초과하는 모든 드론 운전시 자격증이 필요하다.

(1) 자체중량 12kg 초과 사업용 무인동력비행장치(무인비행기, 무인헬리콥터, 무인멀티콥터)

☞ 2021. 3. 1 부터 사업/비사업용 구분없이 최대이륙중량 250g 초과 시 자격증 필요

(2) 자체중량이 12kg 초과하거나, 길이가 7m 초과하는 사업용 무인비행선(연료중량 제외)

(3) 동력비행장치, 회전익비행장치, 동력패러글라이더, 유인자유기구

(4) 항공레저스포츠사업에 사용되는 행글라이더, 패러글라이더 및 낙하산류

다) 조종자증명을 받지 않아도 되는 경우

〈 ~ 2021. 2. 28. 까지 〉

(1) 자체중량 12kg 이하 또는 비사업용 무인동력비행장치

〈 2021. 3. 1.부터 〉

(2) 무인비행기, 무인헬리콥터 또는 무인멀티콥터 중에서 연료의 중량을 '포함'한 최대이륙중량이 250g 이하인 것

라) 초경량비행장치 조종자 증명 응시자격(필기)

<table>
<tr><th>종류</th><th>기체 중량</th><th>연령 제한</th><th>비행 경력</th><th>학과</th><th>실기</th></tr>
<tr><td>1종</td><td>최대이륙중량
25kg 초과
자체중량 150kg 이하</td><td rowspan="3">만 14세 이상</td><td>1종 기체를 조종한
시간 20시간
(2종 자격 취득자 5시간,
3종 자격 취득자 3시간
이내 인정)</td><td rowspan="3">O
(과목, 범위,
난이도 동일)</td><td>O</td></tr>
<tr><td>2종</td><td>최대이륙중량 7kg
초과 25kg 이하</td><td>1,2종 기체를 조종한
시간 10시간
(3종 자격 취득자
3시간 이내 인정)</td><td>O</td></tr>
<tr><td>3종</td><td>최대이륙중량 2kg
초과 7kg 이하</td><td>1,2,3종 기체를 조종한
시간 6시간</td><td>X</td></tr>
<tr><td>4종</td><td>최대이륙중량 250g
초과 2kg 이하</td><td>만 10세 이상</td><td>–</td><td>온라인 교육</td><td>X</td></tr>
</table>

(1) 초경량비행장치 조종자 자격시험(1종 ~ 3종) 응시 최소나이 : 만14세

- 4종의 응시 최소나이 : 만 10세

(2) 초경량비행장치 조종자 실기시험을 보기 위한 비행시간

- 20시간(8시간의 교관동반 비행과 12시간의 단독비행)

(3) 초경량비행장치 지도조종자(교관) 자격시험 응시 최소나이 : 만18세

(4) 지도조종자(교관)가 되기 위한 비행시간 : 누적 100시간

(5) 실기평가조종자가 되기 위한 비행시간 : 누적 150시간

(6) 전문교육기관 운영자 나이 : 만25세 이상

마) 무인멀티콥터 실기영역 및 항목 채점표

- 실기시험 채점표의 모든 항목에서 'S'등급이어야 한다.

※ 등급표기 – S: 만족(satisfactory), U: 불만족(unsatisfactory)

순번	구분	영역 및 항목	등급
구술시험	1	기체에 관련한 사항	
	2	조종자에 관련한 사항	
	3	공역 및 비행장에 관련한 사항	
	4	일반지식 및 비상절차	
	5	이륙 중 엔진 고장 및 이륙 포기	
실기시험 (비행 전 절차)	6	비행 전 점검	
	7	기체의 시동	
	8	이륙 전 점검	
실기시험 (이륙 및 공중조작)	9	이륙 비행	
	10	공중 정지비행(호버링)	
	11	직진 및 후진 수평비행	
	12	삼각비행	
	13	원주비행(리더턴)	
	14	비상조작	
실기시험 (착륙조작)	15	정상접근 및 착륙	
	16	측풍접근 및 착륙	

순번 \ 구분		영역 및 항목	등급
실기시험 (비행 후 점검)	17	비행 후 점검	
	18	비행기록	
실기시험 (종합능력)	19	안전거리 유지	
	20	계획성	
	21	판단력	
	22	규칙의 준수	
	23	조작의 원활성	
실기시험위원 의견			

바) 자격증명 업무범위 (항공안전법 제110조, 제125조)

자격종류	업 무 범 위
경량 항공기 조종사	– 경량항공기에 탑승하여 경량항공기를 조종하는 행위
초경량비행장치 조종자	– 초경량비행장치를 사용하여 비행하는 행위

사) 자가용조종사, 경량항공기조종사, 초경량비행장치조종자 구분

자격종류	자가용 조종사	경량 항공기 조종사	초경량비행장치 조종자
조종기체	항공기	경량항공기	초경량비행장치
기체종류	비행기, 헬리콥터, 활공기, 비행선, 항공우주선	타면조종형비행기, 체중이동형비행기, 경량헬리콥터, 자이로플레인, 동력패러슈트	동력비행장치, 회전익비행장치, 유인자유기구, 동력패러글라이더, 무인비행기, 무인비행선, 무인멀티콥터, 무인헬리콥터, 행글라이더, 패러글라이더, 낙하산류
기체 구분 비행기 기준	– 초경량비행장치 및 경량항공기 초과 기체	– 좌석 2개 이하 – 자체 중량 115kg 초과 – 최대이륙중량 600kg 이하 – 최대수평비행속도 120 knots 이하 – 최대실속속도 45knots 이하 – 단발 왕복발동기 – 조종석 여압장치 미장착 – 비행중 프로펠러 각도 조정 불가 – 고정된 착륙장치 장착	– 좌석 1개 – 자체 중량 115kg 이하

자격종류	자가용 조종사	경량 항공기 조종사	초경량비행장치 조종자
등록	지방항공청	지방항공청	지방항공청
검사	지방항공청	항공안전기술원	항공안전기술원
보험	보험가입 필수	보험가입 필수	사용사업에 사용할 때
조종 교육	사업용조종사 + 조종교육증명 보유자	경량항공기조종사 + 조종교육증명 보유자	공단에 등록한 지도조종자

기출 핵심문제

❖ **초경량비행장치 조종자 자격시험(1종~3종)에 응시할 수 있는 최소나이?**

① 만 12세 이상 ② 만 14세 이상 ③ 만 20세 이상 ④ 연령과 관계없다.

해설 **정답 2**

조종자 증명(1종~3종)은 만 14세 이상, 4종은 만 10세 이상이다.

아) 항공안전법상 '항공업무'란 다음 각 목의 어느 하나에 해당하는 업무를 말한다.

(1) 항공기의 운항(무선설비의 조작을 포함한다.) 업무(제46조에 따른 항공기 조종 연습은 제외한다.)

(2) 항공교통관제(무선설비의 조작을 포함한다.) 업무(제47조에 따른 항공교통관제 연습은 제외한다.)

(3) 항공기의 운항관리 업무

(4) 정비 · 수리 · 개조된 항공기 · 발동기 · 프로펠러, 장비품 또는 부품에 대하여 안전하게 운용할 수 있는 성능이 있는지를 확인하는 업무 및 경량항공기 또는 그 장비품 · 부품의 정비사항을 확인하는 업무

기출 핵심문제

❖ **항공법에서 규정하는 '항공업무'가 아닌 것은?**

① 항공교통관제

② 운항관리 및 무선설비의 조작
③ 항공기에 탑승하여 실시하는 조종연습 업무
④ 정비, 수리, 개조된 항공기, 발동기, 프로펠러 등의 장비나 부품의 안전성 여부 확인 업무

해설 **정답 3**

03 초경량비행장치의 사용절차

초경량비행장치의 종류별로 무게기준 등 약간의 차이는 있지만 비행하기 전까지 절차는 모두 같다. 우선 초경량비행장치를 구입하면 신고대상인지 확인하고 신고부터 해야 한다. 그리고 그 기체가 안정성 인증대상인지 확인하여 해당하면 정기적으로 안정성 인증검사까지 받아야 한다. 마지막으로 기체를 날릴 때는 해당 지역이 비행금지 구역인지 '드론플라이', '레디투플라이'와 같은 앱을 통해 비행장소를 확인하고 안전하게 날려야 할 것이다.

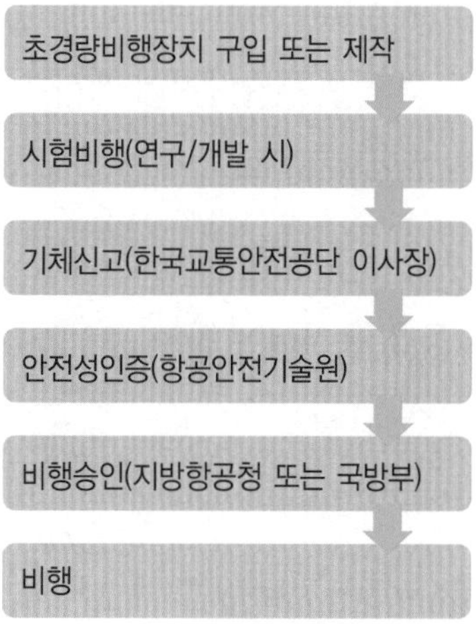

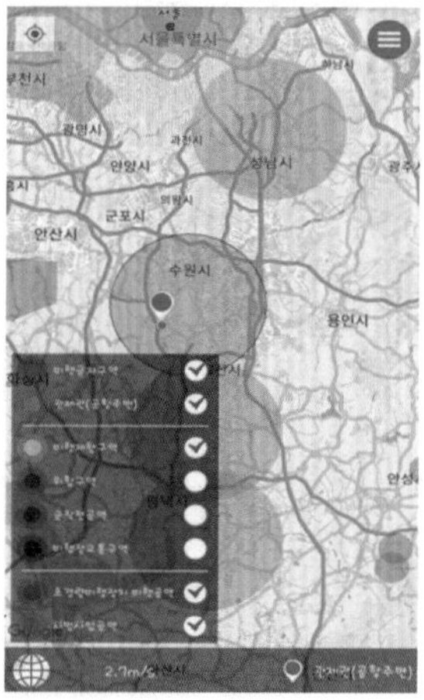

| 초경량비행장치 사용절차 / 레디투플라이 앱 |

04 초경량비행장치 신고 및 변경신고

1) 초경량비행장치의 신고(항공안전법 시행규칙 제301조)

(1) 초경량비행장치의 신규신고(항공안전법 시행규칙 제301조)

① 사업용 또는 최대이륙중량 2kg을 초과하는 초경량비행장치(드론)를 소유하거나 사용할 권리가 있는 자가 소유자 및 비행장치 정보 등을 사전에 신고해야 한다. 초경량비행장치의 신고와 변경신고는 국토교통부장관에게 신고하고(항공안전법 제122조) 신고서는 한국교통안전공단 이사장에게 제출한다(항공안전법 시행규칙 제301조). ☞ 위임

☞ 초경량비행장치를 소유하거나 사용할 수 있는 권리가 있는 날부터 30일 이내 지방항공청장에게 신고서를 제출했으나, 2020년 12월 10일부터 초경량비행장치(드론) 신고 담당기관은 한국교통안전공단 이사장에게 제출(이관)한다.

② 신고방법 – '무인'초경량비행장치는 드론원스탑민원서비스에서 '유인'초경량비행장치는 APS 원스탑서비스 페이지에서 신고접수한다.

③ 비행 시 '신고증명서'를 휴대하고, '신고번호'는 해당장치에 표시해야 한다.

※ 표시방법: 표시장소 및 크기 등을 국토교통부장관의 승인을 받아 한국교통안전공단 이사장이 정한다.

④ 지방항공청장은 7일이내에 수리여부 등을 통지해야 하며 통지하지 않으면 7일이 끝난 다음 날에 신고가 수리된 것으로 본다.

※ 기타 신고관련 문의사항

– 한국교통안전공단 드론관리처 : 054–459–7942 ~ 8

2) 신고 구비서류(신규신고)

(1) 초경량비행장치를 소유하거나 사용할 수 있는 권리가 있음을 증명하는 서류

(2) 초경량비행장치의 제원 및 성능표(주 : 보험가입 증명 서류 ×)

→ 자체중량 및 최대중량이 확인 가능한 제원표 첨부

(3) 초경량비행장치의 사진(가로 15센티미터, 세로 10센티미터의 '측면'사진)

(4) 초경량 비행장치 신고서

3) 신고를 필요로 하지 아니하는 초경량비행장치의 범위(시행령 제24조)– 기출 多

법 제122조 제1항 단서에서 「항공사업법」에 따른 항공기대여업 · 항공레저스포츠사업 또는 초경량비행장치사용사업에 사용되지 아니하는 것을 말한다.

(1) 행글라이더, 패러글라이더 등 동력을 이용하지 아니하는 비행장치

(2) 계류식(繫留式) 기구류(사람이 탑승하는 것은 제외) ☞ 계류식 무인기구류

(3) 계류식 무인비행장치

(4) 낙하산류

(5) 무인동력비행장치 중에서 최대이륙중량이 2kg 이하인 것(2021. 1. 1.개정)

(6) 무인비행선 중에서 연료의 무게를 제외한 자체무게가 12kg 이하이고, 길이가 7미터 이하인 것

(7) 연구기관 등이 시험 · 조사 · 연구 또는 개발을 위하여 제작한 초경량비행장치

(8) 제작자 등이 판매를 목적으로 제작하였으나 판매되지 아니한 것(판매되는 ×)으로서 비행에 사용되지 아니하는 초경량비행장치 ☞ 샵에 판매중인 새 기체를 말함

(9) 군사목적으로 사용되는(☞ 사용되지 않는 ×) 초경량비행장치

4) 초경량비행장치 변경신고 및 말소 신고(항공안전법 제123조)

(1) 초경량비행장의 용도 등 국토교통부령으로 정하는 사항을 변경하려는 경우에는 국토교통부장관에게 변경신고를 하고 변경신고서는 한국교통안전공단이사장 제출한다.(위임)

(2) 초경량비행장치소유자등은 신고한 초경량비행장치가 멸실되었거나 그 초경량비행장치를 해체(정비 등, 수송 또는 보관하기 위한 해체는 제외한다.)한 경우에는 그 사유가 발생한 날부터 '15일' 이내에 국토교통부장관에게 말소신고를 하여야 한다. 말소신고를 하지 아니하면 국토교통부장관은 30일 이상의 기간을 정하여 말소신고를 할 것을 해당 초경량비행장치소유자등에게 최고하여야 한다. 말소신고서는 '한국교통안전공단 이사장'에게 제출한다.(위임)

5) 초경량비행장치 변경신고 사항 3가지(시행규칙 제302조) – 기출 多

(1) 초경량비행장치의 용도

(2) 초경량비행장치 소유자 등의 성명, 명칭 또는 주소

(3) 초경량비행장치의 보관 장소

각 호의 사항을 변경하려는 경우에는 그 사유가 있는 날부터 30일 이내에 신고서를 한국교통안전공단이사장에게 제출하여야 한다.

기출 핵심문제

❖ **초경량비행장치의 신고시 사진의 크기는?**

① 가로 15㎝, 세로 10㎝ 측면사진
② 가로 10㎝, 세로 15㎝ 정면사진
③ 가로 5㎝, 세로 7㎝ 측면사진
④ 가로 7㎝, 세로 5㎝ 정면사진

해설 **정답 1**

❖ 초경량비행장치의 변경신고는 사유 발생일로부터 며칠 내에 신고하여야 하는가?

① 7일 ② 15일 ③ 30 ④ 60일

해설 정답 3

05 초경량비행장치의 조종자 준수사항 (항공안전법 시행규칙 제310조)

초경량비행장치 조종자는 법 제129조 제1항에 따라 다음 각호의 어느 하나에 해당하는 행위를 하여서는 아니 된다. 다만, '무인비행장치의 조종자'에 대해서는 제4호 및 제5호를 적용하지 아니한다.

1) 인명이나 재산에 위험을 초래할 우려가 있는 낙하물을 투하(投下)하는 행위

2) 주거지역, 상업지역 등 인구가 밀집된 지역이나 그 밖에 사람이 많이 모인 장소의 상공에서 인명 또는 재산에 위험을 초래할 우려가 있는 방법으로 비행하는 행위

(1) 사람 또는 건축물이 밀집된 지역의 상공에서 건축물과 충돌할 우려가 있는 방법으로 근접하여 비행하는 행위

3) 법 제78조제1항에 따른 관제공역 · 통제공역 · 주의공역에서 비행하는 행위. 다만, 법 제127조에 따라 비행승인을 받은 경우와 다음 각 목의 행위는 제외한다.–기출 多

가) 군사목적으로 사용되는 초경량비행장치를 비행하는 행위

나) 다음의 어느 하나에 해당하는 비행장치를 별표 23 제2호에 따른 관제권 또는 비행금지구역이 아닌 곳에서 최저비행고도(150미터) 미만의 고도에서 비행하는 행위

(1) 무인동력비행장치(무인비행기, 무인헬리콥터 또는 무인멀티콥터) 중 최대이륙중량이 25kg 이하인 것

(2) 무인비행선 중 연료의 무게를 제외한 자체 무게가 12kg 이하이고, 길이가 7미터 이하인 것

〈무인비행장치의 조종자에 대한 제4호, 5호 예외규정〉
(제4호) 안개 등으로 인하여 지상목표물을 육안으로 식별할 수 없는 상태에서 비행하는 행위 (제5호) 별표 24에 따른 비행시정 및 구름으로부터의 거리기준을 위반하여 비행하는 행위

4) 일몰 후부터 일출 전까지의 야간에 비행하는 행위. 다만(제외규정),

(1) 최저 비행고도(150미터) 미만의 고도에서 운영하는 계류식 기구 또는

(2) 시험비행 등 국토부의 허가를 받아 비행하는 초경량비행장치는 제외한다.

5) 환각물질 등(이하 “주류 등”이라 한다)의 영향으로 조종업무를 정상적으로 수행할 수 없는 상태에서 조종하는 행위 또는 비행 중 주류 등을 섭취하거나 사용하는 행위

6) 그 밖에 비정상적인 방법으로 비행하는 행위

(1) 초경량비행장치 조종자는 항공기 또는 경량항공기를 육안으로 식별하여 미리 피할 수 있도록 주의하여 비행하여야 한다.

(2) 동력을 이용하는 초경량비행장치 조종자는

① 모든 항공기

② 경량항공기

③ 동력을 이용하지 아니하는 초경량비행장치에 대하여 진로를 양보하여야 한다.

(3) 무인비행장치 조종자는 해당 무인비행장치를 육안으로 확인할 수 있는 범위에서 조종하여야 한다. 다만 야간비행과 가시권 밖 비행은 특별비행승인을 통해 가능하다.

7) 초경량비행장치 조종자 준수사항 7가지 정리(필기, 구술시험 대비)

가) 시야밖에서 비행금지 : 3개

(1) 가시권 밖 비행금지

(2) 고도 150m(500ft) 미만(이하 ×)

(3) 야간비행금지(비행가능 시간 : 일출후에서 일몰전까지)

나) 위험한 비행금지 : 4개

(4) 위험한 물건 투하금지

(5) 음주비행금지 : 0.02%(cf: 자동차 음주운전 금지 : 0.03%)

(6) 비행금지구역 등에서 비행금지

(7) 사람이 많은 곳 비행금지

8) 혈중 알콜농도에 따른 효력정지 기간

(1) 혈중알콜농도 0.02% 이상 0.06% 미만 : 효력정지 60일

(2) 혈중알콜농도 0.06% 이상 0.09% 미만 : 효력정지 120일

(3) 혈중알콜농도 0.09% 이상 : 효력정지 180일 또는 자격증명 취소

기출 핵심문제

❖ 항공종사자의 음주 위반 수치는?

① 0.01% ② 0.02% ③ 0.03% ④ 0.05%

해설 정답 2

* 도로교통법의 면허정지 수치인 0.03%보다 더 엄격하다.

06 초경량비행장치의 시험비행 허가(항공안전법 시행규칙 제304조)

개인이 드론 부품을 구입해서 조립하는 경우도 안전성인증을 받기 전에 '시험비행'을 실시한다.

1) 항공안전법 제124조 전단에서 '시험비행 등' 국토교통부령에서 정하는 경우는 다음 각호의 어느 한 가지에 해당하는 경우를 말한다.

(1) 연구 · 개발 중에 있는 초경량비행장치의 안전성 여부를 평가하기 위하여 시험비행을 하는 경우

(2) 안전성인증을 받은 초경량비행장치의 성능개량을 수행하고 안전성 여부를 평가하기 위하여 시험비행을 하는 경우

(3) 그 밖에 국토교통부장관이 필요하다고 인정하는 경우

2) 시험비행 허가 신청시 제출서류(항공안전법 시행규칙 제304조)

(1) 해당 초경량비행장치에 대한 소개서

(2) 초경량비행장치의 설계가 초경량비행장치 기술기준에 충족함을 입증하는 서류

(3) 설계도면과 일치되게 제작되었음을 입증하는 서류

(4) 완성 후 상태, 지상 기능점검 및 성능시험 결과를 확인할 수 있는 서류

(5) 초경량비행장치 조종절차 및 안전성 유지를 위한 정비방법을 명시한 서류

(6) 초경량비행장치 사진(전체 및 측면사진을 말하며, 전자파일로 된 것을 포함한다.) 각 1매

(7) 시험비행계획서

기출 핵심문제

❖ **시험 비행허가시 국토교통부 장관에게 제출해야 하는 서류가 아닌 것은?**

① 초경량비행장치에 대한 소개서
② 설계도 면대로 제작되었음을 입증하는 서류
③ 조종자 자격 증명 서류
④ 시험 비행 계획서

해설 **정답 3**

07 초경량비행장치 안전성인증(항공안전법 제124조)

국토교통부령으로 정하는 초경량비행장치를 사용하여 비행하려는 사람은 국토교통부령으로 정하는 기관 또는 단체의 장으로부터 그가 정한 안정성인증의 유효기간 및 절차 · 방법 등에 따라 그 초경량비행장치가 국토교통부장관이 정하여 고시하는 비행안전을 위한 기술상의 기준에 적합하다는 안전성인증을 받지 아니하고 비행하여서는 아니 된다.

1) 안전성인증 검사 대상 초경량비행장치(항공안전법 시행규칙 제305조)

(1) 동력비행장치(좌석이 1개인 고정익비행장치)

(2) 동력 패러글라이더

(3) 회전익 비행장치(좌석이 1개인 초경량 자이로플레인, 초경량 헬리콥터)

(4) 항공레저스포츠사업용 행글라이더, 패러글라이드 및 낙하산류

(5) 사람이 탑승하는 유인 기구류

(6) 다음 각 목의 어느 하나에 해당하는 무인비행장치

(가) 무인비행기, 무인헬리콥터 또는 무인멀티콥터 중에서 최대이륙중량이 25kg을 초과하는 것

☞ 최대 이륙중량 25kg '초과'(이상×) 무인비행장치는 '항공안전기술원'으로부터 안정성인증검사를 받고 비행해야 한다.

(나) 자체중량이 12kg을 초과하거나 길이가 7m를 초과하는 무인비행선(연료중량제외)

자체중량과 vs 최대이륙중량

▪ 자체중량의 정의
연료, *장비, 화물, 승객 등을 포함하지 않는 항공기의 중량(드론은 배터리포함)
*장비 : 비행과 관련없고 탈부착 및 적재 가능한 것으로 짐벌, 카메라, 약제 등
▪ 최대이륙중량의 정의
항공기가 이륙함에 있어서 설계상 또는 운영상 한계를 벗어나지 않는 한도내에서 최대 적재 가능한 중량
2021년 3월 1일부터 '최대이륙중량'에 따라 1종, 2종, 3종, 4종으로 자격증이 세분화된다.

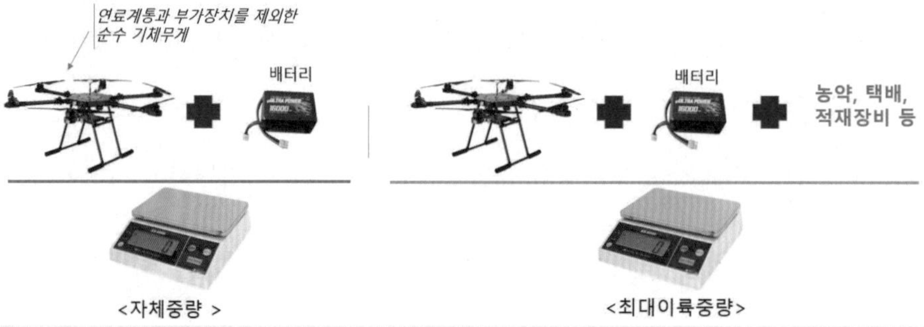

2) 안전성인증 신청 유형에 따른 구분

(1) 초도인증

국내에서 설계 · 제작하거나 외국에서 국내로 도입한 초경량비행장치의 안전성 인증을 받기 위하여 최초로 실시하는 인증

(2) 정기인증

안전성인증의 유효기간 만료일이 도래되어 새로운 안전성인증을 받기 위하여 실시하는 인증

(3) 수시인증 – 기출 多

초경량비행장치의 비행안전에 영향을 미치는 대수리 또는 대개조 후 기술기준에 적합한지를 확인하기 위하여 실시하는 인증

(4) 재인증

초도, 정기 또는 수시인증에서 기술기준에 부적합한 사항에 대하여 정비한 후 다시 실시하는 인증

3) 안전성인증 준비내용

비행장치 안전성인증을 받고자하는 자는 안전성인증에 필요한 장소 및 장비 등을 제공(단, 검사소 입고 시는 제외)

(1) 비행장치의 제원 및 성능 자료

(2) 제작회사의 기술도서 및 운용설명서

(3) 비행장치의 설계서 및 설계도면, 부품표 자료

(4) 외국정부 또는 국제적으로 공인된 기술기준 인증증명서(해당 시)

4) 안전성인증 유효기간(초경량비행장치 안전성인증 업무 운영세칙 제16조)

안전성인증의 유효기간은 영리용의 경우 발급일로부터 2년, 비영리용은 2년

5) 벌칙

(1) 500만원 이하의 과태료

(2) 안정성인증을 받지 아니하고 초경량비행장치를 사용하여 초경량비행장치 조종자 증명을 받지 아니하고 비행한 사람은 1년 이하의 징역 또는 1천만원 이하의 벌금

08 초경량비행장치의 비행승인(항공안전법 제127조)

초경량비행장치 비행제한공역에서 비행하려는 사람은 해당 공역의 관할기관에 '드론 원스탑 민원포털서비스'를 통해서 사전에 비행승인을 받아야 하며 촬영을 병행할 때는 비행승인과는 별도로 항공촬영 허가를 '국방부'로부터 받아야한다.

1) 비행승인 대상

(1) 비행장주변 관제권, 비행금지구역, 고도 150m 이상 공역

(2) 최대이륙중량 25kg 초과 무인동력비행장치

(3) 자체중량 12kg 초과 또는 길이 7m 초과 무인비행선

(4) 동력비행장치, 회전익비행장치, 동력패러글라이더, 유인자유기구, 150m 이상 운영 계류식 기구

구분		비행 금지구역 (P)	비행 제한구역 (R)	민간 관제권 (반경 9.3m)	군 관제권 (반경 9.3m)	기타지역 (고도 150m 미만)
촬영 허가 (국방부)		○	○	○	○	◎
비행승인	국방부	○*	○ (R-75)	X	○	X
	국토 교통부	○**	X	○	X	X
		* 국방부 : P518, P73A/B, P61A, P62A, P63A, P64A, P65A ** 국토교통부 : P61B, P62B, P63B, P64B, P65B				
공통사항		1) 최대이륙중량 25kg 초과 기체 비행시 고도에 상관없이 비행 승인 필요 2) 공역이 2개 이상 겹칠 경우 각 기관 허가 사항 모두 적용 3) 150m 이상 고도에서 비행할 경우 비행승인 필요 4) ◎: 국가/군사 시설 유무에 따라 달라질 수 있어 국방부에 문의 필요				

2) 비행승인 제외 대상(시행규칙 제308호)

(1) 비사업용 행글라이더, 패러글라이더 등 동력을 이용하지 아니하는 비행장치, 무인 계류식 기구 및 무인비행장치, 낙하산류(장치신고도 불요)

☞ 비사업용 : 항공기대여업, 항공레저스포츠사업 또는 초경량비행장치사용사업에 사용되지 아니하는 것

(2) 고도 150m 미만 운영 계류식기구

(3) 최대이륙중량 25kg 이하 무인동력비행장치(무인비행선×)

(4) 연료의 중량을 제외한 자체중량 12kg 이하이고 길이 7m 이하인 무인비행선

(5) 관제권, 비행금지구역 및 비행제한구역 외의 공역에서 비행하는 무인비행장치

(6) 가축전염병의 예방 또는 확산 방지를 위하여 소독 · 방역업무 등에 긴급하게 사용하는 무인비행장치

☞ 무인비행장치는 무인동력비행장치(무인비행기, 무인헬리콥터 또는 무인멀티콥터)와 무인비행선으로 구성되어 있다.

(7) 최대이륙중량 25kg초과라도 UA(전용공역)에서는 승인 불필요

(8) 관제공역 · 통제공역 · 주의공역 중 국토교통부령으로 정하는 구역에서 비행에 따른 승인 신청이 다음 각 호의 요건을 모두 충족하는 경우에는 6개월의 범위에서 비행기간을 명시하여 승인할 수 있다.〈시행령 308조7항, 신설 2020. 5〉

- 교육목적을 위한 비행일 것
- 무인비행장치는 최대이륙중량이 7킬로그램 이하일 것
- 비행구역은 「초 · 중등교육법」 제2조 각 호에 따른 학교의 운동장일 것
- 비행시간은 정규 및 방과 후 활동 중일 것
- 비행고도는 지표면으로부터 고도 20미터 이내일 것
- 비행방법 등이 안전 · 국방 등 비행금지구역의 지정 목적을 저해하지 않을 것

구분	구법(2020. 5. 이전)		개선(현재)	
비행 승인	25kg 이하 (최대이륙중량)	관제권(9.3km) 비행금지구역 비행승인 필요	완구용 모형비행장치	현행유지 다만, 비행금지구역 내 교육목적 비행가능
			저위험 (250g~7kg)	
	25kg 초과 (최대이륙중량 또는 150m 초과)	비행승인 필요	중위험 고위험 또는 150m 초과	기존법령유지

농업용으로 사용되는 드론의 비행승인

항공사업법 시행규칙 제6조2항1호에 해당하는 비행장치는 "비료 또는 농약 살포, 씨앗 뿌리기 등 농업 지원"에 해당하는 비행장치를 말하고 방제용 드론이 해당된다. 농업용으로 사용되는 드론은 "관제권, 비행금지구역, 비행제한구역"외에서는 비행승인을 받을 필요가 없다. 여기에는 기체 중량에 대한 특별한 조건이 없기 때문에 자체중량 150kg 이하는 모두 동일하다.

3) 초경량비행장치 비행승인 제외 범위(시행령 제25조)

법 제127조제2항 단서에서 "비행장 및 이착륙장의 주변 등 대통령령으로 정하는 제

한된 범위" 란 다음 각 호의 어느 하나에 해당하는 범위를 말한다.

(1) 비행장(군 비행장은 제외한다.)의 중심으로부터 반지름 3킬로미터 이내의 지역의 고도 500피트 이내의 범위(해당 비행장에서 법 제83조에 따른 항공교통업무를 수행하는 자와 사전에 협의가 된 경우에 한정한다.)

(2) 이착륙장의 중심으로부터 반지름 3킬로미터 이내의 지역의 고도 500피트 이내의 범위(해당 이착륙장을 관리하는 자와 사전에 협의가 된 경우에 한정한다.)

4) 기타 '비행승인'관련 자주 출제되는 문제지문

(1) 최대 이륙중량 25kg 초과의 기체는 전 공역에서 사전 비행승인 후 비행이 가능

(2) 최대 이륙중량 25kg 이하의 기체는 비행금지구역 및 관제권을 제외한 공역에서 고도 150m미만에서는 비행승인 없이 비행이 가능하다.

(3) 초경량비행장치 전용공역(UA)에서는 비행승인없이 비행이 가능하다.

(4) 기체의 최대이륙중량 25kg 이하의 기체, 고도 150m 미만에만 적용된다.

(5) 공역이 2개 이상 겹칠 경우 각 기관에서 허가를 받아야 한다.

☞ 공역이 2개 이상 겹칠 경우 대표로 한 곳에서만 받으면 된다. (×)

(6) 고도 150m 이상 비행을 해야 할 경우 공역과 상관없이 비행 계획 승인 요청 필요

기출 핵심문제

❖ 다음 중 비행승인을 받지 않아도 되는 경우는 어느 것인가?

① 관제권에서 비행을 하고자 하는 경우

② 지상고도 150m이상에서 비행하고자 하는 경우

③ 비행금지구역에서 비행하고자 하는 경우

④ 연료의 중량을 제외한 자체중량 12kg이하이고, 길이 7m 이하의 무인비행선

해설 **정답 4**

5) 비행승인 신청서(기재내용)

(1) 신청인 : 성명, 생년월일 등

(2) 비행장치 : 종류/형식, 용도, 소유자, 신고번호, 안전성인증번호

(3) 비행계획 : 일시 또는 기간(최대 6개월), 구역, 비행목적/방식, 보험, 경로/고도

(4) 조종자 : 성명, 생년월일, 자격번호 등

(5) 동승자 : 성명, 생년월일, 주소(3가지만) ☞ 동승자의 자격번호 (×)

(6) 탑재장비

초경량비행장치 비행승인신청서

※색상이 어두운 난은 신청인이 작성하지 아니하며, [ ]에는 해당되는 곳에 표를 합니다. (앞쪽)

접수번호	접수일시	처리기간 3일

1) 신 청 인	성명/명칭	생년월일
	주소	연락처
2) 비행장치	종류/형식	용도
	소유자 (전화:)	
	신고번호	안전성인증서번호 (유효만료기간) (. .)
3) 비행계획	일시 또는 기간(최대 6개월)	구역
	비행목적/방식	보험 [ ] 가입 [ ] 미가입
	경로/고도	
4) 조 종 자	성명	생년월일
	주소	연락처
	자격번호 또는 비행경력	
5) 동 승 자	성명	생년월일
	주소	
6) 탑재장치	무선전화송수신기	
	2차감시레이더용트랜스폰더	

기출 핵심문제

❖ **초경량비행장치 비행계획승인 신청 시 포함되지 않는 것은?**

① 비행경로 및 고도　② 동승자의 소지자격

③ 조종자의 비행경력　④ 비행장치의 종류 및 형식

해설 **정답 2**

동승자의 기입내용은 성명, 생년월일, 주소 3가지 뿐이다.

6) 초경량비행장치의 비행계획승인에 대한 국토교통부의 답변

(1) 초경량비행장치 비행제한공역 내에서 인력활공기(행글라이더, 패러글라이더)는 비행계획 승인 없이 비행이 가능한지?

→ 아닙니다. 항공법 제23조(초경량비행장치 등) 제8항 및 같은 법 시행규칙 제68조(초경량비행장치 조종자의 준수사항)에 따라 관제공역, 통제공역(초경량비행장치 비행제한공역이 여기에 포함됨), 주의공역에서 비행하려는 경에는 지방항공청장의 허가를 받으셔야 합니다.

(2) 초경량비행장치 전용공역 내에서 인력활공기로 비행할 경우 비행계획 승인을 받아야 하는지?

→ 아닙니다. 초경량비행장치 비행제한구역이 아닌 경우, 전용공역의 경우는 항공법 제23조에 따라 허가를 받지 않고 자유롭게 비행하실 수 있습니다.

(3) 비행제한공역 내에서 인력활공기로 150m 이하로 비행한다면 비행계획 승인없이 비행이 가능한지?

→ 아닙니다. 150m 기준은 무인비행장치에만 적용되는 사항이고, 행글라이더, 패러글라이더와 같은 인력활공기는 초경량비행장치 비행제한공역 내에서 비행하려는 경우 고도에 관계없이 항공법 제23조 및 같은 법 시행규칙 제68조에 따라 지방항공청장의 허가를 받아야 합니다. 단, 비행금지구역이나 군 관

할공역에서는 국방부장관의 허가를 받아야 함을 알려드립니다.

09 초경량비행장치의 공역(Airspace)

수험대비를 위해 공역에 대한 개념과 관제공역, 통제공역, 주의공역에 대한 내용을 반드시 숙지하여야 한다. 또한, 드론을 날릴 때 비행금지구역과 관련하여 실무적으로 가장 많이 연관된 부분이기도 하다. 그래서 이 파트는 필기시험과 구술시험에 자주 출제가 되고 있다.

1) 공역의 개념

(1) 공역이란 항공기, 초경량 비행장치 등의 안전한 활동을 보장하기 위하여 지표면 또는 해수면으로부터 일정 높이의 특정범위로 정해진 공간이다.

(2) 국가의 무형자원 중의 하나로 항공기 비행의 안전, 우리나라 주권보호 및 방위 목적으로 지정하여 사용한다.

2) 공역의 설정 기준(항공안전법 시행규칙 제221조, 공역의 구분 관리 등)

(1) 국가안전보장과 항공안전을 고려할 것

(2) 항공교통에 관한 서비스의 제공 여부를 고려할 것

(3) 공역의 구분이 이용자의 편의에 적합할 것

(4) 공역의 활용에 효율성과 경제성이 있을 것

3) 공역의 구조

국제민간항공기구(ICAO)에서는 전 세계적으로 각 국가, 지역별로 8개의 항행안전관리권역으로 분할하고 있다. 그 8개 권역중 우리나라는 '중동/아시아(MID/ASIA)' 권역에 포함되고, 이는 다시 FIR(Flight information region)이라는 더 작은 단위로 나누고 있다. '인천 FIR'은 대한민국의 항공교통업무를 관장하는 관할공역으로 보면 될 것이다.

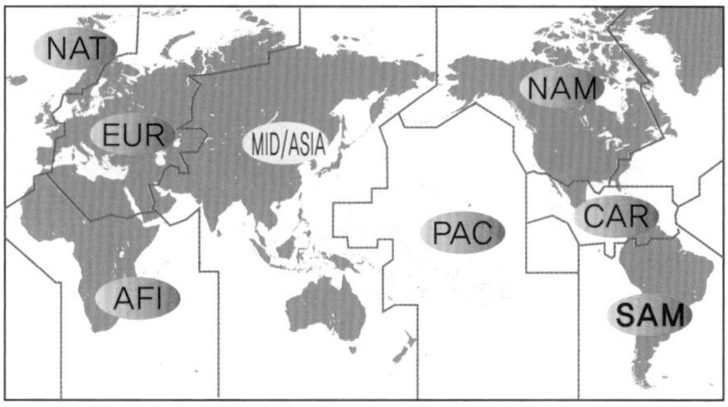

| 세계 항행안전관리권역-ICAO |

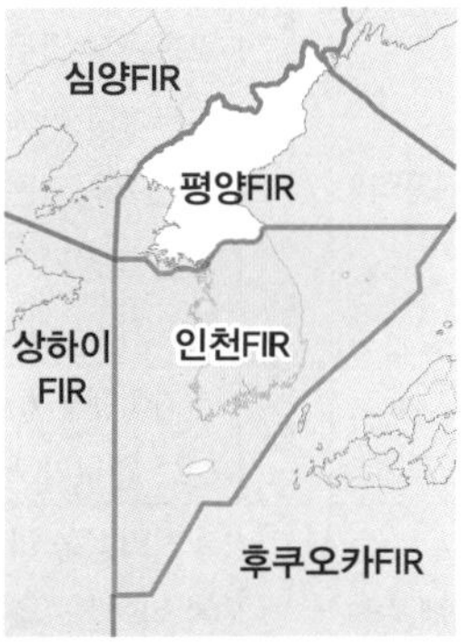

| 우리나라 주변의 비행정보구역 |

* 출처 : 교통안전공단 항공정보매뉴얼

4) 비행정보구역 (FIR : Flight information region)의 목적

FIR이란 비행 중인 항공기에 안전하고 효율적인 운항에 필요한 각종 정보를 제공하고 항공기 사고 발생 시에는 수색 및 구조업무를 책임지고 제공할 목적으로 ICAO에서 분할, 설정한 공역이다. (☞ 영공통과료 징수를 위해 설정 ×)

5) 공역의 구분

인천 FIR은 항공안전법 시행규칙에 따라 다시 크게 2개로 분류를 하고 있다.

우리나라는 비행정보구역(FIR)을 여러 공역으로 등급화하여 설정하고, 각 공역 등급별 비행규칙, 항공교통업무 제공, 필요한 항공기 요건 등을 정하고 있다. 공역은 크게 '항공교통업무 제공'에 따른 구분과 '사용목적'에 따른 구분 2가지로 나누고 있다.

가) '항공교통업무 제공'에 따른 구분

구분		내용
관제공역	A	모든 항공기가 '계기비행'을 하여야 하는 공역
	B	계기비행 및 시계비행을 하는 항공기가 비행가능하고, 모든 항공기에 분리를 포함한 항공교통관제 업무가 제공되는 지역
	C	모든 항공기에 항공교통관제업무가 제공되나, 시계비행을 하는 항공기간에는 비행정보 업무만 제공되는 공역
	D	모든 항공기에 항공교통관제업무가 제공되나, 계기비행을 하는 항공기와 시계비행을 하는 항공기 및 시계비행을 하는 항공기간에는 비행정보업무만 제공되는 공역
	E	계기비행을 하는 항공기에 항공교통관제업무가 제공되고, 시계비행을 하는 항공기에 비행정보 업무가 제공되는 공역
비관제공역	F	계기비행을 하는 항공기에 비행정보업무와 항공교통조언업무가 제공되고, 시계비행항공기에 비행정보업무가 제공되는 공역
	G	모든 항공기에 비행정보업무만 제공되는 공역

〈공역관련 용어정리〉

(1) 계기비행 : 계기비행규칙(IFR)에 따른 비행으로서 비행경로와 고도를 전적으로 항공기내 계기에만 의존하며 조종하는 비행방법

☞ 관제공역 A는 '계기비행'만 허용된다.

(2) 시계비행 : 시계비행규칙(VFR)에 따른 비행으로 조종사가 조종실 밖의 지형지물을 확인하면서 항공기의 비행자세 및 위치를 파악하여 행하는 비행(☞ 관제공역 A지역은 시계비행이 금지된다.)

(3) 항공교통 관제업무 (ATCS : Air traffic control service)

항공기 운항에 대하여 관제탑(Tower)에 의하여 제공되는 업무, 비행정보 업무,

비상대기 업무, 항공교통조언 업무, 항공교통관제 업무의 여러 방면의 총체적 용어이다.

(4) 항공교통 조언업무 (ATAS : Air traffic advisory service)

비관제공역에서 항공기간에 분리를 유지하기 위한 업무

(5) 비행정보업무(Flight information service)

안전하고 효율적인 비행을 위해 유용한 조언과 정보를 제공하는 업무

① 비행정보 방송업무(ATIS) : 이착륙하는 항공기를 위해 비행 정보를 제공

② 항공로 정보제공업무(AEIS) : 항공로를 비행하는 항공기를 대상

③ 볼멧(Volmet) : 국제선을 비행하는 항공기를 위해 항공기상 정보를 제공

나) 공역의 '사용목적'에 따른 구분

관제공역, 비관제공역, 통제공역, 주의공역으로 나눈다.

(1) 관제공역

관제공역이란 항공기의 안전운항을 위하여 규제가 가해지고 인력과 장비가 투입되어 적극적으로 항공교통관제업무가 제공되는 공역이다. 기장과 항공교통관제기관(관제탑, Tower)과 접근관제소(Approach 등)가 서로 교신을 하면서 이착륙 통제를 받는 곳이다.

(2) 비관제공역

비관제공역이란 항공관제 능력이 미치지 않아 서비스를 제공할 수 없는 공해 상공의 공역 또는 항공교통량이 아주 적어 공중충돌 위험이 크지 않아서 항공관제업무 제공이 비경제적이라고 판단되어 항공교통관제업무가 제공되지 않는 공역이다. 쉽게 말해 관제탑(Tower)의 통제(관제)없이 조종사가 눈으로 다른 비행기를 보고 피하면서 자율적 이착륙하는 공간을 말한다.

구 분		내 용
관제공역 (A~E등급)	① 관제권 (반경 9.3km)	- 공항주변의 비행금지구역을 포함하는 지역으로 항공교통을 안전을 위해 지정된 공역 - 수평으로 비행장 또는 공항반경 9.3km(5NM) 이내
	② 관제구 (고도 200m이상)	- 높이 200m 이상의 기준으로 항공교통의 안전을 위하여 국토교통부장관이 지정한 공역
	③ 비행장교통구역	- 보통 인근에 헬기장이 있는 경우 지정한다.
비관제공역 (F,G등급)	① 조언구역	항공교통 조언업무가 제공되도록 지정된 비관제공역
	② 정보구역	비행 정보업무가 제공되도록 지정된 비관제공역

(3) 통제공역

비행금지구역, 비행제한구역, 초경량비행장치 비행제한구역이 있다.

통 제 공 역	내 용
① 비행금지구역(P) (반경 18.6km=10NM)	안전, 국방상 그 밖의 이유로 항공기의 비행을 금지하는 공역으로 P73(용산집무실주변), P518(휴전선부근), P61~P65(원자력발전소)가 있다.
② 비행제한구역(R)	항공사격, 대공사격 등으로 인한 위험으로부터 항공기의 안전을 보호하거나 그 밖의 이유로 비행허가를 받지 아니한 항공기의 비행을 제한하는 공역
③ 초경량비행장치 비행제한구역 (URA)	초경량비행장치의 비행안전을 확보하기 위하여 초경량비행장치의 비행활동에 대한 제한이 필요한 공역 UA(현재 33개 구역)를 제외한 지역

(4) 주의공역

- 군작전구역, 훈련구역, 위험구역, 경계구역

☞ 통제구역과 주의구역을 서로 섞어서 구분하는 문제가 자주 출제된다.

주 의 공 역	관 할	내 용
① 훈련구역 (CATA)	지방항공청	민간항공기의 훈련공역으로서 계기비행항공기로부터 분리를 유지할 필요가 있는 공역
② 군작전구역 (MOA)	공군작전사령부 (공역관리과)	군사작전을 위하여 설정된 공역으로서 계기비행항공기로부터 분리를 유지할 필요가 있는 공역
③ 위험구역(D)		항공기의 비행시 항공기 또는 지상시설물에 대한 위험이 예상되는 공역
④ 경계구역(A)		대규모 조종사의 훈련이나 비정상 형태의 항공활동이 수행되어지는 공역

※ URA : Ultralight Vehicle Flight Area, CATA : Civil Aircraft Training Area

UA(Ultralight vehicle flight area) : 초경량비행장치 비행구역(드론 전용 비행 구역)
MOA : Military Operation Area

※ 1 NM(Nautical Mile, 해리) = 1.852km

※ 주의공역(훈련구역, 군작전구역, 위험구역), 비행장교통구역은 150m 이하 비행시 허가없이 비행 가능

※ P : Prohibit(금지하다), R : Restrict(제한하다)

6) 비행금지구역과 비행제한구역

가) 비행금지구역(P)

– 안전, 국방상 등 이유로 비행을 금지하는 공역

(1) 휴전선 부근 비행금지구역(P518)

– P518내륙, P518W(West) 서해상, P518E(East) 동해상

– 관할기관 : 합동참모본부(항공작전과)

– 연락처 : 02-524-3353, 3419 팩스 : 02-524-2205

(2) 용산집무실 인근 비행금지구역 (P73)

(가) P73 A : 용산집무실 2NM(3.8km)

– 중심반경 : 2.0 NM

– 허가없이 침범시 격추

(나) P73 B : 용산집무실 인근 4.5NM(8km)

– 중심반경 : 4.5 NM

– 허가없이 침범시 경고 사격

(다) 비행승인 : 수도방위사령부(화력과)

(라) 연락처 : 02-524-3353 , 3419 / 팩스 : 02-524-2205

(3) 원전주변 지역

구분	공역범위	관할기관	연락처(참고)
P61 A (고리원전)	2NM (≒3.6km)	합동참모본부 (공중종심작전과)	전화 : 02-748-3435 팩스 : 02-796-0369
P62 A (월성원전)	2NM		
P63 A (한빛원전)	2NM		
P64 A (한울원전)	2NM		
P65 A (원자력연구소)	1NM		
P61 B (고리원전)	(2~10NM) ≒ 18km	부산지방항공청 (항공운항과)	전화 : 051-974-2153 팩스 : 051-971-1219
P62 B (월성원전)	(2~10NM)		
P63 B (한빛원전)	(2~10NM)		
P64 B (한울원전)	(2~10NM)		
* P65 B (원자력연구소)	(2~10NM)	* 서울지방항공청 (항공안전과)	전화 : 032-74.-2153 팩스 : 032-74.-2149

(4) 벌칙(비행금지구역 위반 시)

– 1차:150만원, 2차:225만원, 3차:300만원(과태료)

나) 비행 제한구역(R)

– 대공사격 등의 위험으로부터 항공기 보호나 그 밖의 이유로 비행허가를 받지 않은 항공기의 비행을 제한하는 공역으로 관할기관 승인 필요(R10, R14, R17, R19, R35, R75 등)

(1) 비행제한구역

– 비행금지구역 P73B공역의 외곽부터 R75의 비행제한구역이 된다.

(2) 수도권 R75에서는 비행승인이 필요

(3) 비행승인 : 수도방위사령부

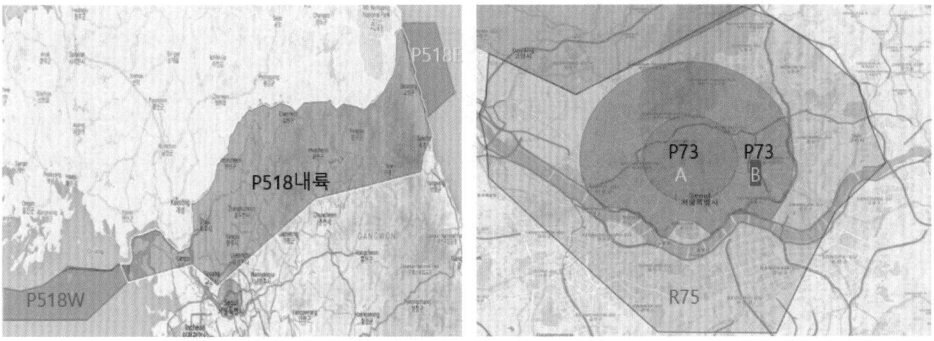

| P518, P73(A,B) 및 R75 위치 – 구글맵 |

비행제한과 금지구역을 간단히 확인하는 방법은 국토교통부에서 주관하여 개발한 어플리케이션 "Ready To Fly"와 웹사이트인 "브이월드"를 이용하는 방법 등이 있다.

기출 핵심문제

❖ **항공사격, 대공사격 등으로 인한 위험으로부터 항공기의 안전을 보호하거나 그 밖의 이유로 비행허가를 받지 않은 항공기의 비행을 제한하는 공역은 어디인가?**

① 관제권 ② 조언구역

③ 비행제한구역 ④ 비행금지구역

해설 **정답 3**

기출 핵심문제

❖ **비행금지구역의 통제 관할기관으로 맞지 않는 것은?**

① P–73A/B 서울지역 : 수도방위사령부 ② P–518 휴전선 지역 : 합동참모본부

③ P–61~65 A구역 : 합동참모본부 ④ P–61~65 B구역 : 각 군사령부

해설 **정답 4**

P61~64 B구역: 부산지방항공청

P65 B구역 : 서울지방항공청

10 초경량비행장치 비행구역(UA : Ultralight vehicle flight areas) – 드론 전용 공역

2020년 기준 33개의 초경량비행장치 있고, 비행구역(UA)에서는 일출후부터 일몰전까지 고도 150m 미만은 무게와 상관없이(150kg 이하) 비행승인 없이 자유롭게 비행이 가능하나, 그 외 전 지역은 비행제한구역에 해당된다고 보면 된다. 드론 전용공역에서는 최대이륙중량 25kg을 초과해도 비행승인을 받을 필요가 없다.

11 항공기의 고도제한 (제199조 최저비행고도)

'국토교통부령으로 정하는 최저비행고도' 란 다음 각 호와 같다.

1) 시계비행방식으로 비행하는 항공기

가) 사람 또는 건축물이 밀집된 지역의 상공에서는 해당 항공기를 중심으로 수평거리 600미터 범위 안의 지역에 있는 가장 높은 장애물의 상단에서 300미터(1천피트)의 고도

나) 이 외의 지역에서는 지표면 · 수면 또는 물건의 상단에서 150미터(500피트)의 고도

2) 계기비행방식으로 비행하는 항공기

가) 산악지역에서는 항공기를 중심으로 반지름 8킬로미터 이내에 위치한 가장 높은 장애물로부터 600미터의 고도

나) 그 외의 지역에서는 항공기를 중심으로 반지름 8킬로미터 이내에 위치한 가장 높은 장애물로부터 300미터의 고도

12 초경량비행장치의 고도제한

초경량비행장치의 고도제한은 유인항공기의 최저 비행고도보다 더 낮게 비행하도록 하여 서로 충돌하지 않기 위한 규정으로 우선 비행제한공역에 대한 개념을 이해할 필요가 있는데, 비행제한공역(URA)이란 UA를 제외한 대부분의 지역으로 관제공역, 통제공역, 주의공역, 관제권, 비행금지구역을 포함하고 있다. 이 지역을 비행하려면 기본적으로 지방항공청장의 허가가 필요하다.

1) 초경량비행장치 조종자 준수사항(항공법 시행규칙 제310조)

법 제38조제2항에 따른 관제공역 · 통제공역 · 주의공역에서 비행하는 행위. 다만, 다음 각 목의 행위와 지방항공청장의 허가를 받은 경우에는 제외한다.(예외사항)

(1) 군사목적으로 사용되는 초경량비행장치를 비행하는 행위

(2) 다음의 어느 하나에 해당하는 비행장치를 별표 20 제2호에 따른 관제권 또는 비행금지구역이 아닌 곳에서 제171조 제1호나목에 따른 최저비행고도(150미터) 미만(이하 ×)의 고도에서 비행하는 행위

① 무인비행기 및 무인회전익비행장치 중 최대이륙중량이 25킬로그램 이하인 것

② 무인비행선 중 연료의 무게를 제외한 자체 무게가 12킬로그램 이하이고, 길이가 7미터 이하인 것

2) 초경량비행장치 '비행승인 고도'(항공안전법 127조, 시행규칙 308조)

항공안전법 127조(초경량비행장치 비행승인) 제3항 1조 관련한 '국토교통부령으로 정하는 고도 이상 비행하는 경우'는 항공안전법과 시행규칙 308조 5항에서 그 고도를 언급

(1) 사람 또는 건축물이 밀집된 지역 : 해당 초경량비행장치를 중심으로 수평거리 150미터(=500ft) 범위 안에 있는 가장 높은 장애물의 상단에서 150미터

(2) 그 외 지역 지표면 · 수면 또는 물건의 상단에서 150m 미터(약 40층 건물 높이)

(3) 초경량비행장치의 높이의 기준은 단순히 조종자가 서 있는 기준이 아니라 법령에 따라 지표면 · 수면 또는 물건의 상단에서 150m를 의미한다.
따라서, 한라산 정상인 1,947m에서 드론을 날릴 경우 2,097m까지 비행고도를 높일 수 있고, 200m인 건물 옥상에서부터 150m 미만의 고도에서는 드론의 비행이 가능하다.

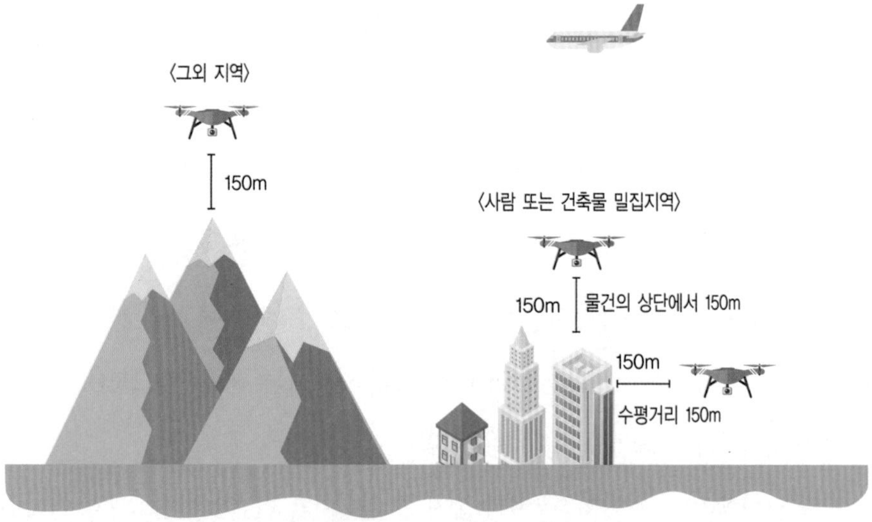

| 초경량비행장치의 비행승인 고도 |

13 초경량비행장치 구조 지원 장비 장착 의무(항공안전법 제128조)

초경량비행장치를 사용하여 초경량비행장치 '비행제한공역'에서 비행하려는 사람은 안전한 비행과 초경량비행장치사고 시 신속한 구조 활동을 위하여 ① 국토교통부령으로 정하는 장비를 장착하거나 휴대하여야 한다. 다만, ② 무인비행장치 등 국토교통부령으로 정하는 초경량비행장치는 그러하지 아니하다.

① 법 제128조 본문에서 "국토교통부령으로 정하는 장비"란 다음 각 호의 어느 하나에 해당하는 것(제3호부터 제6호까지는 항공레저스포츠사업에 사용되는 기구류 중 계류식으로 운영되지 않는 기구류에만 해당한다)을 말한다.

(1) 위치추적이 가능한 표시기 또는 단말기

(2) 조난구조용 장비(제1호의 장비를 갖출 수 없는 경우만 해당한다)

(3) 구급의료용품

(4) 기상정보를 확인할 수 있는 장비

(5) 휴대용 소화기

(6) 항공교통관제기관과 무선통신을 할 수 있는 장비

② 무인비행장치 등 국토교통부령으로 정하는 초경량비행장치

(1) 동력을 이용하지 아니하는 비행장치

(2) 계류식 기구

(3) 동력 패러글라이더

(4) 무인비행장치 (☞ 무인비행기 ×)

기출 핵심문제

❖ 초경량비행장치를 사용하여 비행제한 공역에서 비행하려는 사람은 안전한 비행과 사고 발생 시 신속한 활동을 위하여 국토교통부 장관이 지정하는 장착 또는 휴대해야 하는 초경량 비행장치는?

① 자이로 플레인

② 계류식 기구

③ 무인비행장치

④ 동력 패러글라이더

해설 정답 1

14 초경량비행장치의 비행경력증명서 작성

비 행 경 력 증 명 서																			
1. 성명 : 홍길동				2. 소속 : 한국000000					3. 생년월일(주민등록번호/여권번호) : 75.05.01						4. 연락처 : 010-0000-0000				
① 일자	② 비행횟수	③ 초경량비행장치						④ 비행장소	⑤ 비행시간(hrs)	⑥ 임무별 비행시간				⑦ 비행목적(훈련내용)	⑧ 지도조종자		
		종류	형식	신고번호	최종인증검사일	자체중량(kg)	최대이륙중량(kg)			기장	훈련	교관	소계		성명	자격번호	서명
'18.5.2	2	무인멀티콥터	VANDI-A1	S7000B	면제	12.9	22.9	경북 김천	0.5	-	0.5	-	0.5	원주비행	고길동	91-000000	고길동
'15.5.3	3	무인멀티콥터	VAND-A1	S7000B	면제	12.9	22.9	경북 김천	0.7	0.7	-	-	0.7	삼각비행	고길동	91-000000	고길동
'18.5.4	4	무인멀티콥터	VANDI-A1	S7000B	면제	12.9	22.9	경북 김천	1	1	-	-	1	종합비행	-	-	-
계	9	-	-	-	-	-		-	2.2	1.7	0.5	-	2.2	-	-	-	-
초경량비행장치 조종자 증명 운영세칙 제9조에 따라 비행경력을 증명합니다. 발급일: '18.5.8 발급기관명/주소: ○○드론아카데미 / 경북 김천시 혁심6로 발급자 : ○○드론아카데미 지도조종자(자격번호) 김철수(날인) 전화번호 : 054-459-0000 / 010-000-0000																			

※ 비행경력 증명서 샘플 예제 : 항공교육훈련포탈

(1) 일자 : '00.0.0 ex) '20.02.13

(2) 비행횟수 : 해당 일자에 비행한 총횟수

(3) 종류 : 무인멀티콥터(드론일 경우)

(4) 형식 : 해당 기체명(모델명 기재)

(5) 신고번호 : 기체등록시 부여받은 신고번호 기재

(6) 최종인증 검사일 : 자체중량 12kg 초과 최대이륙중량 25kg 이하인 경우 '면제'로 기재

(7) 비행장소 : 일반적인 지명으로 기입(마을 이름 ×)

(8) 비행시간 : 시간 단위(Hour)로 기재해야 함 (분 단위 ×)

(9) 실제 비행시간

예시) 0.26h(16분/00분)→0.2h(소수점 둘째 자리부터 버림) ☞ 반올림 ×

(10) 임무별 비행시간

가) 기장시간 : 12시간 이상

(1) 조종자증명을 받은 사람은 단독 또는 지도조종자와 함께 비행한 시간을 기재하고

(2) 조종자 증명을 받지 않은 사람은 지도조종자의 교육하에 단독으로 비행한 시간을 시간(HOUR)단위로 기재

나) 훈련시간: 8시간 이상

지도조종자와 함께 비행한 교육시간을 시간(HOUR)단위로 기재

다) 교관시간: 지도조종자가 비행교육을 목적으로 교육생을 실기 교육한 비행시간을 시간(HOUR) 단위로 기재 - 초경량비행장치의 경우 트레이너 모드

(11) 흑색 또는 남색으로 바르게 기재하여야 한다.(흑색으로만 기재하여야 한다 ×)

| 트레이너 Mode – 실습생의 드론이 위험할 때 지도조종자가 직접 제어가 가능하다. |

기출 핵심문제

❖ 다음 중 비행경력증명서 작성 시 틀린 것은?

① 일자는 년, 월, 일 순으로 기재한다.

② 비행시간은 분단위로 작성한다.

③ 비행장소는 해당 비행장치로 비행한 비행장소를 기재한다.

④ 최대이륙중량은 한국교통안전공단 이사장에게 신고할 때의 중량을 기재한다.

해설 정답 2

15 초경량비행장치의 사고보고 (제129조 제3항)

초경량비행장치 사고를 일으킨 조종자 또는 소유자는 다음 각호의 사항을 지방항공청장에게 보고하여야 한다.

1) 사고보고 내용

(1) 조종자 및 그 초경량비행장치소유자 등의 성명 또는 명칭

(2) 사고가 발생한 일시 및 장소

(3) 초경량비행장치의 종류 및 신고번호

(4) 사고의 경위

(5) 사람의 사상(死傷) 또는 물건의 파손 개요

(6) 사상자의 성명 등 사상자의 인적사항 파악을 위하여 참고가 될 사항

☞ *사고의 원인분석 결과는 보고 내용이 아니다.* (기출)

2) '초경량비행장치 사고'의 종류

'초경량비행장치 사고'란 초경량비행장치를 사용하여 비행을 목적으로 이륙(이수, 離水를 포함한다)하는 순간까지 발생한 다음 각 목의 어느 하나에 해당하는 것으로 국토교통부령으로 정하는 것을 말한다.

(1) 초경량비행장치에 의한 사람의 사망, 중상 또는 행방불명

(2) 초경량비행장치에 의한 추락, 충돌 또는 화재 발생

(3) 초경량비행장치의 위치를 확인할 수 없거나 초경량비행장치에 접근이 불가능한 경우(기출)

3) 초경량비행장치 사고발생후 사고조사 담당기관

– 항공철도사고조사위원회 / 신고접수 : 044)201 – 5445

| 항공철도사고조사위원회 홈페이지 |

기출 핵심문제

❖ 초경량비행장치의 사고를 일으킨 조종자는 사고발생 즉시 지방항공청에 보고하여야 하는 내용이 아닌 것은?

① 초경량비행장치 소유자의 성명
② 사고가 발생한 일시 및 장소
③ 초경량비행장치의 종류 및 신고번호
④ 사고의 정확한 원인분석과 결과

해설 **정답 4**

사고의 정확한 원인분석과 결과는 조종자가 하기에는 어려운 내용이다.

16 항공촬영 허가

비행승인을 받았더라도 항공사진 촬영은 따로 '국방부에서 사전승인'을 받아 촬영해야 하며 모든 지역에서 국방부에서 승인한다. 그러나 명백히 주요 국가 · 군사 시설이 없는 곳에서 비행금지구역이 아닌 곳까지 국방부에서 촬영규제를 하지 않는다. '드론 원스탑 민원포털서비스'를 이용하면 항공사진 촬영 신청, 비행장치 신고 등을 할 수 있다.

< **드론 원스탑** 제공 서비스 >

- 비행장치 신고서 등록
- 사업등록 신고서 등록
- 비행승인 신청서 등록
- 항공사진 촬영 신청서 등록
- 특별비행승인 신청

| 드론 원스탑 민원 포털 서비스 : https://drone.onestop.go.kr |

17 보험가입 의무

2012. 7. 27일부터 경량항공기 소유/비행시 및 영리목적 초경량비행장치 사용시 보험가입 의무화하였다.

1) 비행시 보험가입 증명서가 요구되는 초경량비행장치(항공사업법 제70조)

(1) 항공기 대여업에 사용하는 모든 초경량비행장치

(2) 초경량비행장치 사용사업에 사용하는 모든 초경량비행장치

(3) 항공레저스포츠사업에 사용하는 모든 초경량비행장치

2) 벌칙(항공안전법 제84조) ☞ 500만원 이하의 과태료

(1) 보험 또는 공제에 가입하지 않고 경량항공기, 초경량비행장치 비행한 자

(2) 보험가입신고서 등을 제출하지 아니하거나 거짓으로 제출한 자

기출 핵심문제

❖ 초경량 동력비행장치를 사용함에 있어서 보험을 가입하여야 하는 경우는?

① 개인의 취미생활로 사용하는 낙하산
② 동호인이 공동으로 사용하는 패러글라이더
③ 개인의 취미로 사용하고자 하는 행글라이더
④ 영리목적으로 사용하는 동력비행장치

해설 **정답 4**

사업용의 경우 보험가입 의무가 있다.

18 무인비행장치의 특별비행승인

특별비행이란 야간비행, 가시권 밖 비행 관련 전문검사기관의 검사 결과 국토교통부장관이 고시하는 무인비행장치 특별비행을 위한 안전기준에 적합하다고 판단되는 경우에 국토교통부장관이 그 범위를 정하여 승인하는 특별한 비행으로 택배, 야간방송중계 등 드론 활용범위 확대로 드론시장의 성장을 기대

1) 무인비행장치의 특별비행승인

가) 초경량비행장치 조종자 등의 준수사항(항공안전법 제129조, 제5항)

초경량비행장치 중 무인비행장치 조종자로서 야간에 비행 등을 위하여 국토교통부령으로 정하는 바에 따라 국토교통부장관의 승인을 받은 자는 그 승인 범위 내에서 비행할 수 있다.(예외조항)

2) 무인비행장치의 특별비행승인 제출서류(항공안전법 시행규칙 제312조의 2)

야간에 비행하거나 육안으로 확인할 수 없는 범위에서 비행하려는 자는 무인비행장치 특별비행승인 신청서와 아래 서류를 첨부하여 지방항공청장에게 제출하여야 한다.

(1) 무인비행장치의 종류 · 형식 및 제원에 관한 서류

(2) 무인비행장치의 성능 및 운용한계에 관한 서류

(3) 무인비행장치의 조작방법에 관한 서류

(4) 무인비행장치의 비행절차, 비행지역, 운영인력 등이 포함된 비행계획서

(5) 안전성인증서(초경량비행장치 안전성인증 대상에 해당하는 무인비행장치에 한정)

(6) 무인비행장치의 안전한 비행을 위한 무인비행장치 조종자의 조종 능력 및 경력 등을 증명하는 서류

(7) 해당 무인비행장치 사고에 따른 제3자 손해 발생 시 손해배상 책임을 담보하기 위한 보험 또는 공제 등의 가입을 증명하는 서류(항공사업법에 따라 보험 또는 공제에 가입하여야 하는 자로 한정한다) ☞ 모든 특별비행승인 신청자 (×)

(8) 비상상황 매뉴얼 및 운영인력의 비상상황 훈련 이수 증빙서류

(9) 무인비행장치 이 · 착륙장의 조명 및 장애물 등 현황에 관한 서류(이 · 착륙장 사진 포함)

(10) 그 밖에 별표의 특별비행 안전기준에 적합함을 입증할 수 있는 서류

(11) 신청서를 받은 날로부터 30일 이내 검토후 특별비행승인서를 발급해야 한다.

(12) 특별비행승인 유효기간은 최대 6개월 범위내로 한정

3) 특별비행승인 안전기준(공통사항)

구 분	주요 내용
공통사항	○ 이/착륙장 및 비행경로에 있는 장애물이 비행 안전에 영향을 미치지 않아야 함 ○ 자동안전장치(Fail-Safe)를 장착함 ○ 충돌방지기능을 탑재함 ○ 추락 시 위치정보 송신을 위한 별도의 GPS 위치 발신기를 장착함 ○ 사고 대응 비상연락 · 보고체계 등을 포함한 비상상황 매뉴얼을 작성 · 비치하고, 모든 참여인력은 비상상황 발생에 대비한 비상상황 훈련을 받아야 함

기출 핵심문제

❖ 특별비행승인과 관련된 내용중 틀린 것은?

① 야간에 비행을 하고자 할 때

② 비가시권에서 비행을 하려고 할 때

③ 관제권내에서 초경량비행장치를 비행하려고 할 때

④ 일몰후 비행을 하려고 할 때

해설 정답 3

2017년부터 그동안 금지되었던 야간시간대, 육안거리박 비행을 허용하는 제도이다.

19 초경량비행장치 전문교육기관의 지정(항공안전법 제126조, 시행령 제307조)

1) 초경량비행장치 조종자 전문교육기관으로 지정받으려는 자는 초경량비행장치 조종자 전문교육기관 지정신청서에 다음 각호의 서류를 한국교통안전공단

에 제출하여야 한다.

(1) 전문교관의 현황

(2) 교육시설 및 장비의 현황

(3) 교육훈련 계획 및 교육훈련 규정

2) 전문교관 현황

(1) 지도조종자 1명 이상

– 만 18세 이상, 한국교통안전공단 지도 조종자 과정을 이수한 자

(2) 실기평가 조종자 1명 이상

– 만 18세 이상, 한국교통안전공단 실기 평가자 과정을 이수한 자

※ 지도조종자와 실기평가 조종자가 각각 1명 이상 있어야 한다.

3) 벌칙

전문교육기관의 지정 위반에 관한 죄(항공안전법 제144조의 2)에 따라 전문교육기관의 지정을 받지 아니하고 항공종사자를 양성하기 위하여 항공기 등을 사용한 자는 3년 이하의 징역 또는 3천만원 이하의 벌금에 처한다.

4) 전문기관과 사설기관의 교육시설 및 장비 현황

(1) 전문교육기관은 지도조종자 1명 및 실기평가지도조종자 1명, 기체 1대, 이론 강의실 1개, 사무실 1개, 휴게실 1개, 비행장치 이착륙 공간 1개소, 남녀 화장실 각각 1개 등 이상

(2) 사설학원은 지도조종자 1명, 기체 1대, 비행장치 이착륙 공간 1개소 이상

20 지방항공청별 관할지역

관할	관할지역	연락처
서울지방항공청	서울특별시, 경기도, 인천광역시, 강원도, 대전광역시 충청남도, 충청북도, 세종특별자치시, *전라북도*	항공안전과 032-740-2148
부산지방항공청	부산광역시, 대구광역시, 울산광역시, 광주광역시, 경상남도, 경상북도, *전라남도*	항공안전과 051-974-2147
제주지방항공청	제주특별자치도	항공운항과 064-797-1745

21 항공 안전보고

1) NOTAM(노탐, NOTAM : Notice to Airmen)

가) NOTAM의 정의

항공보안을 위한 시설, 업무 또는 방식 등의 설치와 변경, 위험의 존재 등에 대해서 운항 관계자에게 국가에서 실시하는 '항공고시보'이다. (필기, 구술시험 출제)

노탐은 고시방법에 따라 노탐 클래스 1은 돌발적 사항, 단기적 사항으로 노탐전신부호에 의해 텔레타이프(인쇄전신)로 보내지고, 노탐 클래스 2는 장기적 사항에 대해서 평서문으로 인쇄하여 우편으로 배포

나) NOTAM의 유효기간

노탐의 최대 유효기간은 3개월 미만으로 일시적으로 유효한 정보이다.

☞ 영구적으로 유효한 정보는 AIP이다.

2) 항공정보간행물(AIP : Aeronautical Information Publication)

– 항공항행에 필수 · 영구적인 성격의 항공정보를 수록한 간행물로 일반사항(GEN), 비행장(AD), 항공로(ENR)로 구성되어 있다(3권 1책).

3) 항공정보회람(AIC : Aeronautical Information Circular)

– 비행안전, 항행, 기술, 행정, 규정 개정 등에 관한 내용으로서 항공정보간행물(AIP) 또는 항공고시보(NOTAM)의 발간 대상이 아닌 사항을 수록한 공고문이다.

기출 핵심문제

❖ 항공종사자들에게 배포하는 공고문으로 항공시설업무, 절차 또는 위험요소의 시설, 운영 상태 및 그 변경에 관한 정보를 기록하여 알리는 것은?

① AIP ② AIC ③ NOTAM ④ AIRAC

해설 정답 3

❖ 다음 중 법령, 규정, 절차 및 시설 등의 변경이 장기간 예상되는 설명과 조언 정보를 통지하는 것은 무엇인가?

① 항공고시보(NOTAM) ② 항공정보 간행물(AIP)
③ AIRAC ④ 항공정보회람(AIC)

해설 정답 4

4) NOTAM 정보 제공 사이트

– 항공정보관리체계(AIM)에서 NOTAM AIP 등을 제공

22 항공기의 국적식별기호, 표지기호(Identification Marks)

항공기 꼬리날개 등에 숫자로 표시되어 있는 번호로 정식명칭은 '국제민간 항공기 등록기호'라고 한다.

(1) 일반적으로 주 날개와 동체 뒷부분 또는 꼬리날개 아랫부분에 영구성이 있는 방법으로 선명하게 표기

(2) 한국은 HL, 북한은 P, 미국은 N, 영국은 G, 중국과 대만은 B, 일본은 JA, 러시아는 RA, 이탈리아 I, 홍콩(VR−H), 타이 (HS), 필리핀(RP), 베트남(XV, VN), 말레이시아(9M), 싱가폴(9V), 인도(VT), 인도네시아(PK), 호주(VH), 네델란드(PH), 이란(EP), 스위스(HB), 대만은 B−18201 등 5자리 숫자를 사용, 중국은 B−2212등 4자리 숫자를 사용한다.

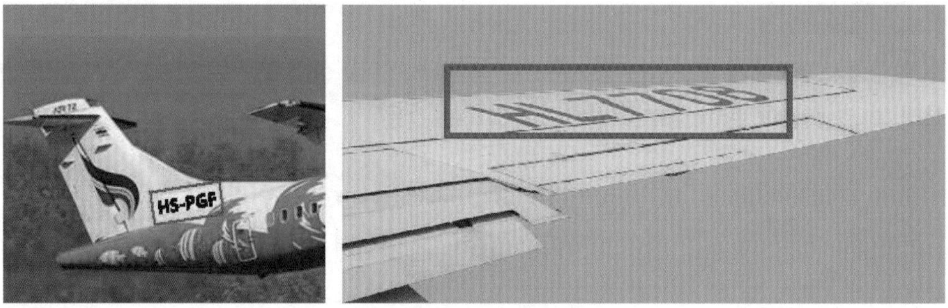

| 국제민간 항공기 등록기호 |

기출 핵심문제

❖ 다음 중 우리나라 항공기의 국적표시 기호는 어느것인가?

① PR ② KAL ③ HL ④ P

해설 정답 3

한국의 항공기 국적기호는 HL이다.

23 주요 벌칙 규정(항공안전법 제166조)

과태료 금액이 가끔 바뀌므로 항공안전법 시행령 제30조(과태료의 부과기준) '별표 5'에서 확인하시기 바랍니다.

1) 과태료와 벌금의 구분

(1) 과태료 : 형벌의 성격을 띠지 않는 일종의 행정처분의 금전벌이다.

예) 불법주차

(2) 벌금 : 법령 위반에 대한 일정 금액을 국가에 내도록 하는 형사처벌

예) 음주운전, 초경량비행장치 장치미신고, 비행제한공역 위반 등

☞ 벌금과 과태료를 구분하는 문제가 출제가 된다.

2) 항공안전법 시행령 제30조(주요 과태료) '별표5'

위반 사항	항공안전법	과태료금액		
		1차 위반	2차 위반	3차 이상 위반
안전성 인증 없이 비행	제124조 제166조 제1항 제10호	250	375	500
조종자 증명 없이 비행	제125조 제1항 제166조 제2항 제3호	200	300	400
국토교통부령으로 정하는 조종사 준수사항을 따르지 않고 비행시	제166조 제3항 제8호	150	225	300
150미터 이상 고도, 관제공역 등 미승인 비행	제127조 제3항 제166조 제3항 제9호	150	225	300
인명재산 피해 없도록 비행하라는 조종자 준수사항 미이행	제129조 제1항 제166조 제3항 제8호			
미승인 야간비행	제129조 제5항 제166조 제3항 제10호	100	150	200

위반 사항	항공안전법	과태료금액		
		1차 위반	2차 위반	3차 이상 위반
신고번호 기체 미표시 또는 거짓 표시	제122조 제3항 제166조 제4항 제4호	50	75	100
장치 미장착 · 미휴대 비행	제128조 제166조 제4항 제5호			
말소신고 미이행	제123 제2항 제166조 제6항 제1호	15	22.5	30
사고 미보고 · 거짓보고	제129조 제3항 제166조 제6항 제2호			
안전성검사를 받지 않은 기체를 사용하여 조종자 증명없이 비행한 자		1년 이하의 징역, 1000만원 이하 벌금		
음주, 약물 등을 하고 비행한 자		3년 이하 징역 3000만원 이하 벌금		

※ 1차 위반 시는 기준의 1/2 금액 , 2차 위반 시에는 기준의 3/4 금액

3) 드론 조종자 벌금/과태료

종류		안전성 인증검사	비행승인 받지 않고			
			비행제한공역	비행금지구역	관제권	고도150m이상
위반시 처벌기준	징역					
	벌금		500만원		**500만원 (운영에지장)**	
	과태료	500만원		300만원	300만원	300만원

※ 안전성 미인증 장치로 조종자 증명 자격 없이 비행시 1년 이하의 징역 또는 1천만원 이하의 벌금

종류		장치신고/변경신고	음주불응	조종자 증명취득	조종자 준수사항	임대/알선	신고번호 표시	신고번호 X/거짓
위반시 처벌기준	징역	6개월 또는	3년 또는					
	벌금	500만원	3천만원					
	과태료			400만원	300만원	300만원	100만원	100만원

4) 초경량비행장치 무인멀티콥터 조종자 증명의 취소

(1) 거짓이나 그 밖의 부정한 방법으로 초경량비행장치 조종자 증명을 받은 경우

(2) 조종자 증명의 효력정지기간에 초경량비행장치를 사용하여 비행한 경우

기출 핵심문제

❖ 초경량비행장치 조종자 증명을 받지 않고 비행한 경우 1차 과태료는?

① 20만원 ② 100만원 ③ 150만원 ④ 200만원

해설 정답 4

❖ 초경량비행장치의 안전성 인증을 받지 않고 비행한 사람의 1차 과태료는?

① 30만원 ② 100만원 ③ 200만원 ④ 250만원

해설 정답 4

❖ 다음 중 과태료의 금액이 틀린 것은?

① 말소 신고를 하지 않은 경우 1차위반은 15만원이다.

② 신고번호를 표시하지 않거나 거짓으로 표시한 경우에는 1차위반이 50만원이다.

③ 조종사 준수사항을 위반한 경우 1차위반은 30만원이다.

④ 조종사 증명을 받지 않고 비행한 경우 1차위반은 200만원이다.

해설 정답 3

조종사 준수사항 위반 100–150–200(3차)

CHAPTER

02 항공사업법

01 항공사업법 개론

항공사업법과 공항시설법은 항공안전법에 비해 출제빈도는 제한적이지만 교관과정에서는 '항공사업법'을 집중적으로 공부해야 합니다.

1) 항공사업법 목적

가) 목적(항공사업법 제1조)

이 법은 항공정책의 수립 및 항공사업에 관하여 필요한 사항을 정하여

(1) 대한민국 항공사업의 체계적인 성장과 경쟁력 강화 기반을 마련하는 한편

(2) 항공사업의 질서유지 및 건전한 발전을 도모하고

(3) 이용자의 편의를 향상시켜

(4) 국민경제의 발전과 공공복리의 증진에 이바지함을 목적으로 한다.

나) 주요 용어 정의(제2조 정의)

(1) 항공사업

이 법에 따라 국토교통부장관의 면허, 허가 또는 인가를 받거나 국토교통부 장관에게 등록 또는 신고하여 경영하는 사업을 말한다.

(2) 항공기대여업

유상으로 항공기, 경량항공기 또는 초경량비행장치를 대여하는 사업 (항공레저스포츠를 위하여 대여하여 주는 서비스는 제외한다. 그 이유는 항공레저스포츠사업을 따로 정의하고 있기 때문이다)

(3) 초경량비행장치 사용 사업

타인의 수요에 맞추어 국토교통부령으로 정하는 초경량비행장치를 사용하여 유상을 농약살포, 사진촬영 등 국토교통부령으로 정하는 업무를 하는 사업

(4) 초경량비행장치 사용 사업자

제48조1항에 따라 국토교통부장관에게 초경량비행장치 사용사업을 등록한 자

(5) 항공레저스포츠

취미 · 오락 · 체험 · 교육 · 경기 등을 목적으로 하는 비행(공중에서 낙하하여 낙하산(落下傘)류를 이용하는 비행을 포함한다)활동을 말한다.

다) 경량항공기 등의 영리 목적 사용금지(항공사업법 제71조)

누구든지 경량항공기 또는 초경량비행장치를 사용하여 비행하려는 자는 다음 각 호의 어느 하나에 해당하는 경우를 제외하고는 경량항공기 또는 초경량비행장치를 영리 목적으로 사용해서는 아니 된다.

(1) 항공기대여업에 사용하는 경우

(2) 초경량비행장치사용사업에 사용하는 경우

(3) 항공레저스포츠사업에 사용하는 경우

라) 벌칙

(1) 제71조를 위반하여 경량항공기를 영리 목적으로 사용한 자

☞ 1년 이하의 '징역' 또는 1천만원 이하의 벌금

(2) 제71조를 위반하여 초경량비행장치를 영리 목적으로 사용한 자

☞ 6개월 이하의 징역 또는 500만원 이하의 벌금

2) 항공기대여업

가) 정의(법 제2조 21항)

타인의 수요에 맞추어 유상으로 항공기, 경량항공기 또는 초경량비행장치를 대여하는 사업을 말한다.

※ 항공레저스포츠를 위하여 대여하여 주는 서비스는 제외

(1) 대여대상(제4절, 제46조)

① 활공기 또는 비행선(☜ 국토교통부령으로 정하는 '항공기')

② 경량항공기

③ 초경량비행장치

(2) 항공기대여업의 등록기준(시행령 별표 8)

– 항공기, 경량항공기 또는 초경량비행장치 1대 이상(3개 중 아무거나 한 가지)

– 제3자 보험(초경량비행장치 대상)

3) 초경량비행장치 사용사업(항공사업법 제48조)

가) 정의(사업법 제2조 23항)

타인의 수요에 맞추어 ①국토교통부령으로 정하는 초경량비행장치를 사용하여 유상으로 농약살포, 사진촬영 등 ②국토교통부령으로 정하는 업무를 하는 사업을 말한다.

① 국토교통부령으로 정하는 초경량비행장치(항공안전법 시행규칙 제5조 5항)

– 무인비행장치: 사람이 탑승하지 아니하는 것으로서 다음 각 목의 비행장치

(1) 무인동력비행장치: 연료의 중량을 제외한 자체중량이 150㎏ 이하인 무인비행기, 무인헬리콥터 또는 무인멀티콥터

(2) 무인비행선: 연료의 중량을 제외한 자체중량이 180㎏ 이하이고 길이가 20미터 이하인 무인비행선

② 국토교통부령으로 정하는 업무를 하는 사업(사업범위 : 시행규칙 제6조)

(1) 비료 또는 농약 살포, 씨앗 뿌리기 등 농업 지원

(2) 사진촬영, 육상 · 해상 측량 또는 탐사

(3) 산림 또는 공원 등의 관측 또는 탐사

(4) 조종교육

나) 초경량비행장치사용사업 등록(항공사업법 제48조)

(1) 초경량비행장치(무인비행장치로 한정) 1대 이상

※ 무인비행장치 : 무인동력장치, 무인비행선

(2) 조종자 1명 이상

(3) 보험(해당 보험 상당 공제 포함) : 제3자 보험 가입

4) 항공레저스포츠사업

가) 항공레저스포츠사업 정의

타인의 수요에 맞추어 유상으로 다음 각 목의 어느 하나에 해당하는 서비스를 제공하는 사업을 말한다.

나) 항공레저스포츠사업의 종류

(1) 항공기(비행선과 활공기에 한정한다), 경량항공기 또는 국토교통부령으로 정하는 초경량비행장치를 사용하여 조종교육, 체험 및 경관조망을 목적으로 사람을 태워 비행하는 서비스

(2) 다음 중 어느 하나를 항공레저스포츠를 위하여 대여하여 주는 서비스

① 활공기 또는 비행선(☜ 국토교통부령으로 정하는 항공기)

② 경량항공기

③ 초경량비행장치

☞ 인력활공기(人力滑空機), 기구류, 동력패러글라이더(착륙장치가 없는 비행장치로 한정한다.), 낙하산류(시행령 제7조)

(3) 경량항공기 또는 초경량비행장치에 대한 정비, 수리 또는 개조서비스

다) 항공레저스포츠사업에 사용되는 초경량비행장치(시행규칙 제7조)

(1) 인력활공기(人力滑空機)

(2) 기구류

(3) 착륙장치가 없는 동력패러글라이더

(4) 낙하산류

기출 핵심문제

❖ **초경량비행장치의 정비, 수리, 개조 서비스와 관련된 업종은?**

① 항공기대여업 ② 항공기정비업

③ 항공레저스포츠사업 ④ 항공기취급업

해설 정답 3

CHAPTER

03 공항시설법

01 공항시설법 개론

1) 목적(항공시설법 제1조)

이 법은 공항 · 비행장 및 항행안전시설의 설치 및 운영 등에 관한 사항을 정함으로써 항공산업의 발전과 공공복리의 증진에 이바지함을 목적으로 한다.

2) 주요 용어 정의(공항시설법 제2조,)

가) '비행장'이란 항공기 · 경량항공기 · 초경량비행장치의 이륙[이수(離水)를 포함한다]과 착륙[착수(着水)를 포함한다]을 위하여 사용되는 육지 또는 수면(水面)의 일정한 구역으로서 대통령령으로 정하는 것을 말한다.

☞ 이수와 착수를 포함하지 않는다.(×)

나) '이착륙장' 이란

비행장 외에 경량항공기 또는 초경량비행장치의 이륙 또는 착륙을 위해 사용되는 육

지 또는 수면의 일정한 구역으로서 대통령령으로 정하는 것

다) '착륙대"(着陸帶)란

활주로와 항공기가 활주로를 이탈하는 경우 항공기와 탑승자의 피해를 줄이기 위하여 활주로 주변에 설치하는 안전지대로서 국교통부령으로 정하는 크기로 이루어지는 활주로 중심선에 중심을 두는 직사각형의 지표면 또는 수면을 말한다.

라) '항행안전시설' 이란

항행안전시설이란 유선통신, 무선통신, 인공위성, 불빛, 색채 또는 전파(電波)를 이용하여 항공기의 항행을 돕기 위한 시설로서 다음 각호의 시설을 말한다.(기출)

(1) 항공등화

(2) 항행안전무선시설

(3) 항공정보통신시설

마) '항공등화' 란

불빛, 색채 또는 형상(形象)을 이용하여 항공기의 항행을 돕기 위한 항행안전시설 (☞ 전파 ×)

바) '항공등화'의 종류(공항시설법 시행규칙 별표3)

– 활주로 경계등(Runway guard lights)

활주로에 진입하기 하기 전에 멈추어야 하는 위치를 알려주기 위해 설치하는 등화

사) "항행안전무선시설"이란

전파를 이용하여 항공기의 항행을 돕기 위한 시설로서 국토교통부령으로 정하는 시설을 말한다.

아) "항공정보통신시설"이란

전기통신을 이용하여 항공교통업무에 필요한 정보를 제공 · 교환하기 위한 시설로서 국토교통부령으로 정하는 시설을 말한다.

3) 항행안전시설

– 공항시설법 시행규칙 제5조, 항공 등화 : 공항시설법 제6조

구분		용어의 뜻	색상
항행안전 시설	항공등화	불빛, 색채 또는 형상(形象)을 이용하여 항공기의 항행을 돕기 위한 항행안전시설	–
	항행 안전무선시설	전파를 이용하여 항공기의 항행을 돕기 위한 시설	–
	항공 정보통신시설	전기통신을 이용하여 항공 교통업무에 필요한 정보를 제공하고 교환하기 위한 시설	–
항공등화	활주로등	이착륙하는 항공기에 활주로를 알려주기 위한 등화	노란색, 흰색
	유도로등	지상 주행중인 항공기의 유도로, 대기지역	파란색(청색)
	활주로 유도등	활주로의 진입을 알려주기 위한 진입로 입구의 등화	
	풍향등	항공기에 풍향을 알려주기 위한 등화	흰색
	비행장 등대	항행 중인 항공기에 비행장의 위치를 알려주기 위하여 비행장 또는 그 주변에 설치하는 등화	흰색, 녹색 
	기타	진입각 지시등, 지향 신호등	

기출 핵심문제

❖ 다음 중 공항시설법상 유도로등의 색은 무엇인가?

① 청색 ② 녹색 ③ 백색 ④ 황색

해설 정답 1

❖ 항공안전법에서 기술한 용어의 정의로 옳은 것은?

① 관제구라 함은 평균해수면으로부터 150미터 이상 높이의 공역으로서 항공교통의 통제를 위하여 지정된 공역을 말한다.

② 항공등화라 함은 전파, 불빛, 색채 등으로 항공기 항행을 돕기 위한 시설을 말한다.

③ 항행안전시설이라 함은 전파에 의해서만 항공기 항행을 돕기 위한 시설을 말한다.

④ 관제권이라 함은 비행장 및 그 주변의 공역으로서 항공교통의 안전을 위하여 지정된 공역을 말한다.

해설 정답 4

❖ 다음 중 항공장애등의 설치기준으로 옳은 것은?

① 300ft(MSL)

② 500ft(AGL)

③ 300ft(AGL)

④ 500ft(MSL)

해설 정답 2

– 500ft(AGL) = 150m 지표 또는 수면으로부터 30m 이상 높이의 구조물, 야간 항공에 장애가 될 염려가 있는 고층의 건축물이나 위험을 알리기 위한 등, 붉은 빛의 등을 밝힌다.

– AGL(지상고도): Above Ground Level, MSL(해발고도): Mean Sea Level

CHAPTER

04 2021년 초경량비행장치 항공안전법 개정

2021년도 초경량비행장치 드론관련 항공안전법의 법개정의 주요 골자는 '드론신고제'와 '드론자격증의 차등화'이다. Dji 드론 기준으로 보면 매빅 미니, 매니2는 신고와 교육이 필요 없으나 매빅 에어2, 매빅2 시리즈는 온라인 교육을 인스파이어 2 이상 드론은 비행자격을 취득해야 한다.

01 초경량비행장치 신고(2021. 1. 1, 항공안전법 시행령 제24조)

1) 정의

사업용 또는 최대이륙중량 2kg을 초과하는 초경량비행장치(드론)를 소유하거나 사용할 권리가 있는 자가 소유자 및 비행장치 정보 등을 사전에 신고하는 제도

2) 목적

(1) 체계적인 장치 신고 관리로 안전관련 위법행위 예방 및 국민 인명 · 재산 보호

(2) 기체별 신고번호 관리를 통해 향후 무인기 교통관리, 드론택시, 택배 상용화에

기여

3) 신고의 구분

(1) 신규신고

초경량비행장치를 소유하거나 사용할 권리가 있는 자가 최초로 행하는 신고

(2) 변경신고

비행장치의 용도, 소유자 등의 성명이나 명칭 또는 주소, 보관장소 등이 변경된 경우 행하는 신고

(3) 이전신고

비행장치의 소유권이 이전된 경우 행하는 신고

(4) 말소신고

비행장치의 멸실 또는 해체(정비 등, 수송 또는 보관하기 위한 해체는 제외) 등의 사유가 발생한 경우 행하는 신고

기출 핵심문제

❖ 다음 중 2021년 개정된 초경량비행장치 신고 구분으로 옳지 않은 것은?

① 신규신고　② 변경신고　③ 정기신고　④ 말소신고

해설 정답 3

❖ 다음 중 2021년 개정된 초경량비행장치 신고 구분 내용으로 틀린 것은?

① 신규신고 – 비행장치의 소유 또는 권리가 있는 자가 최초로 하는 신고
② 변경신고 – 용도, 성명, 주소 또는 보관장소 등이 변경된 경우 신고
③ 이전신고 – 비행장치의 소유권이 이전된 경우 행하는 신고
④ 말소신고 – 멸실 또는 해체(정비, 수송 해체 포함) 사유가 발생한 경우 신고

해설 정답 4

구분	현행		개선		비고
기체 신고 •말소	비사업용	• 12kg 초과시 신고(자체중량)	비사업용	• 2kg 초과시 소유주 등록 (최대이륙중량)	• 사업용 동일 • 비사업용 규제↑ (2021. 1. 1)
	사업용	• 무게와 무관하게 신고	사업용	• 무게와 무관하게 신고	
안전성 인증	• 25kg 초과 안전성 인증		• 25kg 초과 안전성 인증		• 현행과 동일
조종 자격	비사업용 (레저용)	자격증 불필요	비사업용 사업용 모두	• 250g~2kg 온라인 교육	• 비사업용 규제↑ • 사업용 규제↑ (2021. 3. 1)
				• 2kg~7kg 필기 +비행경력(6시간)	
	사업용	• 12kg 초과시 조종자 증명 취득 필요 (필기+실기)		• 7kg~25kg 필기 +비행경력(10시간) +실기시험(약식)	
				• 25kg초과 필기+비행경력(20시간) +실기	

4) 초경량비행장치 기체신고 기한 변경

(1) 최대이륙중량 25kg이하 기체 – 기체를 소유하거나 사용할 수 있는 권리가 있는 날로부터 30일 이내

(2) 최대이륙중량 25kg이상 기체 – 안전성인증을 받기 전까지

5) 신고업무 변경사항

(1) 업무수행기관

– 각 지방항공청 → 한국교통안전공단 이전

(2) 신고접수 방법

– 정부 24 → 드론원스탑(드론 Only)

※ 드론 외 : APS 원스탑 시스템

(3) 신고대상 확대

– 자체중량 12kg 초과기체 → 최대륙중량 2kg 초과기체(2021. 1. 1부터 변경)

※ 이전에 갖고 있던 기체가 신고대상에 포함되는 경우 2021. 6. 30까지 신고

6) 신고대상

<table>
<tr><th colspan="3">종류</th><th>사업용</th><th>비사업용</th><th>신고대상 제외
(비사업용만 해당)</th></tr>
<tr><td rowspan="2">동력
비행
장치</td><td colspan="2">타면조종형 비행장치</td><td rowspan="13">신고

• 사업용:
항공사업법 제2조에 따른 초경량비행장치 사용사업.
항공레저스포츠사업에 사용되는 초경량비행장치</td><td rowspan="2">신고</td><td rowspan="13">① 계류식 무인비행장치

② 연구기관 등이 시험.조사.연구 또는 개발을 위하여 제작한 초경량비행장치

③ 제작자 등이 판매를 목적으로 제작하였으나, 판매되지 아니한 것으로 비행에 사용되지 아니하는 초경량비행장치

④ 군사목적으로 사용되는 초경량비행장치</td></tr>
<tr><td colspan="2">체중이동형 비행장치</td></tr>
<tr><td colspan="3">행글라이더</td><td rowspan="2">신고 불필요</td></tr>
<tr><td colspan="3">패러글라이더</td></tr>
<tr><td colspan="3">기구류</td><td>사람이 탑승하는 것은 신고</td></tr>
<tr><td rowspan="4">무인
비행
장치</td><td rowspan="3">무인
동력
비행
장치</td><td>무인비행기</td><td rowspan="3">최대이륙중량 2kg 초과 신고</td></tr>
<tr><td>무인헬리콥터</td></tr>
<tr><td>무인멀티콥터</td></tr>
<tr><td colspan="2">무인비행선</td><td>자체중량 12kg 초과, 길이 7m 초과 신고</td></tr>
<tr><td rowspan="2">회전익
비행
장치</td><td colspan="2">초경량 헬리콥터</td><td rowspan="3">신고</td></tr>
<tr><td colspan="2">초경량 자이로플레인</td></tr>
<tr><td colspan="3">동력패러글라이더</td></tr>
<tr><td colspan="3">낙하산류</td><td>신고 불필요</td></tr>
</table>

7) 신고절차

절차	내용
기체신고 신청서 작성 / 제출	• [민원인] 규정서식(항공안전법 시행규칙 별지 제116호)에 맞추어 비행장치 및 소유자 정보 기입 • [민원인] 법정 제출서류 스캔, 사진 첨부 및 제출 • 신고채널 : 원스탑 시스템 – [무인비행장치] https://drone onestop.go.kr(드론원스탑시스템) – [기타 초경량] http://www.onestop.go.kr:8050(APS원스탑시스템) ❖ Fax, e–mail, 현장방문 통해서 접수 가능
신고접수 및 검토	• [담당자] 기입정보 적정성 확인, 제출서류 누락 및 유효성 여부 등 확인 ❖ 신청서 접수 당일부터 7일 내(근무일수 기준) 검토의견 제출 필요

보완필요시	보완불필요시	내용
보완요청 및 보완 → 신고번호 발급 및 신고증명서 발급	신고번호 및 신고증명서 발급	• [담당자] 보완필요시 : 보완사유 명시 후 보완요청 • [민원인] 보완요청을 받은 민원인은 보완사유를 확인하여 정보 수정, 서류 추가첨부 등 보완 • [담당자] 신고내용 이상 없을 시 담당자는 규정된 양식(항공안전법 시행규칙 별지 제117조)에 맞춰 신고증명서 및 신고번호 발급 • 변경· 이전 신고는 기존 신고번호 유지 • 신고수리기간 : 신규, 변경, 이전 신고 ☞ 7일 이내 말소신고 ☞ 신고서 도달 시점

절차	내용
신고 증명서 인쇄 및 기체 신고번호 표시	• [민원인] 발급된 신고증명서 인쇄 후 비행 시 필수 지참 • [민원인] 발급된 신고번호는 규정 양식에 맞추어 기체에 표시 ❖ 상기 사항은 항공안전법 시행규칙 제301조에 의한 의무사항, 미 이행 시 과태료 부과

8) 신고 관련 벌칙조항

위반사항	처벌 조항	처벌 기준		
신고 및 변경 신고를 하지 않고 비행한 경우	한공안전법 제161조 제3항	6개월 이하의 징역 또는 500만원 이하의 벌금		
신고번호를 표시하지 않거나 거짓으로 표시한 경우	항공안전법 제166조 제4항 제4호	과태료	1차 위반	50만원
			2차 위반	75만원
			3차 위반	100만원
말소 신고를 하지 않은 경우	항공안전법 제166조 제6항 제1호	과태료	1차 위반	15만원
			2차 위반	22.5만원
			3차 위반	30만원

9) 기체 모델별 최대이륙중량

최대 이륙중량 기준	모델명	비고
250g 이하	대부분의 완구 드론, 매빅미니, 매빅미니2	매빅미니 (자체중량 249g)
250g초과 ~ 2Kg이하	스파크, 매빅에어, 매빅에어2, 매빅프로, 매빅2, 팬텀3, 팬텀4, 미드론, 피미, 지노2, 에보2 등	
2Kg초과 ~ 7Kg이하	인스파이어1, 인스파이어2, 매트리스200, 타이푼H 등	
7Kg초과 ~ 25Kg이하	매트리스300, 매트리스600, Agras MG-1 등	
25Kg초과	Dji Agras T16 등	

※ 한국교통안전공단의 조사에 따르면 Dji드론의 경우 대부분 2kg 이하의 드론은 자체중량과 최대 이륙중량을 같게 본다고 답변을 받았다(2020. 12. 22) 또한 카메라의 장착유무와 상관없이 최대 이륙중량이 250g 이하이면 완구용드론이다.

10) 무인동력비행장치 신고번호 신 서식

☞ 기체신고시 부여받은 신고번호를 기체크기에 맞게 출력하여 사용

C3CM0000001

15cm(HY 헤드라인 M, 50pt)

C3CM0000001

10cm(HY 헤드라인 M, 30pt)

C3CM0000001

5cm(HY 헤드라인 M, 15pt)

C3CM0000001

3cm(HY 헤드라인 M, 10pt)

02 최대이륙중량에 따른 자격증 차별화(2021. 3. 1)

1) 법적근거

- 항공안전법 시행규칙 제306조(초경량비행장치의 조종자 증명 등)
- 제4항 무인동력비행장치(무인멀티콥터, 무인헬리콥터, 무인비행기)에 대한 자격기준, 시험실기 방법 및 절차 등은 다음의 구분에 따른 무인동력비행장치별로 구분하여 달리 정해야 한다.

– 최대이륙중량의 정의

최대이륙중량이란 항공기가 이륙함에 있어서 설계상 또는 운영상의 한계를 벗어나지 않는 한도 내에서 최대 적재 가능한 중량

개정전	개정후
무인동력비행장치 공통 (무인비행기, 무인헬리콥터, 무인멀티콥터)	무인동력비행장치 공통 (무인비행기, 무인헬리콥터, 무인멀티콥터)
무게기준 (자체중량) – 12kg 초과 150kg 이하	무게기준 (최대이륙중량) – 1종 : 25kg 초과 자체중량 150kg이하 – 2종 : 7kg 초과 25kg 이하 – 3종 : 2kg 초과 7kg 이하 – 4종 : 250g 초과 2kg 이하
사업용	사업용 또는 비사업용

2) 최대이륙중량(위험정도)에 따른 자격의 구분

(1) 1종(고위험 비행장치) : 안전성 인증검사 대상

– 최대이륙중량 25kg 초과 ~ 150kg 이하

– 필기 및 실기시험, 비행경력 20시간

(2) 2종(중위험 비행장치)

– 최대이륙중량 7kg 초과 ~ 25kg 이하

– 필기 및 약식 실기시험, 비행경력 10시간

(3) 3종(저위험 비행장치)

– 최대이륙중량 2kg 초과 ~ 7kg 이하

– 필기시험, 비행경력 6시간

(4) 4종(저위험 비행장치)

– 최대이륙중량 250g 초과 ~ 2kg 이하

– 온라인 교육(실기시험 없음), 일반적으로 취미용에 적당한 크기의 드론이다.

(5) 완구용 모형비행장치

– 연료무게 포함하여 250g 이하, 자격증 불필요

3) 조종자 증명 업무범위

(1) 1종 무인동력비행장치 : 해당 종류의 1종 기체를 조종하는 행위(2종 업무범위 포함)

(2) 2종 무인동력비행장치 : 해당 종류의 2종 기체를 조종하는 행위(3종 업무범위 포함)

(3) 3종 무인동력비행장치 : 해당 종류의 3종 기체를 조종하는 행위(4종 업무범위 포함)

(4) 4종 무인동력비행장치 : 해당 종류의 4종 기체를 조종하는 행위

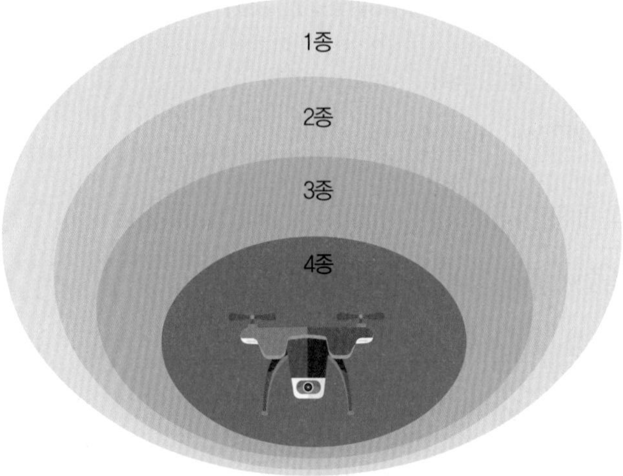

4) 자격증명 취득 기준

구분	온라인 교육	비행경력	학과	실기
1종	X	1종 기체를 조정한 시간 20시간 (2종 자격 취득자 5시간, 3종 자격 취득자 3시간 이내에서 인정)	O (과목, 범위, 난이도 동일)	O
2종		1종 또는 2종 기체를 조종한 시간 10시간 (3종 자격 취득자 3시간 이내에서 인정)		O
3종		1종 또는 2종 또는 3종 기체를 조종한 시간 6시간		X
4종	O	X	X	X

5) 실기시험 채점 항목(1종 및 2종)

필기시험은 1종~3종까지 난이도는 동일하나 실기시험은 난이도가 상이하다.

※ 붉은색 항목은 1종에 한함

무인비행기	무인헬리콥터	무인멀티콥터
1. 기체에 관련한 사항	1. 기체에 관련한 사항	1. 기체에 관련한 사항
2. 조종자에 관련한 사항	2. 조종자에 관련한 사항	2. 조종자에 관련한 사항
3. 공역 및 비행장에 관련한 사항	3. 공역 및 비행장에 관련한 사항	3. 공역 및 비행장에 관련한 사항
4. 일반지식 및 비상절차	4. 일반지식 및 비상절차	4. 일반지식 및 비상절차
5. 점검항목	5. 이륙 중 엔진고장 및 이륙포기	5. 이륙 중 엔진고장 및 이륙포기
6. 발동기의 시동 및 점검	6. 비행 전 점검	6. 비행 전 점검
7. 직진활주	7. 기체의 시동	7. 기체의 시동
8. 고속활주	8. 이륙 전 점검	8. 이륙 전 점검
9. 정상이륙	9. 이륙비행	9. 이륙비행
10. 측풍이륙	10. 공중 정지비행(호버링)	10. 공중 정지비행(호버링)
11. 이륙 중 엔진 고장 및 이륙 포기	11. 상승 및 하강비행	11. 직진 및 후진 수평비행
12. 상승비행	12. 직진 및 수평비행	12. 삼각비행
13. 직진수평비행	13. 좌우 수평비행	13. 원주비행(러터턴) (2종은 마름모비행)
14. 선회비행 및 저속도 비행	14. 원주비행(러터턴) (2종은 마름모비행)	14. 비상조작
15. 실속회복 및 비상조작	15. 비상조작	15. 정상접근 및 착륙
16. 정상접근 및 착륙	16. 정상접근 및 착륙	16. 측풍접근 및 착륙

무인비행기	무인헬리콥터	무인멀티콥터
17. 측풍접근 및 착륙	17. 측풍접근 및 착륙	17. 비행 후 점검
18. 복행	18. 비행 후 점검	18. 비행기록
19. 비행 후 점검	19. 비행기록	19. 안전거리유지
20. 비행기록	20. 안전거리유지	20. 계획성
21. 계획성	21. 계획성	21. 판단력
22. 판단력	22. 판단력	22. 규칙의 준수
23. 규칙의 준수	23. 규칙의 준수	23. 조작의 원활성
24. 조작의 원활성	24. 조작의 원활성	

6) 조종자 증명에 대한 경과조치

가) 시행일(2021. 3. 1) 이전에 종전의 초경량비행장치 조종자 증명 운영세칙에 따른 각 표의 종전(왼쪽)에 해당하는 경우 같은 표의 경과(오른쪽)에 해당하는 것으로 봄

구분	종전	경과
조종자 증명	무인비행기	무인비행기 1종
	무인헬리콥터	무인헬리콥터 1종
	무인멀티콥터	무인멀티콥터 1종
	무인비행선	무인비행선
학과 시험	시행일 전 해당 비행장치 종류 학과시험에 합격한 사람	해당 비행장치 종류 학과시험에 합격한 것으로 봄
실기 시험	무인비행기	무인비행기 1종
	무인헬리콥터	무인헬리콥터 1종
	무인멀티콥터	무인멀티콥터 1종
	무인비행선	무인비행선

구분	종전	경과
응시 자격 부여	무인비행기	무인비행기 1종, 2종, 3종
	무인헬리콥터	무인헬리콥터 1종, 2종, 3종
	무인멀티콥터	무인멀티콥터 1종, 2종, 3종
	무인비행선	무인비행선
비행 경력	무인비행기	무인비행기 1종
	무인헬리콥터	무인헬리콥터 1종
	무인멀티콥터	무인멀티콥터 1종
	무인비행선	무인비행선
기타	해당 종류 지도조종자	해당 종류 지도조종자
	해당 종류 학과시험위원	해당 종류 학과시험위원
	해당 종류 실기시험위원	해당 종류 실기시험위원

※ 시행일(2021. 3. 1) 이전에 전문교육기관 교육과정을 이수한 사람(사설교육기관의 경우 응시자격을 신청한 사람)은 2021년 12월 31일까지 교육에 사용한 기체로 1종 실기시험에 응시할 수 있음
(2021년 3월 1일 ~ 2021년 12월 31일 기간내 시행되는 실기시험에 한함)

나) 시험면제 및 비행경력의 산정에 관한 적용례

(1) 전문교육기관 학과시험 면제

응시자가 전문교육기관 해당 종류 교육과정을 이수한 날로부터 2년간 유효함

(2) 비행경력의 증명 및 산정에 관한 적용례

(가) 조종자 증명 응시기준 해당 비행경력

공단 등록된 지도조종자가 해당 비행경력 직접 확인한 것으로서 다음 사항의 어느 하나에 해당하는 사람이 증명한 것

① 전문교육기관의 장

② 항공사업법 제48조 제1항에 따라 등록된 초경량비행장치사용사업자 중 조종교육 사업을 하는 자

(나) 지도조종자 등록 기준 해당 비행경력

다음 사항의 어느 하나에 해당하는 사람이 증명한 것

① 전문교육기관의 장

② 항공사업법 제48조 제1항에 따라 등록된 초경량비행장치사용사업자

☞ 시행일(2021. 3. 1) 이후 응시자격신청을 위해 비행경력증명서를 제출한 사람부터 적용

7) 교육기관 준비사항

(1) 1종 ~ 3종에 해당하는 기체 구비

– 기체 신고 당시 제작사에서 공식적으로 제시한 제원표에 명시된 자체중량 및 최대이륙중량을 기준으로 함

(2) 1종 ~ 3종 모두 교육 가능한 기관을 전문교육기관으로 지정

– 사설학원은 1종 ~ 3종 모두 교육하거나 그중 일부만 교육이 가능하다.

(3) 1종 기체(최대이륙중량 25kg 초과) 사용시 안전성 인증검사 필수

※ 한국교통안전공단에 기체신고 → 항공안전기술원에 안전성 인증검사 신청

(4) 비행시간 산정이 가능한 기체

– 초경량비행장치 사용사업(조종교육)을 위해 영리목적으로 신고한 무인비행장치

– 전문교육기관의 훈련기준에 따라 지정된 훈련용 비행장치

(5) 전문교육기관 훈련기준 변경사항

구분		학과교육	모의 비행교육	실기교육		
				교관동반	단독	합계
무인 비행기	1종	20시간 항공법규(2) 항공기상(2) 항공역학(5) 비행운용(11)	20시간	10시간	10시간	20시간
	2종		10시간	5시간	5시간	10시간
	3종		6시간	3시간	3시간	6시간
무인 멀터콥터 · 무인 헬리콥터	1종	20시간 항공법규(2) 항공기상(2) 항공역학(5) 비행운용(11)	20시간	8시간	12시간	20시간
	2종		10시간	4시간	6시간	10시간
	3종		6시간	2시간	4시간	6시간

※ 사설교육기관의 경우 학과 시험을 반드시 응시하여야 함

03 2021년 개정된 초경량비행장치 비행절차 총정리

비행절차		최대이륙중량 기준*					담당기관
		250g이하	250g초과 2kg이하	2kg초과 7kg이하	7kg초과 25kg이하	25kg초과	
장치 신고	비사업	×	×	○	○	○	한국교통 안전공단
	사업	○	○	○	○	○	
사업등록		○	○	○	○	○	지방항공청
안전성인증		×	×	×	×	○	항공안전 기술원
조종자증명		×	○(4종)	○(3종)	○(2종)	○(1종)	한국교통 안전공단
비행승인**		△	△	△	△	○	지방항공청 또는 국방부
항공촬영승인		○	○	○	○	○	국방부
비행		조종자 준수사항에 따라 비행(항공안전법 제129조, 시행규칙 310조)					

* 상기 기준은 자체중량 150kg 이하인 무인동력비행장치에 적용

** 비행제한구역 및 비행금지구역, 관제권, 고도 150m 이상 비행시에는 무게와 상관없이 비행승인 필요

최대이륙중량 25kg초과 기체는 상시 승인필요(단, 초경량비행장치 비행공역(UA)에서는 승인 불필요)

△ 비행승인 일부해제 - 초중고 학교 운동장내 지도자 감독아래 고도 20m 이내 비행허가 불요

CHAPTER

05 항공안전법 / 실력 다지기 문제

01 다음 중 조종자 준수사항으로 틀린 것은?

① 휴전선 인근 비행금지

② 비행장으로부터 반경 9.3㎞ 이내인 곳 비행금지

③ 국방, 보안상의 이유로 비행이 금지된 곳 비행금지

④ 150m 초과의 고도 비행금지

해설 150m 이상의 고도

정답: 4

02 항공안전법에서 일반적인 조종사 준수사항으로 틀린 것은?

① 150m미만의 고도로 비행

② 야간 낙하물 투하, 음주비행금지

③ 비행금지 구역에서는 실내에서 비행할때도 비행승인을 받아야 한다.

④ 야간에는 비행금지

해설 실내에서 비행 할때는 비행승인을 받을 필요가 없다.

정답: 3

03 초경량비행장치 말소신고는 며칠 이내에 하여야 하는가?

① 10일 ② 15일 ③ 20일 ④ 30일

해설 말소신고는 15일 이내→ 위반시 과태료 30만원 / 변경신고는 30일 이내

정답: 2

04 **다음 중 지방항공청 관할지역이 다른 한 곳은?**

① 대구광역시 ② 전라북도

③ 광주광역시 ④ 전라남도

해설 전라북도는 서울지방항공청 관할, 나머지는 부산지방항공청

정답: 2

05 **다음 공역 중 모든 항공기가 계기비행을 해야하는 공역은?**

① A 공역 ② E 공역 ③ F 공역 ④ G 공역

해설 모든 항공기가 '계기비행'을 하여야 하는 공역은 A공역이다.

정답: 1

06 **항공기 신고번호표의 크기는?**

① 가로 15㎝, 세로 10㎝ ② 가로 7㎝, 세로 5

③ 가로 5㎝, 세로 7㎝ ④ 가로 10㎝, 세로 15㎝

정답: 2

07 **초경량비행장치의 신고시 사진의 크기는?**

① 가로 15㎝, 세로 10㎝ 측면사진 ② 가로 10㎝, 세로 15㎝ 정면사진

③ 가로 5㎝, 세로 7㎝ 측면사진 ④ 가로 7㎝, 세로 5㎝ 정면사진

정답: 1

08 드론 비행절차 설명 중 옳은 것은?

① 25kg 이하의 사업용 드론은 장치신고 없이 비행이 가능하다.

② 25kg 이상의 비사업용 드론의 경우 안전성인증검사와 장치신고 없이 비행이 가능하다.

③ 자체중량 12kg을 초과하는 초경량비행장치 중 무인비행장치는 비사업용으로 비행할 경우 조종자증명이 필요없다.

④ 자체중량 2kg을 초과하는 비사업용 드론도 신고를 해야 한다.

해설 2kg 초과 하는 모든 드론은 신고해야 한다.

정답: 4

09 항공안전법상 비행금지구역에 대한 설명 중 옳은 것은?

① 150m 이하의 고도로 비행가능

② 야간비행 150m 이하 고도 비행가능

③ 항공사격, 대공사격 등의 위험으로부터 항공기 보호나 그 밖의 이유로 비행허가를 받지 않은 항공기의 비행을 제한하는 공역

④ 안전, 국방 및 그밖의 이유로 항공기의 비행을 금지하는 육지 또는 영해 상공에 설정된 일정범위의 공역

해설 3은 비행제한구역에 대한 설명임, 150m 미만의 고도로 비행가능

정답: 4

10 다음 중 항공기가 아닌 것은?

① 항공우주선　② 비행기

③ 비행선　④ 자이로 플레인

해설 〈경량항공기〉

– 최중600kg 이하 자체중량 115kg 초과, 좌석2개 이하인 것

– 타면조종형비행기, 체중이동형비행기, 경량헬리콥터, 자이로플레인, 동력패러슈트
※ 주의) 초경량 자이로플레인 → 초경량비행장치에 해당된다.

정답: 4

11 경량항공기에 속하는 것은?

① 동력패러글라이더　　② 행글라이더
③ 패러글라이더　　④ 동력패러슈트

해설 * 경량항공기 - 경량비행기, 자이로플레인, 경량헬리콥터, 동력패러슈트가 있다.
(최중600kg 이하, 자체중량 115kg 초과, 좌석2개 이하)

정답: 4

12 자이로플레인은 어느 항공기의 분류 중 어디에 속하는가?

① 계류식 비행장치　　② 회전익 비행장치
③ 동력비행장치　　④ 모터비행장치

해설 자이로플레인은 헬리콥터와 유사하게 생긴 회전익 비행장치이다.

정답: 2

13 초경량비행장치 분류중 동력비행장치의 연료제외한 무게는 얼마인가?

① 70kg이하　　② 115kg이하　　③ 150kg이하　　④ 180kg이하

해설 초경량비행장치의 동력비행장치 및 회전익비행장치는 115kg이하, 좌석1개이다.

정답: 2

14 자체중량 몇kg 이하의 동력패러글라이더(착륙장치 부착)가 초경량비행장치인가?

① 70kg　　② 115kg　　③ 150kg　　④ 180kg

해설 자체중량 115kg 초과는 경량항공기인 동력패러슈트, 그 이하는 초경량비행장치인 동력패러글라이더

정답: 2

15 **다음 중 초경량비행장치의 분류 기준이 잘못된 것은?**

① 동력비행장치는 1인석, 115kg 이하

② 행글라이더 및 패러글라이더는 중량 70kg 이하

③ 무인동력비행장치는 연료 제외 자체중량 115kg 이하

④ 무인비행선은 연료 제외 자체중량 180kg 이하

해설 무인동력비행장치 즉 무인비행기, 무인헬리콥터, 무인멀티콥터 등은 자체중량 150kg 이하이다. 사람이 타는 동력비행장치는 115kg이하이다.

정답: 3

16 **다음 중 초경량비행장치에 해당하지 않는 것은?**

① 회전익 비행장치 ② 동력비행장치

③ 낙하산류 ④ 자이로 플레인

해설 자이로 플레인(경량항공기) → 초경량 자이로 플레인(초경량비행장치)

정답: 4

17 **초경량비행장치 지도조종자 자격시험에 응시할 수 있는 최소연령은?**

① 만 14세 ② 만 18세 ③ 만 19세 ④ 만 20세

정답: 2

18 **초경량비행장치 조종자 전문교육기관에서 확보해야 할 지도조종자의 최소 비행시간은?**

① 20시간 ② 50시간 ③ 100시간 ④ 150시간

정답: 3

19 **다음 중 항공안전법상 초경량비행장치에 속하지 않는 것은?**

① 회전익비행장치 ② 동력비행장치
③ 활공기 ④ 동력패러글라이더

해설 활공기는 항공기에 포함된다.

정답: 3

20 **초경량비행장치의 사고를 낸 조종자는 사고발생 즉시 지방항공청에 보고해야 하는 내용으로 옳지 않은 것은?**

① 초경량비행장치 소유자의 성명

② 사고가 발생한 일시 및 장소

③ 초경량비행장치의 종류 및 신고번호

④ 사고의 정확한 원인분석과 결과

해설 사고의 정확한 원인분석과 결과는 일반 조종자가 하기에는 어려운 내용이다.

정답: 4

21 **다음 중 초경량비행장치 사고를 낸 조종자가 지방항공청장에게 보고해야 하는 사항이 아닌 것은?**

① 사고경위

② 사고가 발생한 일시 및 장소

③ 초경량비행장치의 보관장소

④ 사람의 사상 또는 물건의 파손 개요

정답: 3

22 **초경량비행장치사고에 관한 보고를 하지 아니하거나 거짓으로 보고한 초경량비행장치 조종자 또는 그 초경량비행장치 소유자에게 부과되는 과태료는?**

① 10만원 ② 20만원 ③ 30만원 ④ 100만원

해설 15-22.5-30만원(3차)

정답: 3

23 무인회전익 비행장치의 비행시 맨 먼저 확인하여야 하는 사항은 무엇인가?

① 기체 이력부에서 이전 비행기록과 이상발생 여부

② 호버링 상태에서 작동여부

③ 물건의 파손 개요

④ 비상상황을 대비한 장애물, 사람과의 안전거리

해설 무인회전익 비행시 맨 먼저 확인해야 하는 사항은 기체 이력부에서 이전 비행기록과 이상발생 여부를 확인후 비행하야여 한다.

정답: 1

24 초경량비행장치의 멸실 등의 사유로 말소신고를 할 경우에 그 사유가 발생한 날로부터 몇일 이내에 한국교통안전공단 이사장에게 말소신고를 하여야 하는가?

① 5일 ② 10일 ③ 15일 ④ 20일

해설 초경량비행장치의 말소는 그 사유가 발생한 날로부터 15일이내에 신고를 하여야 한다.

정답: 3

25 NOTAM의 유효기간은 몇 개월인가?

① 1개월 ② 2개월 ③ 3개월 ④ 6개월

정답: 3

26 항공종사자들에게 배포하는 공고문으로 항공시설업무, 절차 또는 위험요소의 시설, 운영상태 및 그 변경에 관한 정보를 기록하여 알리는 것은?

① AIP ② AIC ③ NOTAM ④ AIRAC

해설 NOTAM(노탐, 항공고시보) : Notice to Airman, 유효기간은 3개월이다.

정답: 3

27 우리나라의 항공안전법의 기본이 되는 국제법은 무엇인가?

① 일본 동경협약

② 중국의 항공법

③ 미국의 항공법

④ 국제민간항공협약 및 같은 조약의 부속서

해설 1944년 국제민간항공기구(ICAO, International Civil Aviation Organization) 설립, 시카고에서 1944년 조약 제정하고 한국은 1952년에 가입하였다.

정답: 4

28 항공안전법의 제1조에서 정의하고 있는 이법의 목적은?

① 민간항공 보안 기준 규정

② 안전 . 효율적인 항행과 항공종사자 등의 의무 규정

③ 항공사업의 질서유지

④ 국내 민간항공의 안전 항행과 발전 도모

해설 항공안전법 제1조(목적) – 이 법은「국제민간항공협약」및 같은 협약의 부속서에서 채택된 표준과 권고되는 방식에 따라 항공기, 경량항공기 또는 초경량비행장치의 안전하고 효율적인 항행을 위한 방법과 국가, 항공사업자 및 항공종사자 등의 의무 등에 관한 사항을 규정함을 목적으로 한다.

정답: 2

29 초경량비행장치의 운용시간은?

① 일몰시부터 일출시까지

② 일출시부터 일몰시까지

③ 일출시부터 일몰 30분까지

④ 일출 30분 후부터 일몰 30분 후까지

해설 일출일몰의 기준은 해당지역의 일기예보를 기준으로 함

정답: 2

30 **초경량비행장치 안정성인정검사의 유효기간 설명으로 옳지 않은 것은?**

① 대수리, 대개조후에는 수시인증을 받아야 한다.

② 비영리 목적으로 사용하는 초경량비행장치는 2년으로 한다.

③ 안전성 인증검사는 발급일로 2년으로 한다.

④ 인증검사 재검사 시 불합격 통지시 6개월 이내 다시 검사한다.

해설 안전성 인증검사는 기본적으로 발급일로 1년이고 비영리는 2년으로한다.

정답: 3

31 **초경량비행장치 기체등록을 위해 신고서를 어디에 제출하여야 하는가?**

① 지방항공청 ② 한국교통안전공단 이사장

③ 국방부 ④ 국토교통부장관

해설 2020년 12월 10일부터 기체신고서 제출은 지방항공청에서 한국교통안전공단으로 이관

정답: 2

32 **비행제한구역에 비행을 하기 위해 승인 절차를 거쳐야 한다. 누구에게 신청을 하여야 하는가?**

① 국토교통부장관 ② 지방항공청장

③ 국방부장관 ④ 지방경찰청장

정답: 2

33 **다음 공역의 분류 중 주의구역이 아닌 것은?**

① 훈련구역 ② 군작전구역
③ 경계구역 ④ 정보구역

해설 주의구역은 : 군작전구역, 훈련구역, 위험구역, 경계구역

정답: 4

34 **다음에 설명하는 공역은?**

항공사격, 대공사격 등으로 인한 위험으로부터 항공기의 안전을 보호하거나 그 밖의 이유로 비행허가를 받지 않은 항공기의 비행을 제한하는 공역

① 비행금지구역 ② 관제구역
③ 비행제한 구역 ④ 비행장 교통구역

해설 항공기의 비행을 제한하는 공역 ☞ 비행제한구역

정답: 3

36 **다음 중 초경량비행장치 신고서류가 아닌 것은?**

① 초경량비행장치의 사진
② 초경량비행장치의 안전성 인증서
③ 초경량비행장치 제원 및 성능표
④ 초경량비행장치를 소유하거나 사용할 수 있는 권리가 있음을 증명하는 서류

정답: 2

37 **초경량비행장치 변경신고 사항에 포함되지 않는 것은?**

① 초경량 비행장치의 용도
② 초경량 비행장치의 보관장소
③ 초경량 비행장치의 소유자 성명 및 주소
④ 초경량 비행장치를 운용한 조종사, 정비사 성명 및 주소

해설 변경신고내용은 용도, 소유자 성명 또는 주소, 보관장소 3가지이다.

정답: 4

38 **다음 초경량비행장치 비행허가 승인에 대한 설명 중 옳지 않은 것은?**

① 민간 관제권 지역의 비행허가는 국토부의 비행승인을 받아야 한다.

② 군관제권 지역의 비행허가는 군에서 받아야 한다.

③ 공역이 두 개 이상 겹칠때는 우선하는 기관의 허가를 받으면 된다.

④ P73, P61등 비행금지구역에 대한 비행허가는 군에서 받아야 한다.

해설 두 기관 모두 각각 받아야 한다.

정답: 3

39 **초경량비행장치 무인멀티콥터 조종자인 경우, 적용이 제외되는 조종자 준수사항은?**

① 인명이나 재산에 위협을 초래할 우려가 있는 낙하물을 투하하는 행위

② 인구가 밀집된 지역이나 그 밖에 사람이 많이 모인 장소의 상공에서 인명 또는 재산에 위험을 초래할 우려가 있는 방법으로 비행하는 행위

③ 안개 등으로 인한 지상목표물을 육안으로 식별할 수 없는 상태에서 비행하는 행위

④ 비행중 마약류 또는 환각물질 등을 섭취하거나 사용하는 행위

해설 무인비행장치의 조종자에 대해서는 다음 2가지를 적용하지 아니한다(경량항공기에 해당).
1. 안개 등으로 인하여 지상목표물을 육안으로 식별할 수 없는 상태에서 비행하는 행위
2. 비행시정 및 구름으로부터의 거리기준을 위반하여 비행하는 행위

정답: 3

40 **공항주변 5NM(9.3km)를 지정하여 비행을 제한하는 지역은 어디인가?**

① 비행금지구역　　② 비행제한구역

③ 관제권　　④ 통제구역

해설 관제권 : 비행정보구역 내의 B, C 또는 D 등급 공역 중에서 시계 및 계기비행을 하는 항공기에 대하여 항공교통관제업무를 제공하는 공역으로 수평으로 비행장 또는 공항반경 9.3km(5NM) 이내

정답: 3

41 **다음 중 항공법률 구성의 순서로 옳은 것은?**

① 헌법 – 시행령 – 항공안전법 – 시행규칙 – 고시, 훈령, 예규 – 기타 지침 등

② 헌법 – 항공안전법 – 시행령 – 시행규칙 – 고시, 훈령, 예규 – 기타 지침 등

③ 헌법 – 항공안전법 – 시행령 – 시행규칙 – 기타 지침 등 – 고시, 훈령, 예규

④ 헌법 – 항공안전법 – 시행령 – 고시, 훈령, 예규 – 시행규칙 – 기타 지침 등

정답: 2

42 **다음 중 공항시설법상 유도로등의 색은 어떤 색인가?**

① 청색 ② 녹색

③ 백색 ④ 적색

해설 유도로 등의 색은 파란색(청색)이다.

정답: 1

43 **초경량비행장치 조종자 전문교육기관을 운영할 시 옳지 않은 것은?**

① 초경량비행장치 조종자 양성을 위한 전문교육기관은 국토교통부령으로 정하는 기준에 의한다.

② 전문교육기관으로 지정을 받기 위하여 교관현황, 교육시설 및 장비현황, 교육훈련 계획 및 교육훈련규정을 국토교통부장관에게 제출해야 한다.

③ 교육과목, 교육시간, 평가방법 교육훈련 규정 등 필요한 항공전문교육기관 운영세칙에 의한다.

④ 조종교육 교관 1명이상, 실기평가과정을 이수한 실기평가 조종자 1명 이상의 전문교관을 필요로 한다.

해설 항공전문교육기관운영세칙 → '고시'에 의한다.

정답: 3

44 비행 중 주류 섭취에 의한 알코올 농도와 그에 따른 처벌이 옳은 것은?

① 0.03% 효력정지 30일
② 0.07% 효력정지 90일
③ 0.08% 효력정지 120일
④ 0.09% 효력정지 120일

해설 1) 혈중알콜농도에 따른 효력정지 기간
(1) 혈중알콜농도 0.02% 이상 0.06% 미만 ☞ 효력정지 60일
(2) 혈중알콜농도 0.06% 이상 0.09% 미만 ☞ 효력정지 120일
(3) 혈중알콜농도 0.09% 이상 ☞ 효력정지 180일 또는 자격증명 취소
2) 주류 등의 영향으로 초경량비행장치를 사용하여 비행을 정상적으로 수행할 수 없는 상태에서 초경량비행장치를 사용하여 비행을 한 사람의 벌칙
☞ 벌칙 : 3년 이하의 징역 또는 3천만원 이하의 벌금에 처한다.

정답: 3

45 부정행위에 따른 지도조종자 등록 취소에 관한 내용 중 틀린 것은?

① 허위로 작성된 비행경력증명서 등을 확인하지 아니하고 서명 날인한 경우
② 비행경력증명서 등을 허위로 제출한 경우
③ 취소된 지도조종자가 다시 지도조종자로 자격을 취득하고자 할 때는 취소된 날로부터 3년이 경과하여야 한다.
④ 실기시험위원으로 지정된 사람이 부정한 방법으로 실기시험을 진행한 경우

해설 3년 → 2년

정답: 3

46 모든 항공기에 비행정보업무만 제공되는 공역은?

① A등급 ② B등급 ③ C등급 ④ G등급

정답: 4

47 초경량비행장치 신고에 대한 설명으로 잘못된 것은?

① 초경량비행장치 소유자 등은 신고한 사항 중 변경하려고 하는 경우에 국토교통부령으로 정하는 바에 따라 한국교통안전공단이사장에게 신고를 해야 한다.

② 초경량비행장치 소유자 등은 신고한 초경량비행장치가 멸실되었을 경우 15일 이내 국토교통부장관에게 말소 신고를 해야 한다.

③ 초경량비행장치 변경사유가 발생했을 때는 사유가 있는 날부터 15일 이내에 초경량비행장치 변경, 이전신고서를 한국교통안전공단이사장에게 제출해야 한다.

④ 초경량비행장치 소유자 등이 말소신고를 하지 아니하면 국토교통부장관은 30일 이상 의 기간을 정하여 말소신고 할 것을 최고하여야 한다.

해설 변경신고 30일 이내한다.

정답: 3

48 농업용 드론 관련 주의사항이 아닌 것은?

① 장애물을 등지고 비행한다.

② 육안감시자를 배치한다.

③ 날씨나 바람은 고려할 필요가 없다.

④ 조종자, 부조종자, 작업보조자 3인 1조로 작업한다.

정답: 3

49 시카고 협약의 ICAO(국제민간항공회의)에 관한 설명 중 맞는 것은?

① 시카고조약

② 1944년 12월 제정

③ 보고서로서 본문 96개 조항과 19개의 규칙이 있다.

④ 초경량비행장치에 관한 내용은 부속서 19에 있다.

해설 최근 부속서 1, 2에 대형 무인항공기(RPAS) 조종자격 기준 마련 중이다.(마련×)

정답: 4

50 항공법 분법의 개정 취지가 아닌 것은?

① 국제기준 변화에 탄력적으로 대응한다.

② 국민이 이해하기 쉽도록 개선한다.

③ 운영상 나타난 미비점의 개선 및 보완

④ 항공기술과 항공사업의 발전을 위한 정부지원

해설 〈항공법 분법의 개정 취지〉

1. 국제기준의 변화에 탄력적으로 대응
2. 국민이 이해하기 쉽도록 개선
3. 운영상 나타난 미비점 개선

정답: 4

51 초경량비행장치의 비행승인을 받아야 하는 경우는 어느것인가?

① 자체중량 12kg 이하 비사업용 기체

② 자체중량 12kg 이하 사업용 기체

③ 최대이륙중량 7kg이하 사업용 기체

④ 최대이륙중량 25kg초과 비사업용 기체

해설 〈비행승인〉

1) 대상: 초경량비행장치 비행제한공역에서
 (1) 최대이륙중량 25kg 초과 무인동력비행장치
 (2) 자체중량 12kg 초과 또는 길이 7m 초과 무인비행선
 (3) 동력비행장치, 회전익비행장치, 동력패러글라이더, 유인자유기구, 150m 이상 운영 계류식 기구
2) 비행승인 제외 대상(시행규칙 제308호)
 (1) 자체중량 25kg 이하 무인동력비행장치
 (2) 자체중량 12kg 이하이고 길이 7m 이하인 무인비행선
 (3) 비사업용 행글라이더, 패러글라이더 등 동력을 이용하지 아니하는 비행장치 . 무인 계류식

기구 및 무인비행장치. 낙하산류(장치신고도 불요)

정답: 4

52 **다음 중 초경량비행장치 기체를 이륙시 확보해야 하는 최소 안전거리는?**

① 이륙 반경 15m ② 이륙 반경 5m

③ 이륙 반경 3m ④ 기체 크기에 따라 다르다.

정답: 1

53 **다음 중 비행정보구역(FIR)을 지정하는 목적으로 옳지 않은 것은?**

① 항공기 수색, 구조에 필요한 정보제공

② 항공기의 영공통과료 징수를 위한 구역설정

③ 항공기 안전을 위한 정보제공

④ 항공기의 효율적인 운항을 위한 정보제공

해설 〈비행정보구역 (FIR : Flight information region)의 목적〉
FIR이란 비행 중인 항공기에 안전하고 효율적인 운항에 필요한 각종 정보를 제공하고 항공기 사고 발생 시에는 수색 및 구조업무를 책임지고 제공할 목적으로 ICAO에서 분할, 설정한 공역이다.
(☞ 영공통과료 징수를 위해 설정 ×)

정답: 2

54 **다음 중 전파에 의해서 항공기의 항행을 돕는 시설은?**

① 항공등화 ② 항행안전무선시설

③ 풍향등 ④ 착륙방향지시등

해설 항행안전무선시설 : 전파를 이용하여 항공기의 항행을 돕기 위한 시설로서 국토교통부령으로 정하는 시설을 말한다.

정답: 2

55 **초경량비행장치의 사고 중 항공사고조사위원회가 사고의 조사를 하여야 하는 항목이**

아닌 것은?

① 비행중 발생한 화재 사고

② 초경량비행장치로 인하여 사람이 중상 또는 사망한 사고

③ 비행중 발생한 추락, 충돌 사고

④ 비행장에 주기중인 초경량비행장치를 파손시킨 사고

정답: 4

56 **다음 중 특별비행승인과 관련된 설명으로 틀린 것은?**

① 승인시 제출 포함내용은 무인비행장치의 종류, 형식 및 제원에 대한 서류

② 승인시 제출 포함내용은 무인비행장치의 조작방법에 대한 서류

③ 특별비행 승인조건이므로 모든 무인비행장치는 안전성인증서를 제출하여야 한다.

④ 특별비행 승인조건은 야간비행과 육안으로 확인할 수 없는 범위에서 비행이다.

해설 특별비행 승인조건은 야간비행과 육안으로 확인할 수 없는 범위에서 비행 2가지 조건임
안전성인정대상 초경량비행장치에 한정

정답: 3

57 **항공기의 진로의 양보에 대한 설명 중 틀린 것은?**

① 다른 항공기를 우측으로 보는 항공기가 진로를 양보한다.

② 착륙을 위해 최종 접근 중에 있거나 착륙중인 항공기에게 진로를 양보한다.

③ 상호 비행장에 접근중일 때는 높은 고도에 있는 항공기에게 진로를 양보한다.

④ 발동기의 고장, 연료의 부족 등 비정상 상태에 있는 항공기에 대해서는 모든 항공기가 진로를 양보한다.

해설 상호접근중일 때는 낮은 고도에 우선권이 있다.

정답: 3

58 다음 중 항공안전법상 신고를 요하는 초경량비행장치는 어느 것인가?

① 초경량 헬리콥터

② 계류식 무인비행장치

③ 자체무게 12kg 이하 및 길이 7미터 이하 무인비행선

④ 판매를 목적으로 만들었으나 사용하지 않고 보관해 놓은 무인비행기

해설 * 사업용은 모두 신고/ 동력비행장치, 회전익비행장치, 동력패러글라이더는 신고
레저취미용 등 비사업용이라도 자체중량 12kg 초과 무인비행장치는 신고

* 신고의무 없는 기체: 비사업용이면서(항공기대여업 · 항공레저스포츠사업 또는 초경량비행장치사용사업에 사용되지 아니하는 것)

(1) 자체중량 12kg 이하 비사업용 무인동력비행장치

(2) 자체무게가 12킬로그램 이하이고, 길이가 7미터 이하인 무인비행선

(3) 행글라이더 . 패러글라이더 등 동력을 이용하지 아니하는 비행장치, 무인 계류식 기구, 계류식 무인비행장치, 낙하산류

(4) 연구기관 등이 시험 · 조사 · 연구 또는 개발을 위하여 제작한 초경량비행장치

(5) 제작자 등이 판매를 목적으로 제작하였으나 판매되지 아니한 것으로서 비행에 사용되지 아니하는 초경량비행장치

(6) 군사목적으로 사용되는 초경량비행장치

정답: 1

59 초경량비행장치 신고번호를 발급하는 기관은 어느곳인가?

① 국토교통부장관

② 한국교통안전공단 이사장

③ 국방부장관

④ 지방항공청장

해설 2020. 12. 10부터 신고서는 한국교통안전공단 이사장에 제출

정답: 2

60 초경량비행장치 번호 크기 및 붙이는 위치는 어느 기관에서 정하는가?

① 국방부

② 한국교통안전공단 이사장

③ 국토교통부

④ 교통안전공단

해설 초경량비행장치의 소유자는 초경량비행장치신고증명서의 번호를 동 장치에 표시하여야 하며, 표시방법 · 표시장소 · 크기 등 필요한 사항은 한국교통안전공단 이사장이 정한다.

정답: 2

61 항공안전법상 초경량비행장치 조종자 증명이 필요한 비행체는 어느것인가?

① 비사업용 무인비행선 ② 무인자유기구

③ 초경량자이로플레인 ④ 자체중량 11kg 무인멀티콥터

해설 〈 조종자증명을 받아야 하는 경우 〉

① 자체중량 12kg 초과 사업용 무인동력비행장치(무인비행기, 무인헬기, 무인멀티콥터)

② 자체중량이 12킬로그램 초과하거나, 길이가 7미터 초과하는 사업용 무인비행선

③ 동력비행장치, 회전익비행장치(초경량헬리콥터, 초경량자이로플레인), 동력패러글라이더, 유인자유기구

④ 항공레저스포츠사업에 사용되는 행글라이더, 패러글라이더 및 낙하산류

※ 2021년 3월 1일부터는 최대이륙중량 250g 초과시 조종자 증명 필요

정답: 3

62 무인헬리콥터 조종자 증명이 있는 사람이 무인멀티콥터 조종자증명 취득시 맞는 것은?

① 학과 및 실기시험 전체 면제

② 학과면제 및 구술시험 면제

③ 학과시험 및 비행경력 10시간 이상 필요

④ 학과면제 및 비행경력 10시간 이상 필요

해설 무인헬기 조종자 취득자는 학과시험 면제 및 비행경력 10시간으로 무인멀티콥터 실기 응시 가능 학과시험 유효기간은 2년이다.

정답: 4

63 항공안전법상 동력비행장치는 자체중량이 몇킬로그램 이하이어야 하는가?

① 70kg ② 110kg ③ 120kg ④ 115kg

정답: 4

64 다음 중 안전성인증 검사 대상이 아닌 초경량비행장치는 어느 것인가?

① 초경량 동력비행장치

② 무인자유기구

③ 항공레저스포츠사업 사용 패러글라이더

④ 초경량 회전익비행장치

해설 〈안전성인증검사 대상 초경량비행장치〉

(1) 최대이륙중량 25kg 초과 무인동력비행장치, 자체중량 12kg 초과 또는 길이 7m 초과 무인비행선

(2) 항공레저스포츠사업에 사용하는 행글라이더, 패러글라이더, 낙하산류

(3) ①동력비행장치, ②회전익비행장치, ③동력패러글라이더, 유인 기구류

정답: 2

65 국토교통부령으로 정하는 초경량비행장치의 안전성 인증대상이 아닌 것은?

① 무인기구류

② 무인동력비행장치

③ 회전익비행장치

④ 착륙장치가 없는 동력패러글라이더

해설 〈안전성인증검사 대상 초경량비행장치 〉

(1) 최대이륙중량 25kg 초과 무인동력비행장치, 자체중량 12kg 초과 또는 길이 7m 초과 무인비행선

(2) 항공레저스포츠사업에 사용하는 행글라이더, 패러글라이더, 낙하산류

(3) ①동력비행장치, ②회전익비행장치, ③동력패러글라이더, 유인 기구류

정답: 1

66 국토교통부장관에게 소유신고를 하지 않아도 되는 것은?

① 동력비행장치

② 초경량비행장치

③ 초경량자이로플레인

④ 계류식 무인비행장치

정답: 4

67 초경량비행장치의 비행안전에 영향을 미치는 대수리 또는 대개조 후 기술기준에 적

합한지를 확인하기 위하여 실시하는 안전성인증 검사는?

① 재인증 ② 초도인증

③ 수시인증 ④ 정기인증

해설 〈안전성인증 검사의 종류〉

(1) 초도인증: 국내에서 설계 · 제작하거나 외국에서 국내로 도입한 초경량비행장치의 안전성인증을 받기 위하여 최초로 실시하는 인증

(2) 정기인증: 안전성인증의 유효기간 만료일이 도래되어 새로운 안전성인증을 받기 위하여 실시하는 인증

(3) 수시인증: 초경량비행장치의 비행안전에 영향을 미치는 대수리 또는 대개조 후 기술기준에 적합한지를 확인하기 위하여 실시하는 인증

(4) 재인증 : 초도, 정기 또는 수시인증에서 기술기준에 부적합한 사항에 대하여 정비한 후 다시 실시하는 인증

정답: 3

68 다음 중 초경량비행장치의 비행승인을 받아야 하는 경우는 어느 것인가?

① 관제권 · 비행금지구역 외에서 고도 150m 미만으로 비행하는 최대이륙중량 25kg의 방제용 무인멀티콥터

② 가축전염병의 예방 또는 확산 방지를 위하여 소독 · 방역업무 등에 긴급하게 사용하는 무인 동력비행장치

③ 자체중량 115kg 이하의 자이로플레인

④ 고도 150m 미만 운영중인 계류식기구

해설 〈초경량비행장치의 비행승인 대상〉

최대이륙중량 25kg 초과 무인동력비행장치 / 자체중량 12kg 초과 또는 길이 7m 초과 무인비행선동력비행장치, 회전익비행장치, 동력패러글라이더, 유인자유기구, 150m 이상 운영 계류식 기구

정답: 3

69 지표면 또는 해수면으로부터 200m 이상 높이의 공역으로 항공교통의 안전을 위해 지정한 공역은 무엇인가?

① 관제권 ② 항공로

③ 관제구 ④ 비행정보공역

해설 관제구는 지표면 또는 해수면으로부터 200m 이상 높이의 공역이다.

정답: 3

70 **초경량비행장치의 비행승인을 받기 위한 비행승인신청서는 어디에 제출하나?**

① 지방항공청 ② 국방부장

③ 교통안전공단 드론원스탑 ④ 국토교통부장

해설 초경량비행장치 비행승인신청서는 교통안전공단드론 원스탑 이용 제출

정답: 3

71 **자체중량 12kg 초과 최대이륙중량 25kg 이하 사업용 무인 멀티콥터의 비행승인신청서에 기입하지 않아도 되는 것은?**

① 비행경로와 고도 ② 조종자의 자격증의 소지 유무

③ 비행장치의 제원 ④ 초경량비행장치 안전성인증서 번호

해설 안전성인증의 대상이 아닌 초경량비행장치의 경우에는 신청란 중 안전성인증서번호를 적지 않아도 된다.

정답: 4

72 **다음 초경량비행장치 중 보험에 가입해야 하는 경우는 어느 것인가?**

① 레저용 무인자유기구

② 취미활동으로 하는 150kg의 무인비행기

③ 동호회 활동에 쓰이는 낙하산류

④ 항공레저스포츠사업에 사용되는 행글라이더

해설 보험가입은 영리목적으로 비행하는 동력비행장치, 회전익기, 패러플레인, 유인 자유기구에 해당된다.

정답: 4

73 **다음 중 초경량비행장치 비행승인 신청 시 포함되지 않는 것은 무엇인가?**

① 조종자의 비행경력 ② 비행장치 소유자

③ 초경량비행장치 제작사 ④ 비행계획

해설 본 교재 비행인 신청서 내용 확인

정답: 3

74 **초경량 비행장치 비행승인 신청 시 포함되지 않는 것은 어느 것인가?**

① 비행경로 및 고도 ② 비행장치의 종류 및 형식

③ 조종자의 비행경력 ④ 동승자의 소지자격

정답: 4

75 **초경량비행장치 무인비행장치의 조종자 준수사항과 관계없는 것은?**

① 인명이나 재산에 위험을 초래할 우려가 있는 낙하물을 투하하는 행위 금지

② 사람 또는 건축물이 밀집된 지역의 상공에서 건축물과 충돌할 우려가 있는 방법으로 근접하여 비행하는 행위 금지

③ 안개 등으로 인하여 지상목표물을 육안으로 식별할 수 없는 상태에서 비행하는 행위 금지

④ 해당 무인비행장치를 육안으로 확인할 수 있는 범위에서 조종하여야 한다.

해설 무인비행장치의 조종자에 대해서는 다음 2가지를 적용하지 아니한다(경량항공기에 해당).
1. 안개 등으로 인하여 지상목표물을 육안으로 식별할 수 없는 상태에서 비행하는 행위
2. 비행시정 및 구름으로부터의 거리기준을 위반하여 비행하는 행위

정답: 3

76 음주비행의 알콜농도 기준은?

① 0.1% ② 0.2% ③ 0.03% ④ 0.02%

해설 〈혈중알콜농도에 따른 효력정지〉

(1) 혈중알콜농도 0.02% 이상 0.06% 미만: 효력정지 60일

(2) 혈중알콜농도 0.06% 이상 0.09% 미만: 효력정지 120일

(3) 혈중알콜농도 0.09% 이상 : 효력정지 180일 또는 자격증명 취소

정답: 4

77 음주, 약물 복용 판단기준으로 맞지 않는 것은 어느 것인가?

① 육안검사 ② 혈액검사

③ 소변검사 ④ 음주 측정기기

해설 육안이 아닌 과학적인 방법으로 측정을 하여야 한다.

정답: 1

78 초경량비행장치가 정면으로 서로 접근할 경우 각 조종자는 운항 경로를 어느 쪽으로 변경해야 하는가?

① 아래쪽 ② 오른쪽 ③ 왼쪽 ④ 위쪽

해설 서로 각 조종자가 오른쪽으로 진로를 변경하게 되면 충돌을 피할 수 있다.

정답: 2

83 비행 중 인명사고가 난 경우 최초로 해야 할 것은?

① 즉시 사고의 원인을 파악한다.

② 지방항공청에 신고한다.

③ 119에 신고하여 인명을 구호한다.

④ 항공철도사고조사위원회에 신고한다.

해설 즉시 119에 신고하여 인명을 구호하고, 그 이후에 지방항공청에 사고 보고를 한다.

정답: 3

84 다음 중 항공업 종사자로 볼 수 없는 것은 어느 것인가?

① 관제사

② 초경량비행장치 조종자

③ 자가용 운전사

④ 승무원

해설 자가용 운전사는 운전면허증으로는 일반 차량을 운전하는 자이다.

정답: 3

85 초경량 비행장치에 의하여 사고가 발생한 경우 사고조사를 담당하는 기관은?

① 관할 지방항공청　② 항공철도사고조사위원

③ 교통안전공단　④ 항공교통관제소

해설 〈항공 · 철도사고조사위원회(ARAIB, Aviation and Railway Accident Investigation Board)〉
항공 · 철도 사고등의 원인규명과 예방을 위한 사고조사를 독립적으로 수행하는 국토교통부의 소속기관이다.

정답: 2

86 초경량비행장치의 사용사업 범위가 아닌 것은 어느 것인가?

① 항공 촬영　② 조종 교육

③ 농약 살포　④ 지방행사시 시범 비행

해설 〈항공법 시행규칙은 초경량비행장치사용사업의 범위〉
① 비료 또는 농약 살포, 씨앗 뿌리기 등 농업 지원
② 사진촬영, 육상 및 해상 측량 또는 탐사
③ 산림 또는 공원 등의 관측 및 탐사

④ 조종교육
⑤ 그 밖에 국토교통부장관이 인정하는 사업

정답: 4

87 초경량비행장치 말소신고는 며칠 이내에 하여야 하는가?

① 10일 ② 15일 ③ 20일 ④ 30일

해설 말소신고는 15일 이내→ 위반시 과태료 30만원, 변경신고는 30일 이내

정답: 2

88 항공안전법상 신고를 필요로 하지 아니하는 초경량비행장치의 범위가 아닌 것은?

① 동력을 사용하지 아니하는 비행장치
② 군사목적으로 사용되지 아니하는 초경량비행장치
③ 낙하산류
④ 회전익비행장치 중에서 연료의 무게를 제외한 자체 무게가 12kg 이하인 것

해설 군사목적으로 사용되는 초경량비행장치는 신고가 필요없다.

정답: 2

89 초경량비행장치의 비행승인 제외 범위에 해당하는 것은?

① 비행장의 중심으로부터 3km(군비행장 포함) 이내 지역이고 고도 400ft 이내의 범위
② 비행장의 중심으로부터 3km(군비행장 포함) 이내 지역이고 고도 500ft 이내의 범위
③ 비행장의 중심으로부터 3km(군 비행장은 제외) 이내 지역이고 고도 400ft 이내의 범위
④ 비행장의 중심으로부터 3km(군 비행장은 제외) 이내 지역이고 고도 500ft 이내의 범위

해설 〈초경량비행장치 비행승인 제외 범위(시행령 제25조)〉
비행장(군 비행장은 제외한다)의 중심으로부터 반지름 3킬로미터 이내의 지역의 고도 500피트

이내의 범위(해당 비행장에서 법 제83조에 따른 항공교통업무를 수행하는 자와 사전에 협의가 된 경우에 한정한다)

정답: 4

90 항공시설 업무, 절차 또는 위험요소의 시설, 운영상태 및 그 변경에 관한 정보를 수록하여 전기통신 수단으로 항공종사자들에게 배포하는 공고문은?

① AIC ② AIP ③ AIRAC ④ NOTAM

해설 * NOTAM(노탐) : 항공고시보, 항공기가 비행함에 있어 특정 지역, 고도 등에서 제한 사항 혹은 꼭 알아야 할 사항을 항공종사자들에게 전달하는 정보로 'Notice to Airman'의 약자이다.

AIC : 항공정보회람, Aeroautical information circular 의 약어로, 비행안전, 항행, 기술, 행정, 규정 개정 등에 관한 내용으로서 항공정보간행물(AIP) 또는 항공고시보(NOTAM)에 의한 전파의 대상이 되지 않는 사항을 수록하고 있는 공고문이다.

AIP : 항공정보간행물, 항공기 비행 및 운항에 필요한 지속적인 항공정보를 수록하고 공지하기 위해 각국 정부가 발행하는 항공정보 간행물(Aeronautical Information Publication)이다.

AIRAC(Aeronautical Information Regulation and Control): 웨이포인트 정보를 종합한 것으로 각국의 항공 교통정보 및 ICAO에서 정한 웨이포인트 정보를 수록되어 있다.

정답: 4

91 NOTAM 최대 유효기간으로 적당한 것은?

① 1개월 ② 3개월 ③ 6개월 ④ 1년

해설 노탐의 최대 유효기간은 3개월이다.

정답: 2

92 법령, 규정, 절차 및 시설 등의 변경이 장기간 예상되는 설명과 조언 정보를 통지하는 것은 무엇인가?

① 항공고시보(NOTAM) ② AIRAC

③ 항공정보 회람(AIC) ④ 항공정보 간행물(AIP)

해설 항공정보회람(Aeroautical information circular)은 비행안전, 항행, 기술, 행정, 규정 개정 등에 관한 내용으로서 항공정보간행물(AIP) 또는 항공고시보(NOTAM)에 의한 전파의 대상이 되지 않는 사항을 수록하고 있는 공고문이다.

정답: 3

93 항공정보간행물은 무엇인가?

① NOTAM ② AIP ③ AIC ④ AIRAC

해설 항공기 비행 및 운항에 필요한 지속적인 항공정보를 수록하고 공지하기 위해 각국 정부가 발행하는 항공정보간행물(Aeronautical Information Publication)이다.

정답: 2

94 비행정보를 고시할 때 어디를 통해서 고시를 하는가?

① 관보 ② 일간신문

③ 항공협회 회람 ④ 항공협회 정기 간행물

해설 〈관보〉

국가정부가 국민들에게 널리 알릴 사항을 편찬하여 간행하는 국가의 공고 기관지

관보는 그 체제가 법규에 따라야 하므로 구성 체재의 변화가 거의 없으며, 내용은 당시의 정치 · 사회상을 반영하므로 공문서의 효력을 가지고 있다.

정답: 1

95 항공기의 비행 시 조종사의 특별한 주의 · 경계 · 식별 등이 필요한 공역은 어느 것인가?

① 관제공역 ② 통제공역 ③ 주의공역 ④ 비관제공역

해설 '주의'가 있으므로 주의공역이다.(훈련구역, 군작전구역, 위험구역, 경계구역이 있다.)

정답: 3

96 다음 중 통제공역에 포함되지 않은 것은 어느 것인가?

① 비행금지구역 ② 초경량비행장치 비행제한구역

③ 비행제한구역 ④ 군 작전지역

해설 군작전지역은 주의공역이다.

정답: 4

97 항공관련법에서 정한 용어의 정의가 맞는 것은?

① 관제구라 함은 평균해수면으로부터 150미터 이상 높이의 공역으로서 항공교통의 통제를 위하여 지정된 공역을 말한다.

② 항공등화라 함은 전파, 불빛, 색채 등으로 항공기 항행을 돕기 위한 시설을 말한다.

③ 관제권이라 함은 비행장 및 그 주변의 공역으로서 항공교통의 안전을 위하여 지정된 공역을 말한다.

④ 항행안전시설이라 함은 전파에 의해서만 항공기 항행을 돕기 위한 시설을 말한다.

해설 〈중요 항공관련법 용어 정의〉

(1) 관제구: 지표면 또는 수면으로부터 200m 이상 높이의 공역으로서 항공교통의 안전을 위하여 국토교통부장관이 지정한 공역

(2) 관제권: 비행장과 그 주변의 공역으로서 항공교통의 안전을 위하여 국토교통부장관이 지정한 공역

(3) 항공등화: 불빛, 색채 또는 형상(形象)을 이용하여 항공기의 항행을 돕기 위한 항행안전시설로서 국토교통부령으로 정하는 시설을 말한다.

(4) 항행안전시설: 유선통신, 무선통신, 인공위성, 불빛 또는 전파를 이용하여 항공기의 항행을 돕기 위한 시설로서 국토교통부령으로 정하는 시설을 말한다.(전파만을 이용하여 ×)

(5) 항행안전무선시설 : 전파를 이용하여 항공기의 항행을 돕기 위한 시설로서 국토교통부령으로 정하는 시설을 말한다.

(6) 활주로 경계등(Runway guared lights) : 활주로에 진입하기 진입하기 전에 멈추어야 하는 위치를 알려주기 위해 설치하는 등화

정답: 3

98 다음 중 가장 큰 금액의 과태료에 처해지는 위반행위는?

① 사고에 대해 허위보고한 자

② 조종자 준수사항에 따르지 않은 자

③ 안전성 인증을 받지 않고 비행한 자

④ 조종자 자격증명 없이 초경량비행장치를 비행한 자

해설 〈주요한 과태료 처분〉

* 항공안전법 3차 이상 위반 과태료(1차 위반시는 3차금액의 1/2, 2차 위반시는 3차금액의 3/4)

(1) 안전성 인증검사를 받지 않았을 경우 500만원 – 1차 250만원, 2차 375만원

(2) 조종자 증명을 받지 아니하고 비행한 자 400만원 – 1차 200만원, 2차 300만원

(3) 조종자 준수사항을 따르지 아니하고 비행한 자 300만원 - 1차 150만원, 2차 225만원

(4) 신고번호를 표시하지 않고 비행한 자 100만원 - 1차 50만원, 2차 75만원

(5) 사고보고를 하지 않은 자, 허위보고한 자 30만원 – 1차 15만원, 2차 22.5만원

정답: 3

99 조종자 준수사항 위반시 1차 과태료는?

① 50만원 ② 100만원 ③ 150만원 ④ 200만원

해설 1차 150만원, 2차 300만원, 3차 150만원

정답: 3

100 초경량비행장치 관련 다음 과태료 중 금액이 가장 작은 것은?

① 조종자 준수사항 2차 위반시

② 조종자 증명 없이 비행 2차 위반시

③ 안전성인증 받지 않고 비행 1차 위반시

④ 미승인 야간비행 3차 위반

해설 ① 조종자 준수사항 3차위반 300만원 → 2차 위반시 225만원

② 조종자 증명 없이 비행 3차위반 400만원 → 2차 위반시 300만원

③ 안전성인증 받지 않고 비행 3차위반 500만원 → 1차 위반시 250만원

④ 미승인 야간비행 3차 위반 → 200만원

정답: 4

101 **초경량비행장치 관련 다음 위반 행위 중 법정형이 가장 큰 처벌의 경우는?**

① 신고대상 초경량비행장치를 신고하지 않은 자

② 안전성인증검사를 받지 않고 조종자 증명 없이 비행

③ 음주, 환각상태에서의 비행

④ 초경량비행장치 변경신고를 하지 않은 자

해설 초경량 비행장치를 신고, 변경신고를 하지 않은 자 → 징역 6월 이하, 벌금 500만원 이하
안전성인증검사 + 조종자증명 동시 위반 → 징역 1년 이하, 벌금 1천만원 이하
음주, 환각상태에서의 비행 → 징역 3년 이하, 벌금 3천만원 이하

정답: 3

102 **다음 중 관제공역은 어느 것인가?**

① A등급 공역 ② G등급 공역 ③ F등급 공역 ④ H등급 공역

해설 관제공역: A, B, C, D, E 공역 / 비관제공역: F, G 공역

정답: 1

103 **다음 중 초경량비행장치 비행공역은 어느 것인가?**

① R-35 ② P-73B ③ UA-17 ④ P-73A

해설 UA: Ultralight vehicle flight areas(초경량비행장치 비행구역)
R(Restrict, 제한하다) : 비행제한구역 / P(Prohibit,금지하다): 비행금지구역

정답: 3

104 **지방항공청장은 동일지역에서 반복적으로 이루어지는 초경량비행장치의 비행승인에 대해서는 몇 개월의 범위까지 비행기간을 명시하여 승인할 수 있는가?**

① 1개월 ② 3개월 ③ 6개월 ④ 1년

정답: 3

105 **영리목적으로 자격증명 없이 초경량비행장치에 타인을 탑승시켜 비행을 한 자의 처벌은?**

① 1년 이하의 징역 또는 1천만원 이하의 벌금

② 200만원 이하의 과태료

③ 500만원 이하의 과태료

④ 3년이하의 징력 또는 3천만원 이하의 벌금

해설 1. 미신고 또는 비행승인 없이 비행하였을 때☞ 200만원 이하의 과태료
2. 안전성 미인증 또는 자격증명 없이 또는 보험 미가입시☞ 500만원 이하의 과태료
3. 영리목적으로 자격증명 없이 또는 안정성 인증서 없이 보험미가입하고 타인을 태우고 비행할 때 ☞ 1년 이하의 징역 또는 1천만원 이하의 벌금

정답: 1

105 **다음 중 항공기의 비행시 조종자의 특별한 주의, 식별, 경계 등이 필요한 공역은?**

① 통제공역 ② 관제공역

③ 정보공역 ④ 주의공역

해설 주의 → 주의공역

정답: 4

106 **초경량비행장치의 비행 승인기관에 대한 설명 중 옳지 않은 것은?**

① 민간관제권 지역은 국토교통부에 비행계획을 승인요청

② 고도 150m 이상 비행이 필요한 경우 공역에 관계없이 국토교통부에 승인요청

③ 비행금지구역 중 원자력발전소는 지역 관할 지방항공청에 비행계획 승인 요청

④ 군의 관제권 지역은 국방부에 비행계획 승인 요청

해설 원자력발전소의 A구역은 국방부(합참)이, B구역은 각 지방항공청에 비행계획 승인 요청을 한다.

정답: 3

107 다음 중 비행정보를 고시할 필요가 있을 때 어디에서 고시를 하는가?

① 일간신문 ② 관보

③ 항공정보간행물(AIP) ④ 지방항공청

정답: 2

108 수평시정에 대한 설명으로 옳은 것은?

① 조종사가 이륙시 볼 수 있는 가시거리

② 조종사가 착륙시 볼 수 있는 가시거리

③ 관측지점으로부터 알려진 목표물을 참고하여 측정한 거리

④ 관제탑(tower)에서 알려져 있는 목표물을 볼 수 있는 수평거리

정답: 3

109 다음 중 항공 종사자가 아닌 사람은 어느것인가?

① 자가용 조종자 ② 무인 항공기 운항 업무자

③ 항공교통관제사 ④ 부조종사

해설 항공안전법 34조(항공종사자 자격증명)에 무인항공기 운항업무는 항공종사자가 아니라고 명시함

정답: 2

110 항공사격, 대공사격 등의 위험으로부터 항공기 보호나 그 밖의 이유로 비행허가를 받지 않은 항공기의 비행이 금지되어 있는 공역은?

① 금지공역 ② 경고공역

③ 제한공역 ④ 훈련공역

정답: 3

111 **다음 중 항공법상 항행안전시설이 아닌 것은 무엇인가?**

① 항공정보통신시설

② 항공등화

③ 항공교통관제시설

④ 항공안전무선시설

해설 항행안전시설이란 유선통신, 무선통신, 인공위성, 불빛, 색채 또는 전파를 이용하여 항공기의 항행을 돕기 위한 시설로서 항공등화, 항행안전무선시설 및 항공정보통신시설을 말한다.

정답: 3

PART

02

비행이론 및 운용

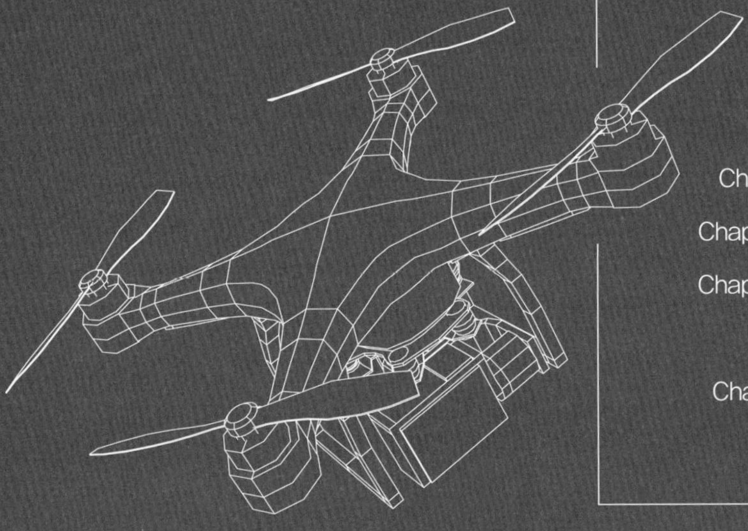

CHAPTER

01 초경량비행장치(드론) 개론

01 드론(Drone)의 개요

1) 드론(drone)의 의미

드론의 사전적 의미는 벌이 '웅웅' 또는 '윙윙' 거린다는 뜻으로 공식적인 용어라기보다 일반적으로 부르는 대중적인 용어이다.

2) RPAS(Remotely Piloted Aviation Systems)

(1) 최근 국제민간항공기구(ICAO)에서 새로이 정의한 항공기급 대형 무인기

(2) 최근 부속서 1, 2에 무인항공기(RPAS) 조종자격 기준 마련 중이다.(마련×)

(3) 항공조종사 신체검사 3종(관제사에 적용하는 기준)의 신체기준 요구

☞ 우리나라의 초경량비행장치 조종자 증명 신체검사기준은 운전면허 또는 유효한 보통2종이상 운전면허 신체검사 증명서(항공신체검사증명서도 가능)소지자

기출 핵심문제

❖ 국제민간항공기구(ICAO)에서 공식용어로 사용하는 무인항공기 용어는?

① UAV ② DRONE ③ RPAS ④ UMV

해설 정답 3

RPAS – 최근 국제민간항공기구(ICAO)에서 새로이 정의한 항공기급 대형 무인기

UMV : Unmanned Marine Vehicle, 무인함정

2) 드론의 기원

영국에서 1935년에 사람이 타는 훈련용 복엽기인 '타이거 모스(Tiger moth)'를 대공사격 훈련용 원격조종 무인 비행기로 개조하면서 '퀸비(Queen Bee, 여왕벌)'이라는 별명을 붙였다.

당시 퀸비(Queen Bee)의 비행을 직접 참관했던 미 해군쪽 인사가 미국에 돌아가 드론(Drone, 수펄)이란 프로젝트 명으로 무인비행기 연구를 시작했다고 한다.(다양한 설이 있음)

유인 전투기 '타이거 모스'(TigerMoth)를 무인화한 '퀸비'(QueenBee)

출처 : 항공위키

3) 드론의 구성

멀티콥터형 소형무인기의 구조는 제어부, 추력부, 전원부로 나눌 수 있다. 제어부에서는 센서와 비행제어컴퓨터(FCC, Flight Control Computer)가 있는데 FCC는 멀티콥터의 비행을 유지하기 위해 각 요소들의 제어를 담당하는 중요한 구성요소로 최근 FCC의 소프트웨어와 하드웨어의 '표준'을 구축하려는 노력이 세계적으로 꾸준히 이루어지고 있다. ArduPilotMega(APM)나 Pixhawk가 그 예이며 오픈소스와 오픈하드웨어 정책을 취하고 있다. 추력부는 모터, ESC(Electric Speed Controller)가 주요 구성요소이고 전원부는 배터리, 전원보드가 해당된다.

☞ FCC(Flight Control Computer) : FCC에서는 항법알고리즘, 비행제어 알고리즘, 통신 데이터처리, 모터 구동 알고리즘, 센서 신호처리 등이 수행된다.

02 드론(Drone)의 기본구조와 명칭(예시 : 순돌이)

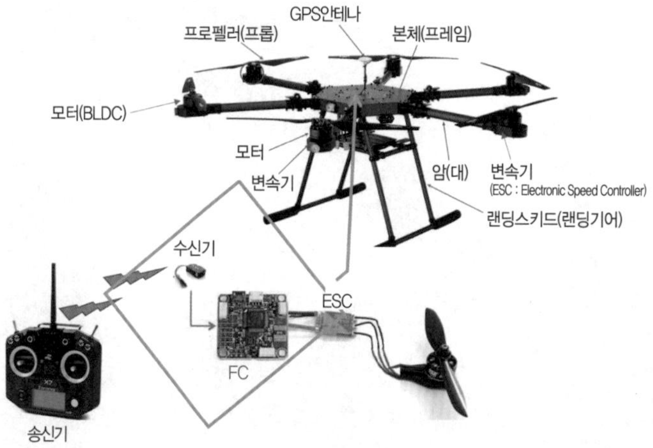

| 드론의 기본 구성과 명칭 |

(1) 프레임(Frame)

- 기체의 몸체

(2) 랜딩 스키드(Skid / Landing Gear)

- 드론의 다리에 해당하는 부분으로 착륙장치

(3) 수신기(Receiver)

- 송신기의 신호를 수신하여 FC로 전달하는 장치
- 수신기는 개별적으로 끌 수가 없다(드론에 배터리 연결시 수신기 작동)

(4) 비행제어기(FC, Flight Controllor)

– 비행 제어장치로 드론의 두뇌(Brain)에 해당한다.

(5) 전자 변속기(ESC : Electronic Speed Controller)

– 드론의 안정적인 비행을 위해 FC에서 PWM(Plus Width Modulation) 신호를 인가받아 프로펠러(모터)의 회전속도 조절
– 일반적으로 모터 최대 소모 전류의 1.5배 이상 허용 전류 선정

(6) 바인딩(Binding) / 페어링(Pairing)

– 드론의 조종기(송신기)와 수신기(드론) 연결하기

(7) 짐벌(Gimbal)

– 자이로스코프와 같이 물체의 수평이 틀어져 있어도 바른 상태를 유지해 주는 지지대 같은 장치

(8) 서보(Servo)

– 신호에 의해 정해진 각도만큼 정밀하게 회전동작을 하는 모터로 주로 비행기 날개제어, 짐벌 제어 등에 사용하는 특수한 모터이다.

(9) 캘리브레이션(calibration)

- 비행전에 드론에 사용된 센서의 초기값에 문제가 있을 때 이를 정상적으로 교정해주는 작업을 말하며 센서의 영점을 맞추는 작업이다.

(10) 텔리메트리(Telemetry)

- 비행중 기체(멀티콥터)의 배터리의 온도와 전압, 전류량 등의 정보를 송수신하여 조종자가 비행시 관련 정보를 실시간으로 볼 수 있게 해주는 장치

(11) BEC(Batter Eliminator Circuit)

- 일반적으로 기체의 머리에 해당하는 플라이트 콘트롤러는 변속기(ESC)로부터 5V의 전기를 공급받아 작동하는데 OPTO가 표기되지 않은 변속기를 구매할 경우에는 반드시 BEC도 구입해야 한다. BEC는 배터리의 전압을 낮춰 5V로 출력하는 장치

(12) PMU (Power Measurement Unit)

- PMU는 FC에 전기를 공급하는 장치이다. 모터 구동에 필요한 전압을 FC에 적합한 전압으로 변환하여 공급해 주는 역할을 수행한다. FC는 종류별로 5~9V의 전압을 필요로 하고 PMU는 최소 4셀(14.8V), 최대 12셀(44.4V)까지의 배터리 전압을 필요 전압으로 낮춰주는 작업을 진행한다.

(13) 자동안전장치(Fail-Safe)

- 무인비행장치 비행 중 통신두절, 저 배터리, 시스템 이상 등이 발생하는 경우에 해당 무인비행장치가 안전하게 귀환(return to home)하거나 낙하(낙하산 · 에어백 등)할 수 있게 하는 장치를 말한다.

(14) 트림조절 (Trim control) / 미세조정 (Fine control)

- 호버링 상태에서 조종하지 않았음에도 드론이 옆으로 미세하게 흘러갈 경우, 제자리 비행을 위해 모터 속도를 조절하는 장치

(15) 아밍 (Arming)

- 이륙하기 전 프로펠러를 작동시키는 것을 자동차 시동을 거는 것과 유사한 개념

(16) FPV 비행 / 고글비행

- First Person View의 약자로 드론에 탑승한 듯이 1인칭 시점의 카메라에서 실시간으로 영상이 전송되는 고글이나 스마트폰 등 별도의 화면으로 보며 비행하는 것이다.

(17) 시계비행 / 육안비행

- FPV 비행과 대비되는 말로 드론을 직접 눈으로 보면서 비행하는 것

(18) 노콘

- No Control의 약자로 조종기와 드론 사이의 신호가 끊기는 것이다.

03 송신기(Transmitter)

드론 조종기로 드론을 제어하는 신호를 송신하는 장치이다. 조종기의 배터리는 리튬폴리머(LiPo), 니켈수소(NiMh), 리튬철(LiFe) 등이 사용된다.

1) 송신기의 명칭

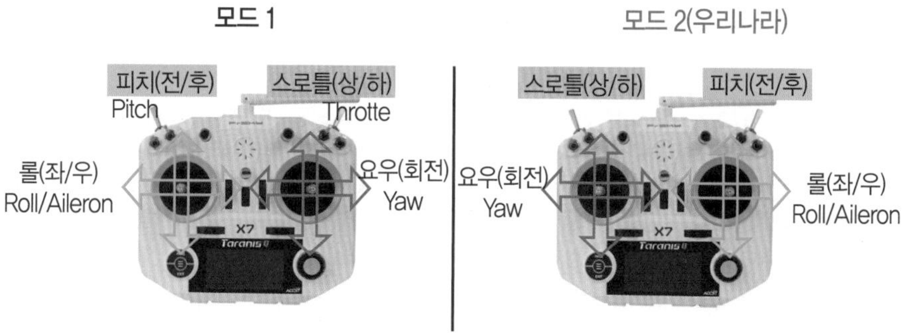

| 송신기의 Mode 1 / Mode 2 비교 |

2) 드론의 기본 움직임

무인기의 태생이 회전익이 아닌 고정익이다. 그래서 고정익에서 사용하는 용어를 그대로 드론에 차용하다 보니 용어가 드론 조종과 다소 맞지 않는 느낌이 들 수 있으나 고정익의 조종원리를 생각해보면 좀 더 쉽게 이해할 수 있다.

드론의 기본 움직임

움직임(한글)	움직임(영어)	레버
상승/하강	스로틀(Throttle)	스로틀(Throttle)
전/후 이동	피치(Pitch)	엘리베이터(Elevator)
좌/우 이동	롤(Roll)	에일러론(Aileron)
좌/우 회전	요우(Yaw)	러더(Rudder)

(1) 스로틀(Throttle)

– 스로틀 레버를 이용하여 드론을 상하로 이동시키는 조종

(2) 피치(Pitch)

– 엘리베이터(Elevator) 레버를 이용하여 드론을 앞, 뒤로 이동시키는 조종

(3) 롤(Roll)

– 에일러론(Aileron) 레버를 이용하여 드론을 좌측 또는 우측으로 이동 시키는 조정

(4) 요우(Yaw)

– 러더(Rudder) 레버를 이용하여 드론을 시계방향/반시계방향으로 회전시키는 조종

원어 풀이

❖ Throttle : (자동차 등의 연료) 조절판, Rudder : 키, 방향타, Aileron : 보조익, Pitch : 상하요동, Roll : 배, 비행기가 좌우로 기울기

3) 드론의 조종 모드(Mode)

조종기는 조작방식에 따라 Mode1과 Mode2가 있는데 Mode1은 과거에 무인헬기 등의 조종에 쓰던 방식이고 국내의 드론 조종은 Mode2 방식을 대부분 사용하므로 처음부터 Mode2 방식으로 배우는 것이 취업 등에 유리할 것이다. 저자는 드론 수강생중 모학원에서 Mode1으로 배웠다가 결국 Mode2로 다시 배워야 했다. Mode2로 다시 익숙해지는데 상당히 오랜 시간을 고생하는 것을 본 적이 있다. 그러나 급한 상황에 처했을 때는 옛날 조종습관이 자기도 모르게 나오는 것을 보면 처음에 배운 조종습관이 그만큼 중요한 것이다.

4) 드론의 기본 비행모드

멀티콥터는 다양한 비행모드가 있고 명칭이 제조사마다 조금씩 차이가 있으나 가장 범용적인 모드로 설명하고자 한다.

가) GPS 모드(GPS mode)

드론의 GPS센서는 위성으로부터 좌표 정보를 받아 드론의 위치를 고정시킨다. 드론이 수평을 잘 유지하고 있는데도 바람이 불어 좌표가 바뀌려고 하면 원래 좌표로 다시 돌아갈 수가 있다. GPS를 이용해 경로 비행까지 실시할 수 있으므로 조종이 가장 쉬운 모드이며 일반적으로 사용하는 모드이다.

나) 자세제어 모드(에띠 모드, Attitude Mode)

자세제어 모드는 자세(수평)는 자동으로 잡아주지만 GPS에 의한 위치 고정은 해주지 않는 상태를 말한다. 즉, 자세제어모드는 고도를 일정하게 유지해주는 기압계(Barometer) 센서는 작동되나 GPS, 지자계센서(콤파스)는 꺼져 제자리 비행을 하지 못하고 계속해서 움직일 수 있으므로 조종자가 드론을 수동모드(에띠모드)로 직접 조작하여야 한다. 일반적으로 GPS 또는 지자계센서 장애 발생시 에띠모드로 전환해 드론을 조종을 해야 한다. ☞ 에띠모드에서 IMU는 동작하므로 드론의 수평자세는 유지된다.

다) 자동 경로 비행(AP : Auto Pilot)

사전에 입력된 경로에 의해 비행

라) 자동복귀 모드(RTH : Return to Home)

드론이 이륙시 GPS 센서로 출발위치를 저장했다가 사용자가 RTH 버튼을 누르면 이륙한 위치로 자동으로 찾아오는 기능이다. 그러므로 비상시를 대비해서 드론을 날리기 전에 GPS 수신강도를 반드시 체크해야한다.

5) 무인항공기(드론) 운용 주파수

드론에서 사용하는 주파수는 기체를 제어하는 '제어용 주파수'와 영상을 수신할 수 있는 '임무용 주파수'로 나누어 할당된 것이 특징이다.

가) 면허용 주파수

(1) 제어용 주파수 : 5,030 ~ 5,091 ㎒

※ 세계전파통신회의(WRC-12)에서 국제적으로 기상관측, 산림감시, 농약살포 등 공공 및 민간 무인기용 제어용으로 할당된 주파수는 5,030 ~5,091㎒이다.

(2) 임무용 주파수 : 5,091 ~ 5,150 ㎒

무인 항공기에 탑재된 카메라, 센서등 장비가 수집한 정보를 송신 주파수

나) 비면허 주파수(소형 완구/취미용에 활당된 주파수)

(1) 소형드론 제어용 : 2,400 ~ 2,483 ㎒(8.3㎒ 폭)

(2) 무선데이터 통신용: 5,650 ~ 5,850 ㎒(200㎒ 폭)

☞ 일반적으로 소형드론은 제어용은 2.4㎓, 영상전송은 5.8㎓를 사용하고 있다.

기출 핵심문제

❖ **다음 중 드론(무인비행장치) 주파수에서 주로 사용하는 주파수 대역은 무엇인가?**

① 2.4 ㎓는 영상전송용, 5.8㎓ 대역은 제어용
② 2.4 ㎓는 제어용, 5.8㎓ 대역은 영상전송용
③ 2.8 ㎓는 제어용, 5.4㎓ 대역은 영상전송용
④ 3.4 ㎓는 영상전송용, 2.8㎓ 대역은 제어용

해설 **정답 2**

일반적으로 소형드론은 제어용은 2.4㎓, 영상전송은 5.8㎓를 사용

04 다양한 무인기 체계(Unmanned Vehicle System)의 종류

1) 고정익(Fixed wing) 무인항공기

형태가 일반적인 비행기 형태의 고정날개(움직이지 않는) 형태인 무인항공기를 말하며 장기체공이 가능하나 활주로가 필요하고 정지비행이 불가능하며 이착륙시 바람의 영향을 많이 받는다.

2) 회전익(Rotary wing) 무인항공기

형태가 헬리콥터 모양인 무인항공기를 말한다. 장점은 수직 이착륙이 가능하며 공중에서 정지비행(호버링)이 가능하나 고정익 무인항공기보다 상대적으로 연료 소비가 많아 장시간 체공이 어려운 단점이 있다.

3) 틸트로터(Tilt Rotor) 무인항공기

프로펠러가 가변형이고 이착륙 시에는 프로펠러가 헬리콥터처럼 수직으로 양력을 발생시키고 이륙 후 순항 시에는 프로펠러가 앞으로 향하여 고정익 형태로 비행하는 무인 항공기다. 시스템이 복잡하고 조종이 어려워 조종자 양성도 어렵다.

틸트로터를 수직이착륙기(VTOL, Vertical Take-Off and Landing)라고도 한다.

4) 동축반전(Co-axial) 무인항공기

같은 축에 상부, 하부 두 개의 로터(프로펠러)가 서로 반대방향으로 회전하여 꼬리날개(Tail roter)의 역할을 하여 반토크 현상을 상쇄시키는 원리이다. 탑재용량이 일반 헬기보다 크며 기체가 안정적이다. 바람의 영향을 적게 받아 조종이 쉽다.

5) 무인 지상 차량(UGV : Unmanned Ground Vehicle)

| 틸트로터 무인항공기 / 동축반전 무인항공기 / 무인지상차량(UGV) |

무인항공기가 아닌 원격이나 자율제어로 조종되는 지상차량을 의미한다. 지뢰제거, 정찰업무, 구조 등 다양한 특수업무에 활용되고 있다.

6) 무인 멀티콥터

일반적으로 4개 이상의 프로펠러를 탑재한 비행체로 항공촬영, 농업용, 택배, 실종자 수색 등 다양한 용도로 사용중이다. 장점은 조종이 쉽고 운용비가 적게 드나, 반면에 체공시간이 20 ~ 30분 정도로 짧은 편이다. 최근 수소전지 등을 사용하는 드론이 등장함에 따라 점차 체공시간이 늘어나고 있다.

7) 무인 함정(UMV : Unmanned Marine Vehicle), 무인 수상정(USV : Unmanned Surface Vehicle)

무인으로 원격 또는 자율항해를 통해 감시정찰 및 수중탐색 등 복합 임무 수행

| 이스라엘 라파엘사 제품 |

8) 무인 잠수정(UUV : Unmanned Underwater Vehicle)

무인으로 원격으로 운용하는 잠수정으로 군사용 또는 수중탐사 등 임무를 수행

05 드론에 사용하는 모터

프로펠러와 결합해 회전하며 바람을 일으키는 장치로 드론에 사용되는 모터는 브러시 모터(저렴한 장난감 드론에 사용)과 반영구적으로 사용이 가능한 브러시리스 모터(고급, 대형드론)가 있다.

1) Brushed DC Motor(브러쉬 DC모터) : 모터내 코일이 회전

브러쉬드 DC모터	특 징
장점	1. 단순한 구조로 가격이 저렴 2. ESC(Electronic Speed Controllor)가 불필요
단점	1. 브러쉬(Brush) 마모로 수명이 짧고 발열, 소음이 있다. 2. 약 1000시간 수명(브러쉬의 수명이 모터 수명이다)

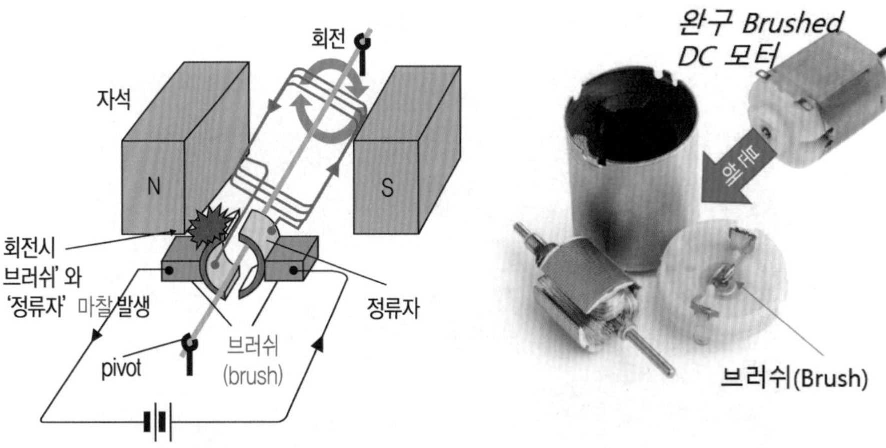

| Brushed DC Motor |

2) Brushless DC Motor(브러쉬리스 DC모터) : 모터의 자석이 회전(외부캔이 회전)

브러쉬리스 DC모터	특 징
장점	1. 고속회전이 가능 2. 대형 멀티콥터에 적합 3. 반영구적 사용
단점	1. 브러쉬(Brush)가 없어 발열이 적고, 저소음 2. DC모터에 비해 비싸다. 3. 변속기 ESC가 필요

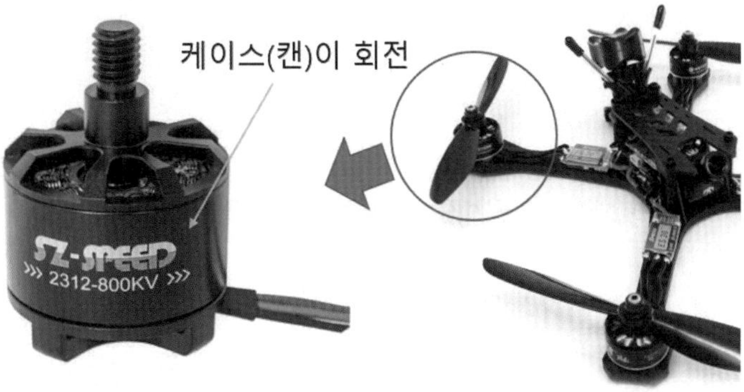

| Brushless DC Motor |

기출 핵심문제

❖ 다음 중 브러쉬리스(Brushless) 모터의 특징이 아닌 것은?

① ESC가 필요하다.

② 고속회전이 가능하여 대형 드론에 사용된다.

③ 고속회전이 가능하여 브러쉬 모터에 비해 소음이 심한 편이다.

④ 반영구적으로 사용이 가능하다.

해설 **정답 3**

브러쉬를 사용하지 않아 발열이 적고 소음도 적다.

3) AC(교류)모터와 DC(직류) 모터의 비교

AC모터는 교류모터로서 수명이 DC모터에 비해 긴 장점이 있지만 교류의 특성상

DC모터처럼 정확한 속도제어가 불가능하다.

4) 모터 규격 kv의 정의

– '무부하'에서 1V(볼트)의 전원이 인가되었을 때의 분당회전 수(rpm)
– kv는 자동차의 미션과 유사한 의미가 있는데 1단에서는 속도는 느리나 힘은 좋고, 5단은 속도는 빠르나 힘은 약한 점에서 동일하다.
☞ 모터의 무부하 상태란 모터에 프로펠러를 끼우지 않고 순수하게 모터회전만을 의미

5) 모터의 규격 : BLDC 6215 170kv × 6 규격의 의미

(1) BLDC : 브러쉬리스(Brushless) DC모터

(2) 170kv× 6 : 7,548rpm 모터 6개(정격전압이 44.4V인 경우)

(3) 회전 수(rpm) = kv × 볼트 수

– 기체의 정격전압이 44.4V인 경우 모터의 rpm은 44.4V × 170kv = 7548 rpm

(4) 높은 kv = 빠른 회전 수 = 낮은 토크

(5) 낮은 kv = 느린 회전 수 = 높은 토크

| 모터규격 6215의 의미 |

06 드론에 사용하는 배터리

드론의 리튬폴리머(LiPo) 배터리는 재충전이 가능한 2차 배터리이고, 흔히 '리포 배터리'라고 줄여서 부르며 RC나 드론의 배터리에 주로 사용한다.

니켈카드륨(Ni-Cd), 니켈수소(Ni-MH) 등에 비해 높은 전압을 가지고 있고 리튬이온(Li-Ion) 배터리보다 에너지 효율이 높으나 과충전 시 스웰링(Swelling) 현상이 발생하고 저온에서 성능이 저하되는 특징이 있다.

1) 배터리의 종류

가) 1차 배터리

한번 사용하고 버리는 일회용 배터리로 탄소아연(C-ZN, Carbon Zinc), 니켈아연, 망간(MN-ZN), 알카라인(Alkaline) 전지 등이 있고, 1차배터리는 기전력이 크고 자기방전이 적어 용량이 줄지 않아 일정한 전압이 오랫동안 유지된다.

나) 2차 배터리

여러 번 충전해서 사용할 수 있는 배터리로 리튬폴리머(Li-PO), 납(Pb)축전지, 니켈수소(Ni-MH), 리튬이온(Li-Ion), 니켈카드뮴(니카드, Ni-Cd), 나트륨유황(Na-S) 등이 있다.

드론 기체와 조종기 배터리는 리튬폴리머를 사용하지만, 특히, 조종기는 니켈수소(NiMh), 리튬철(LiFe)을 많이 사용한다. 리튬철(LiFe)은 에너지 밀도가 리튬폴리머보다 에너지 밀도가 낮으나 화재, 폭발, 외부충격에 강해 조종기 배터리로 많이 사용된다. 니켈카드뮴(니카드, Ni-Cd) 배터리가 드론에도 사용되고 소형화 가능성을 보여줬지만 비싼 가격과 독성으로 인한 환경오염, 메모리 효과 등의 문제를 야기시켜 점차 시장에서 퇴출되고 있다.

2) 리튬폴리머(LiPo) 배터리의 특징

(1) 에너지 효율이 높고 비교적 안정적이다. 정격전압 : 3.7v, 완충 전압 : 4.2v이다.

(2) 반고체 젤형태의 전해질로 구성되어 다양한 모양과 크기로 제작이 쉽다.
낮은 기온에 장시간 노출 시 전해질이 굳어 방전율이 저하되므로 사용 적정온도는 -10 ~ 40 ℃ 내이다. 온도가 너무 낮으면 드론이 시동이 안 걸린다.

(3) 자연 방전과 메모리효과가 거의 없다.

☞ 메모리효과(Memory Effect) : NiCd(니켈카드륨) 배터리를 완전방전하지 않고 충전할때에 전체 배터리의 용량이 줄어드는 현상이다.

(4) 완충 상태로 장시간 보관하거나 30도 이상 온도에서 장시간 방치 시 '스웰링 현상'이 일어날 수 있다.

(5) 배터리가 부풀면 고쳐 쓸 수 없으며 폐기해야 한다.

(6) 과충전/과방전을 하면 수명이 단축된다. (기준 전압이하 폐기)
리튬폴리머 배터리는 셀당 3.7V를 기준으로 평균 전압이 2.8V 이하로 떨어지면 사용 불가능하게 될 수 있다. 용량이 30~40%정도 남았을 때 충전하는 것이 좋다.

(7) 배터리 충전 시에는 폭발, 화재의 위험이 항상 존재하므로 자리를 비우지 않는다.

(8) 배터리 보관방법
– 장기간(10일 이상) 보관 시 충전할 때 '스토리지 모드'로 충전하거나 40~65%

전후로 완충하지 않고 보관한다.

- 보관온도는 22~28℃이고, 보관시 '전용용기'에 보관하는 것이 안전하다.

(9) 배터리 충전시에는 셀 밸런싱 기능을 지원하는 전용 충전기를 사용하여야 한다.

셀 밸런싱– Cell balancing
여러 개의 셀로 직렬 연결된 배터리는 '배터리 관리 시스템(BMS)'에 의해서 관리가 되는데 각 셀이 일정하게 충전되지 않으면 전압이 낮은 셀 때문에 배터리 전체가 차단되어 드론이 갑자기 추락하는 일이 발생한다. 즉, 특정 셀이 지나치게 전압이 낮으면 BMS가 그 한셀을 보호하기 위해 전체 배터리 전원을 차단한다. 셀 밸런싱은 직렬의 셀들이 각각 동일한 충전상태(SoC : State of Charge)가 되게 하는 역할을 한다.

(10) 리튬폴리머 배터리 폐기방법(완전 방전 후 폐기, 충전기에서 : 폐기모드)

- 소금물에 담가 방전방법 : 몸에 해로운 염소가스가 발생하므로 야외에서 실시
- 배터리 전원 플러그도 소금물에 잠기도록 담근다.
- 전구를 연결하여 방전하는 방법 : 가장 안전한 방법

3) 리튬폴리머(LiPo) 배터리에 표시된 숫자의 의미

용량(Capacity)은 물탱크, 방전률(C–Rating)은 수도꼭지라고 이해하면 편리하다. 즉, 방전율이 높을수록 한꺼번에 많은 전류를 방출할 수 있어 전류를 많이 소비하는 대형 모터를 돌릴 수가 있다.

예를 들어 1C는 리튬폴리머 배터리의 용량이 1000mAh(=1Ah)일 때 1C(자기용량)로 사용할 때 1시간을 사용할 수 있다. 만약 10C인 배터리라면 그 10배인 10A로 방전할 수가 있는데 1시간의 1/10인 6분을 사용할 수 있게 된다.

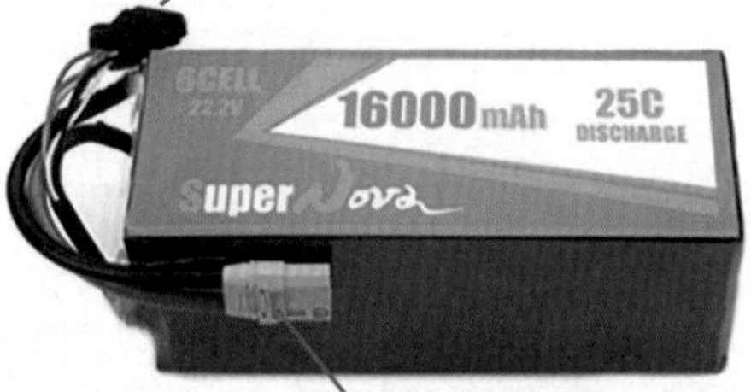

- 16000mAh – 배터리 용량
- 6Cell / 22.5V – 셀의 수/전압
- 25C – 방전율

| 배터리의 규격 |

가) 16000mAh : 배터리 용량(Capacity)

16000mAh=16Ah는 1C에 해당이 되는데 1C로 사용시 1시간 사용

나) 6Cell / 22.2V

6개의 작은 배터리(셀)가 직렬로 연결되어 있고 정격전압이 22.2V이다. 위 배터리는 6개의 셀이 직렬로 연결되어 있으므로 1개의 셀은 22.2V셀(Cell) / 6 = 3.7V

다) 25C : 방전율 또는 C–Rate

16,000mAh(16Ah) ×25C = 400,000mAh(400Ah)를 이 배터리가 안정적으로 출력 가능한 최대 전류량이다.

(1) 1C : 정격용량을 1시간 동안 사용 완료하는 방전율을 '1C'라고 표현한다.

(2) 16,000mAh(=16Ah)의 경우 1C = 16Ah/1hour = 16A이므로 25C는 25×16,000 mAh=400,000mA가 이 배터리의 최대 방전전류가 된다.

(3) 총 사용시간은 16,000mAh / 400,000mA = 0.04 Hour = 2.4분 이내

라) 이 배터리의 정격전압과 최대 완충전압

1cell의 정격전압은 3.7V, 완충 시 최대전압이 4.2V이다. 그러므로 이 배터리의 정격전압은 22.2V(3.7 × 6셀), 최대 완충 시 전압은 25.2V(4.2 × 6셀)이다.

4) 드론과 배터리의 연결과 분리 방법

(1) 전원연결 순서

– 조정기 전원 ON → 드론 본체 전원 ON

(2) 전원차단 순서

– 드론 본체 전원 OFF → 조정기 전원 OFF

(3) 드론의 배터리 연결 순서

– 연결 : (+)극 먼저 연결 후 (–)연결(적색연결후 검정색연결)

– 분리 : 배터리를 떼어 낼 때는 반대로 (–)극 먼저 분리한다.

기출 핵심문제

❖ 현재 드론에서 잘 사용하지 않는 배터리 종류는 어느 것인가?

① NiCd(니켈카드륨)
② LiPo(리튬폴리머)
③ NiMh(니켈수소)
④ LiFe (리튬철)

해설 **정답 1**

니켈카드뮴(니카드, Ni–Cd) 배터리가 드론에도 사용되고 소형화 가능성을 보여줬지만 비싼 가격과 독성으로 인한 환경오염, 메모리 효과 등의 문제를 야기시켜 점차 시장에서 퇴출되고 있다(실전에서 Ni–ch도 답으로 선택할 것).

07 드론의 기본 센서

다음 센서들은 드론 비행에 있어서 핵심 역할을 하며, 드론이 안정적인 비행과 호버링을 할 수 있도록 해주는 중요한 센서들이다.

1) 가속도(엑셀러로미터, Accelerometer) 센서

기체의 가속도를 측정할 수 있지만 기체가 정지된 상태에도 중력이 작용하기 때문에 중력가속도를 측정하여 기체의 자세(기울기)를 측정할 수 있다. 또한 가속도를 적분하면 이동량도 구할 수가 있다.

(1) 가속도 센서는 초기 착륙된 드론 자세값을 계산한다.

(2) 드론이 3차원에서 움직일 때 X, Y, Z축의 3축 방향의 중력가속도 측정하여 드론의 '기울기'를 측정한다.

2) 자이로스코프(Gyroscope)센서(=각속도 센서, 자이로센서)

- 자이로스코프 센서는 세 축에서 각속도(angular velocity)를 검출한다. 따라서 피치(pitch), 롤(roll), 요(yaw) 축으로 각도 변화를 검출할 수 있다. 각도 정보의 변화량을 활용하여 모터를 제어해 사용자가 제어하고자 하는 정확한 각도로 드론을 회전시킬 수 있다.
- 각속도란 시간당 회전하는 각도이다. 예를 들어 드론이 수평상태에서 각속도가 0°/sec이고 드론이 10초 동안 움직이는 동안 60°만큼 기울어졌다면 10초 동안 평균 각속도는 6°/sec 이다.

☞ 가속도센서와 자이로스코프 센서는 드론의 '자세제어'에 사용되는 센서

3) 지자계(콤파스, Compass) 센서

- 나침반 역할을 하는 센서
- 지구자기장을 이용하여 드론이 나침반이 되어 '기수(heading)'를 일정하게 유지
- 본 센서가 고장 시 갑자기 좌우로 기체가 흐른다.

4) 기압계(바로미터, Barometer) 센서 = 마그네토미터(Magnetometer) 센서

- 드론의 '고도' 측정

※ 주의) 고도(Altitude) 센서와 구별

☞ 고도(Altitude) 센서 : 항공기에서 레이더파를 지면에 쏘아 돌아오는 신호로 높이 측정

5) GPS

- 드론의 위치, 속도, 시간 측정이 가능하다.(위속시 측정)
- 4개 이상의 위성신호 수신 필요(3개이상 ×)

6) IMU(Inertial Measurement Unit) : 관성측정장치

- 가속도 센서, 자이로스코프 센서, 지자계 센서로 기본 구성
- 기체의 자세(기울기), 방향 등을 감지하여 '기체의 자세'를 잡아주는 장치
- 무인비행장치의 자세각, 자세각속도, 가속도를 측정하는 센서(비행자세와 각속도)
- 소형 무인비행장치에는 전자칩 형태의 미세전자제어기술인 맴스(MEMS : Micro - electromechanical System) 센서 사용

※ 추가 구성 센서(비필수 센서) :

- 고도센서(Altitude Sensor) : 레이더파를 지면에 쏘아 돌아오는 신호로 높이 측정
- Optical flow Sonsor(옵티컬 플로우 센서) : DJI 드론의 "비전 포지셔닝(Vision Positioning)"이라는 용어로 더 많이 알려진 기능으로 드론의 미세 움직임을 잡아준다.

기출 핵심문제

❖ **다음 중 무인멀티콥터에 탑재된 센서와 연관성이 옳지 않은 것은?**

① MEMS 자이로센서 – 비행자세
② 기압센서 – 비행 속도와 고도
③ 가속도 센서 – 비행속도
④ IMU센서 – 자세각, 자세각속도, 가속도를 측정하는 센서

해설 **정답 3**

드론의 가속도센서는 비행속도가 아닌 중력가속도를 의미한다 즉 x, y, z축으로 얼마나 기울어져 있는지 정보를 주는 센서다. 즉, 초기 드론 수평 자세값을 계산

IMU센서(관성측정장치) – 자세각, 자세각속도, 가속도를 측정하는 센서

MEMS 자이로센서 : 기계식이 아닌 반도체 공정기술을 이용하여 만드는 MEMS (Micro-eletromechanical System)자이로 → 광학식자이로

08 GPS 교란(Jamming)과 kp지수

우주날씨는 지구 주변 우주환경의 변화와 특히 '태양폭풍'에 의한 우주폭풍으로 대표된다. 우주날씨의 변화는 위성통신 교란은 물론 GPS 오차 증가, 전력망 손상 등 우리 생활에 막대한 영향을 미친다.

요즘 커다란 고래들이 바다에서 길을 잃고 해안가로 떠밀려와 죽음을 맞이했다는 뉴스를 종종 접할 수 있다. 미국 듀크대학교 생제시 그레인저 연구원 팀은 학술지 〈커런

트 바이올로지(Current Biology)〉에서 고래가 길을 잃고 뭍으로 방향을 틀어 해안에 갇혀 죽게 되는 것은 태양폭풍이 고래의 자기장 감지 능력을 무력화하여 고래가 길을 잃고 해변 쓸려오는 것이라고 밝혔다.

태양폭풍은 드론비행에 또 어떤 영향을 미칠까? GPS 신호는 먼 우주에서 송신하기 때문에 전파세기가 미약해 태양폭풍에 영향을 쉽게 받고 또한 재밍(jamming)에도 취약하다. 드론 조종시 GPS 수신장애가 오면 드론은 노콘(No Control) 상태가 될 수 있으니 유의해야 하며 이때 에띠(Atti) 모드로 즉시 전환하여 기체를 조종해야 한다. 드론플라이 등의 앱을 통해 드론을 날리기 전에 지구자기장 수치인 'kp지수'를 반드시 확인 후 드론을 비행하는 습관을 들이도록 하자.

1) 재밍(jamming)

인공위성이 드론에 보내는 GPS 신호보다 더 강력한 전파를 발생시켜 드론이 GPS를 사용하지 못하도록 교란시키는 것을 재밍(jamming)이라고 한다. 재밍으로 드론을 조종을 못 하게 하거나 추락시킬 수 있다.

2) kp지수

(1) 안전단계 : 4 이하

(2) 주의단계 : 5

(3) 금지단계 : 6이상(운행금지/수동조작)

※ 드론플라이, Ready to Fly 앱(app)을 실행하면 kp지수를 알 수가 있다.

기출 핵심문제

❖ 다음 중 kp지수에 대한 설명 중 틀린 것은?

① 태양폭풍의 영향을 관측해서 표시하는 지수이다.
② kp지수가 6 이상이면 원활한 비행이 가능하다.
③ kp지수가 5 이상일 경우 전력, 위성, 통신장애 등이 발생할 확률이 높다.
④ kp지수는 Ready to Fly에서 확인이 가능하다.

해설 정답 2

kp지수가 6이상이면 비행금지 단계이다.

09 위성 항법시스템(GNSS : Global Navigation Satellite System)

지금 우주에는 많은 인공위성들이 지구주위를 돌면서 위치측정에 필요한 정보를 지구로 보내주고 있는데 인공위성에서 보내오는 최소 4개 이상의 신호를 받아야 '삼각진법'으로 해석하여 현재 위치를 계산한다. 요즘 멀티콥터는 6개에서 15개정도의 인공위성 신호를 동시에 받을 수 있는데 미국이 운영하는 30여 개의 GPS와 러시아에서 운용중인 24여 개의 GLONASS, 이 두 가지 위성체계를 다 지원하고 있다. 또한 중국은 베이더우(BeiDou)와 유럽은 갈리레오(Galieo)라는 독자적인 위성항법시스템을 구축하고 있다.

기출 핵심문제

❖ 위성항법시스템(GNSS)의 설명으로 틀린 것은 무엇인가?

① 위성항법시스템에는 GPS, GLONASS, Galileo, Beidou등이 있다.
② 위성신호는 빛의 속도와 시간을 산출해 거리를 알아낸다.
③ 우리나라에서는 GLONASS를 사용하지 않는다.
④ GPS는 삼각진법을 이용하여 위치를 계산한다.

해설 정답 3

많은 항법장비들이 GPS와 GLONASS를 동시에 사용하고 있다.

10 위성 항법시스템의 종류

항법이란 항공기가 자신의 위치를 알아내는 것을 '항법'이라고 한다. 항법시스템으로는 관성항법시스템, 위성항법시스템, 영상항법시스템이 있다.

GPS가 없는 실내비행을 위해서는 SLAM(Simultaneous localization and mapping)과 같은 기술을 활용한다. SLAM은 자기위치추정기법으로 GPS 없이도 카메라와 라이더(LiDAR)로 통해 상대거리를 측정하여 주변 환경에 대한 지도를 작성하고 이를 이용하여 자율 비행이 가능하도록 자기 위치를 추정하여 자동비행한다.

구분	관성항법시스템	위성항법시스템	영상항법시스템
특징	가속도센서 자이로센서	위성신호	영상정보
특징	– 소형무인항공기 저가의 MEMS기반 IMU 사용 – 오차가 상대적으로 크므로 다른 항법센서와 함께사용 – 칼만필터 등을 이용해 위성항법 시스템과 결합하여 사용	– 무인항공기의 위치 및 속도 정보 제공 – 고도오차 보정을 위한 관성항법 시스템과 필터 등 결합	– 저가의 광항카메라의 영상으로 항법정보 추출가능 – 영상항법기술 1) 옵티컬 플로 2) 영상정합 3) 특징점 추적
장점	외부환경 영향 최소	저렴하고 소형이며, 비교적 정확한 위치정보	시야확보 영상제공
단점	시간이 지남에 따라 항법 오차 증가	고도오차가 큼	영상분석 SW에 따른 HW 성능 상향 조정

* 칼만필터 : 칼만필터란 '최적의 추정 알고리즘'으로 즉, 칼만필터는 직접적으로 측정하기 어려운 시스템의 상태를 추정할 때 사용된다. 칼만필터는 인공위성의 항법, 미사일의 궤적추정, 레이다 등에 많이 이용된다.

11 무인항공기(드론) 시스템의 6가지 기본 구성

1) 비행체(Aircraft)

– 무인 항공기 기체(추진장치, 연료장치, 통신장비 등)

2) 지상통제장비(GCS : Ground Control System)

지상에서 무인항공기를 통제하기 위한 일체의 시설로 차량에 탑재되어 이동

3) 무선 통신장비(Data link)

가) 공중송수신기(ADT : Airborne Data Terminal)

비행체에 탑재되어 제어명령 수신 및 공중에서 취득한 정보를 GDT에 송신

나) 지상송수신기(GDT : Ground Data Terminal)

GDT에서는 GCS 제어명령을 받아 무인기에 전달하고 취득정보 수신

4) 임무탑재장비(Payload): 레이더, GMTI, SAR, EW/EA, EO (Electro-Optic) / IR(Intra-Red) 카메라 등 임무에 따라 다양한 탑재장비가 있다.

5) 지원장비(Support Equipments): 차량, 발전기, 시험장비 등

6) 운영요원

가) 무인항공기 조종사(UAV Pilot)

조종사는 GCS내에 있는 내부조종사(IP : Internal Pilot)와 외부에서 무선원격조종하는 외부조종사(EP : External Pilot)로 구분하고 무인항공기 운용에 2명 이상 조종사가 필요한 경우, 반드시 한 명은 기장의 임무와 다른 한 명은 부조종사의 역할을 한다. 기장은 내부조종사와 외부조종사 중 어느 역할을 맡아도 상관이 없으나 기장이 아닌 나머지 한 명은 부조종사 역할을 담당한다.

나) 육안감시자(Visual observer)

타 항공기와 충돌예방을 위해 조종되고 있는 무인 항공기를 육안으로 추적하고 비행상태 등을 조종사에게 조언하는 역할을 하며, 조종사 및 관제사 등과 원활한 의사소통이 가능하도록 비행, 기상, 관제에 관한 교육 이수가 필수

다) 기타 임무요원 : 정비사, 탐지장비 통제사(OB), 임무지휘자(MC)

무인항공 방제작업을 위한 필수요원 구성
안전하고 효률적인 무인항공 방제를 위해 조종자와 장애물 및 작업 끝 부분을 육안 확인해서 신호해주는 신호자, 그리고 약제 준비 및 운전 등을 지원하는 보조자가 한 팀으로 구성하는 것이 필수적이다. 이때 보조자는 작업을 의뢰한 농민 등이 될 수 있고 신호자는 조종자와 마찬가지로 조종이 가능한 조종자로서 서로 교대 작업을 수행할 수 있어야 한다.

기출 핵심문제

❖ 다음 중 무인 비행장치의 기본 구성 요소가 아닌 것은?

① 지원장비　　② 관제소 교신용 무전기
③ 비행체　　④ 임무 탑재 카메라

해설 정답 2

❖ 무인항공기 시스템에서 비행체와 지상통제시스템을 연결시켜주며 지상에서 비행체를 통

제 가능하도록 만들어 주는 장치는?

① 비행체　　② 데이터 링크
③ 지상통제장비　　④ 탑재 임무장비

해설 정답 2

12 무인기와 인간특성

1) 인적요인(Human Factors)

인간이 작업을 어떻게 수행하는지, 행동적, 비행동적 변수들이 인간수행에 어떻게 영향을 미치는지를 다루는 분야로 인간과 관련된 주변 요소들 간의 관계성에 초점을 둠

2) 대표적인 인적모델(SHELL 모델)

1975년 네델란드 KLM 항공사 기장출신 Frank H Hawkins박사는 1972년에 미국 심리학 교수인 Elwyn Edward가 처음 고안한 'SHEL' 모델을 수정 · 보완하여(기반하여) 새로운 'SHELL'모델을 만들었다.(SHEL → SHELL) 이는 많은 항공기 사고에서 밝혀진 원인을 뒷받침할 수 있는 이론적 근거를 제공하여 ICAO SHELL Model의 이론적 모태가 되었다.

즉, 자신을 중심으로 한 주변의 모든 요소들이 자신의 업무와 직접적인 관련성을 가지고 있으므로 업무의 효용성 및 안전성 확보를 위해 업무에서 이들 간 상호 연관성을

항상 최적의 상태를 유지한 가운데 업무를 수행하여야 한다는 것이다.

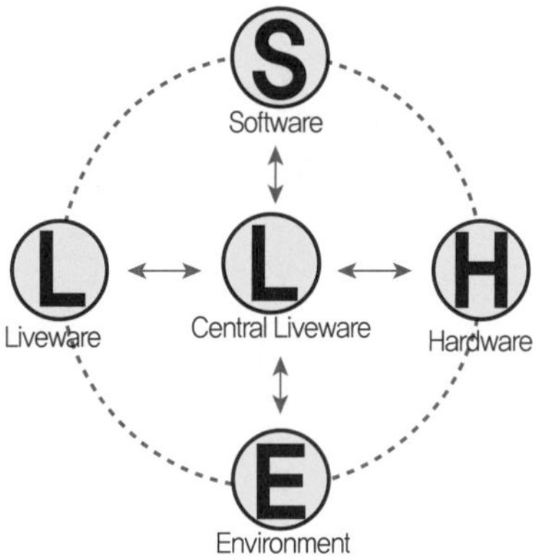

(1) Liveware(인간)
  - 성격, 의사소통, 리더십, 문화
(2) Hardware(하드웨어)
  - 항공기, 장비, 공구, 각종 시설 등
(3) Software(소프트웨어)
  - 법, 규정, 절차, 각종 매뉴얼, 점검표 등
(4) Environment(물리적 환경)
  - 날씨, 기온, 습도, 조명, 소음 등 물리적 환경
(5) Central Liveware
  - 자기자신을 의미

| SHELL 모델 |

기출 핵심문제

❖ SHELL 모델 중 E(Environment)에 대한 설명이 아닌 것은?

① 시설 ② 기상 ③ 온도 ④ 조명

해설 정답 1

Environment(물리적 환경) : 날씨, 기온, 습도, 조명 등 물리적 환경
Hardware(하드웨어) : 항공기, 장비, 공구, 각종시설 등
Software(소프트웨어) : 법, 규정, 절차, 각종 매뉴얼, 점검표 등

CHAPTER

02 고정익 비행장치의 비행이론

이 장은 본 자격증을 준비하시는 수험생들이 낯선 전문용어와 개념으로 가장 어려워하는 부분인 것 같다. 하지만 혹시 자녀들이 '아빠! 이렇게 크고 무거운 비행기가 어떻게 하늘을 날아요? 엄마 왜 저 비행기는 날개 끝이 휘어져 있어요?' 라는 질문을 받은 적이 있거나 받을 가능성이 있다면 그 해답이 바로 여기에 있다. 비행기를 타고 가는 여행이 흔한 요즘 비행기에 대한 상식을 넓힌다는 생각으로 즐거운 마음으로 이 장을 공부해 보도록 하자.

01 고정익 비행장치의 비행원리

1) 고정익 비행장치

여객 항공기처럼 날개가 동체에 고정된 비행체이다. 날개형태에 따라 크게 고정익(Fixed Wing)과 회전익(Rotary Wing)으로 구분이 되는데 드론(멀티콥터), 헬리콥터처럼 날개가 회전하는 형태를 '회전익'이라고 한다. 반면에 일반 여객기 같은 고정익 항공기는 일정속도 이상으로 비행해야 양력이 발생하므로 드론처럼 상공에서 정지비행이나 수직 상승 및 하강이 불가능하다.

2) 항공기 날개의 구조

가) 에어포일(Airfoil)의 개념

양력을 최대화하고 항력을 최소화하도록 만든 유선형의 날개 단면으로 양력을 일으킬 수 있는 비행기 날개 단면 모양을 말한다. 쉽게 설명하면 날개를 수직으로 잘랐을 때의 날개단면을 에어포일(또는 날개골)이라고 부른다.

* 1929년 미국의 NACA(국립항공자문위원회)에서 에어포일에 대한 연구와 실험을 수행하여 에어포일을 체계적으로 표준화하고 정의하였다.

나) 에어포일의 종류 및 특징

에어포일은 날개 단면의 모양에 따라 대칭형과 비대칭형 에어포일이 있는데 각 단면마다 조금 다른 특징이 있다. 비대칭형 에어포일은 대칭형 에어포일에 비해 모양이 복잡하므로 당연히 제작이 어려워 가격이 더 높다.

대칭형 에어포일	비대칭형 에어포일
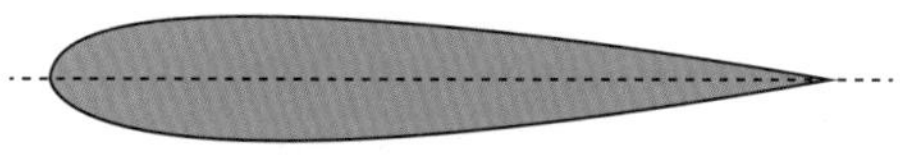	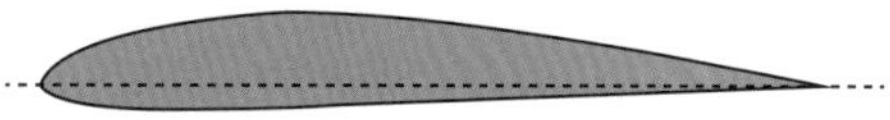
상부와 하부표면이 대칭, 평균 캠버선과 익현선은 일치(두께가 동일하므로)	만곡형 날개, 상하부 표면이 비대칭(두께가 다름)
–압력 중심 이동이 대체로 일정 –저속 항공기 적합(회전익항공기)	–압력 중심 위치이동이 많음(비틀림발생) –고정익 항공기, 대형 헬리콥터에 사용
하부의 공기흐름 속도가 동일하며, 비대칭형에 비해 양력 적게 발생	대칭형에 비해 양력발생이 높다. (상하부 공기의 흐름이 다르다)
제작도 용이하고, 제작비용이 저렴하다.	제작이 어렵고, 가격이 높다.

다) 캠버(Camber)

- 시위선과 평균 캠버선 사이의 길이이다.
- 캠버는 에어포일의 형상을 결정짓는 중요한 요소이다.
- 평균캠버선(Mean camber line) : 에어포일의 윗면과 아랫면에 내접하는 원들을 그렸을 때, 이 원들의 중심점을 연결한 선이다. 즉, 두께의 중간점이 된다.

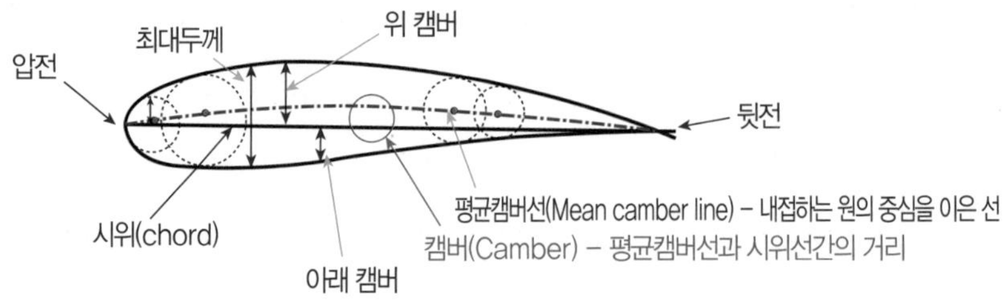

| 에어포일의 캠버(Camber) |

2) 고정익 항공기기의 시위선, 붙임각(취부각), 받음각(영각), 깃각

가) 시위선(Chord Line, 익현선)

에어포일의 압전과 뒷전을 이은 가상의 선(활의 시위를 닮았다 : 시위선)

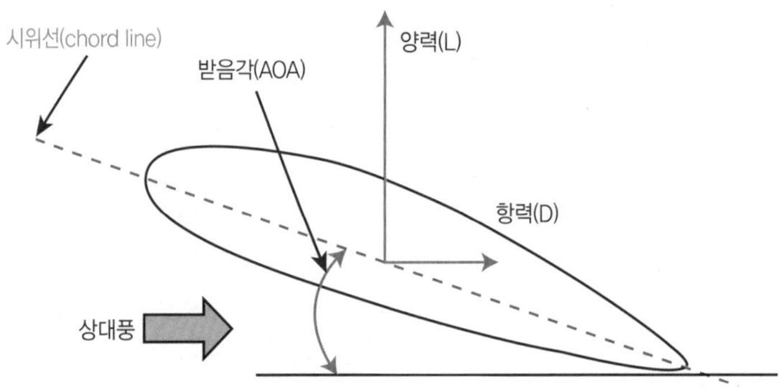

| 시위선과 받음각 |

나) 상대풍(Relative Wind)

(1) 날개가 공기속을 통과할 때 자연스럽게 발생하는 공기의 흐름이나 날개를 향해 불어오는 바람을 의미한다.

(2) 날개가 움직일 경우 발생하고 날개가 움직일 경우 상대풍 방향이 변경된다.

※ 회전 상대풍 : 로터가 축을 중심으로 회전시 발생하는 상대풍이다. 블레이드 끝 부분이 가장 빠르고 축은 0으로 변화가 없다.

※ 합력 상대풍 : 로터회전에 의해 발생하는 회전상대풍은 이러한 유도기류를 만나 방향과 크기가 변화되는데 이를 합력 상대풍이라고 한다.

다) 받음각(AOA : Angle of attack, 영각)

항공기의 시위선과 날개 앞에서 불어오는 상대풍이 이루는 각도로 비행기를 공중에 부양시킬 수 있는 항공역학적인 각이며 양력, 항력 및 피칭모멘트에 영향을 준다. 따라서 양력은 공기 흐름의 속도 방향과 수직한 방향으로 작동하며 항력은 속도방향과 같은 방향을 작용한다.

라) 붙임각 = 취부각 = 블레이드 피치각(프로펠러의 경우)

항공기(기체)의 세로축과 날개 시위선이 이루는 기계적, 구조적인 각도(동체에 날개가 붙은 각도)로 10°~30°의 각을 이룬다.

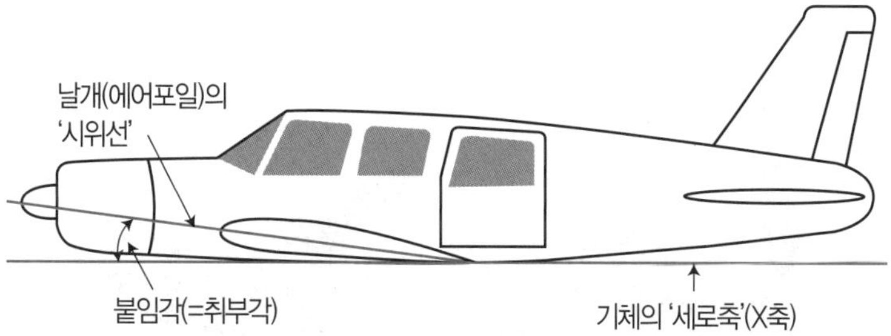

기출 핵심문제

❖ **다음 중 에어포일(Airfoil)의 캠버(Camber)의 정의로 맞는 것은?**

① 앞전과 뒷전사이를 말한다.
② 시위선과 평균캠버선 사이의 길이를 말한다.
③ 날개의 아랫캠버와 위 캠버사이의 길이를 말한다.
④ 에어포일의 최대두께(maximum thickness)를 말한다.

해설 **정답 2**

캠버 : 시위선과 평균캠버선 사이의 길이를 말한다.

❖ 상대풍이 공기에 미치는 영향으로 옳지 않은 것은?
① 에어포일에 움직임에 의해 상대풍은 방향은 변하게 된다.
② 에어포일의 상대적인 공기의 흐름이다.
③ 에어포일이 위로 이동하면 상대풍도 위로 향하게 된다.
④ 에어포일의 방향에 따라서 상대풍의 방향도 달라지게 된다.

해설 정답 3

02 프로펠러 이론

프로펠러(Propeller)는 회전하는 날개(airfoil)를 의미한다. 비행기 날개는 양력을 발생시키는데 반해 프로펠러(블레이드)는 추력을 발생시킨다.

프로펠러(Propeller)와 로터(Rotor)

❖ 프로펠러(Propeller)는 엔진 또는 모터의 회전력을 추력으로 바꾸어 비행기나 선박을 추진시키는 장치
❖ 로터(Rotor)는 회전익을 수직으로 상승하는데 필요한 양력을 발생시키는 회전날개로 회전축이 고정되어 있지 않고 기울여서 양력을 발생시킨다. 날개 하나를 블레이드(blade)라고 하고 블레이드가 두 개 이상인 것을 로터(Rotor)라고 한다.

| 프로펠러 |

| 로터(Rotor) |

1) 드론 프로펠러 재질

(1) 플라스틱 : 무게가 많이 나가나, 저렴하고 가공이 쉽다. 가격대비 성능이 가장 좋다. 그러나 큰 프로펠러로 제작 시 밸런싱이 어렵다.

(2) 카본 : 높은 RPM에서 탁월한 성능을 내 현재 많이 사용되나 가격이 비싸다.

(3) 우드 : 단단하고 가볍고 가격도 저렴하나 고속비행 시 프로펠러가 파손될 수 있다.

☞ 일반적으로 황색 자작나무를 많이 사용한다.

(4) 금속 : 사용하지 않음(무게와 위험성 등의 이유)

2) 프로펠러의 명칭

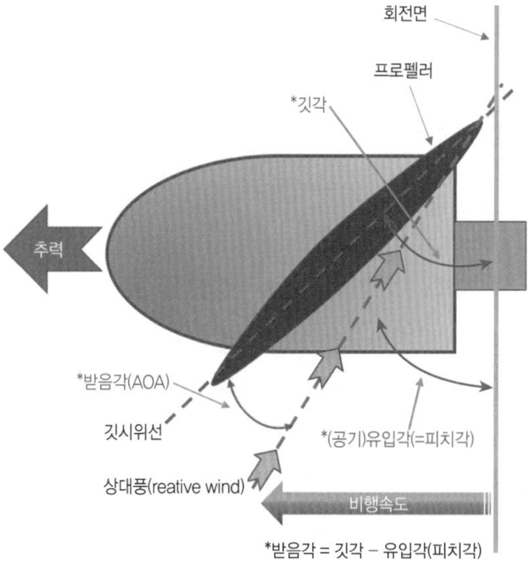

| 회전익의 깃각과 받음각 |

(1) 깃 각(Blade Pitch Angle) : 프로펠러 회전면과 Airfoil의 깃 시위선이 이루는 각, 깃 각은 일정하지 않고 깃뿌리에서는 크고, 깃 끝으로 갈수록 작아진다. 보통 허

브에서 75% 되는 지점의 깃 각을 측정

(2) 유입각(피치각, Pitch Angle) : 비행속도와 깃의 선속도를 합하여 하나의 합성속도(상대풍속도)로 만든 공기 유입방향과 회전면이 이루는 각

(3) 블레이드 디스크(회전면, Blade Disk) : 깃의 회전으로 생기는 원

(4) 받음각(AOA, Angle of Attack) : 상대풍에 대한 각도 즉, 깃의 시위선과 공기 유입 방향(상대풍)이 이루는 각 (받음각 = 깃각 - 피치각)

☞ 상대풍 : 날개가 공기속을 통과할 때 자연스럽게 발생하는 공기의 흐름이나 날개를 향해 불어오는 바람을 의미한다.

(5) 유도기류와 항공기 속도가 없는 정지 상태에서는 받음각(영각)과 동일하다.

기출 핵심문제

❖ 다음 중 프로펠러 깃의 시위선과 깃의 회전면이 이루는 각은 무엇인가?

① 피치각 ② 유입각 ③ 받음각 ④ 깃각

해설 **정답 4**

❖ 프로펠러(propeller)의 정확한 의미로 가장 적절한 것은?

① 항공기나 선박에 추력(추진력, 전방으로 이동하는 힘)을 부여하는 장치
② 항공기나 선박에 양력(공중으로 부양시키는 힘)을 부여하는 장치
③ 항공기나 선박에 항력(공기 중에 저항받는 힘)을 부여하는 장치
④ 항공기나 선박에 중력(중량, 무게)을 부여하는 장치

해설 **정답 1**

프로펠러 : 항공기나 선박에서 엔진의 회전력을 추진력으로 전환하는 장치로 드론 등 회전익에서는 로터(Rotor)라고 표현하는 것이 올바른 표현이라고 할 수 있다.

❖ 로터(Rotor)의 정확한 의미로 가장 적절한 것은?

① 항공기나 드론에 주력(추진력, 전방으로 이동하는 힘)을 부여하는 장치

② 항공기나 드론에 양력(공중으로 부양시키는 힘)을 부여하는 장치
③ 항공기나 드론에 항력(공기 중에 저항받는 힘)을 부여하는 장치
④ 항공기나 드론에 중력(중량, 무게)을 부여하는 장치

해설 **정답 2**

로터 : 헬리콥터나 드론과 같이 수직으로 상승하는 데 필요한 양력을 발생시키는 회전날개.

3) 프로펠러의 구성

허브(hub), 깃 생크(깃뿌리, blade shank), 깃(blade), 깃 끝(blade tip)으로 구성

(1) 깃 생크(blade shank)

깃의 뿌리 부분으로 허브에 연결되며 추력은 발생되지 않는다.

(2) 깃(blade)

앞전(leading edge)은 둥근 모양을 하고 있으며, 공기를 직접 가르는 부분이다. 깃 등(blade back)은 추력이 작용하면 면이다. 깃 뒷전은 날카로운 끝으로 되어 있다.

(3) 깃 끝(blade tip)

깃의 끝 부분으로 회전반지름이 가장 크고, 특별한 색을 칠해 회전범위나 회전 여부를 나타낸다.

(4) 깃의 위치(blade station)

허브의 중심으로부터 깃을 따라 위치를 표시한 것으로 일정한 간격으로 나누어 정하며, 일반적으로 허브의 중심에서 6inch 간격으로 나누어 표시한다. 깃의 위치(Blade Station)은 일반적으로 허브(hub)중심에서 블레이드 팁(Tip)까지 측정한다.

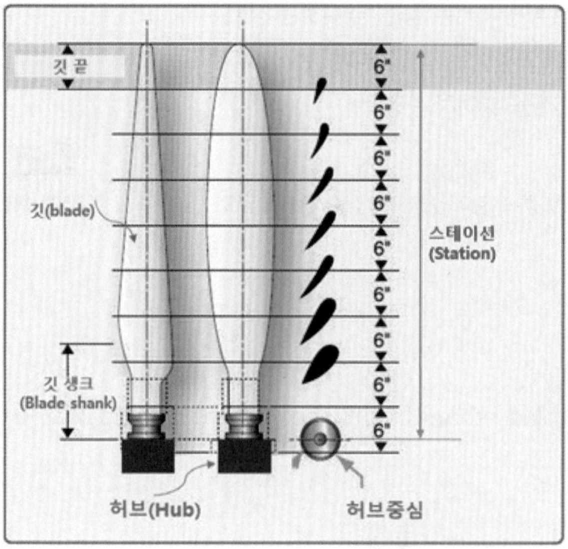

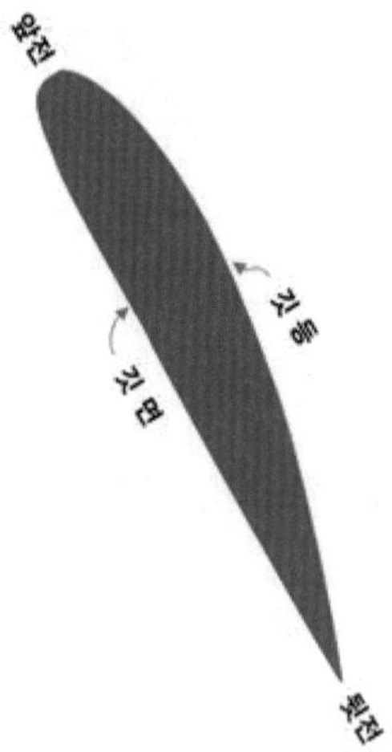

| 프로펠러의 구조 |

4) 프로펠러 피치(Pitch)의 정의

프로펠러가 1회전하는 동안에 전진하는 거리이다.

(1) 기하학적 피치(Geometric Pitch : GP)

- 나사의 피치와 같으며, 보통 피치라고 하면 이 기하학적 피치를 말한다.
- 무부하 상태에서 프로펠러가 1회전 하였을 때 이론적인 전진거리를 말한다.

(2) 유효피치(Effective Pitch : EP)

- 프로펠러가 1회전 할 때 실제로 전진한 거리로서 속도에 따라 변한다.
- 유효 피치는 기하학 피치보다 작다.(기하학적 피치 〉 유효피치)

(3) 프로펠러 슬립(미끄럼, slip) = $\frac{GP(\text{기하학적 피치}) - EP(\text{유효피치})}{GP(\text{기하학적 피치})} \times 100\%$

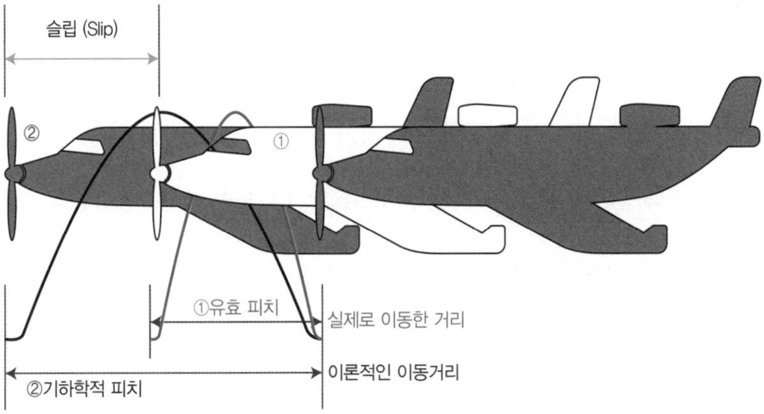

| 슬립(Slip) |

5) 프로펠러 규격

(1) XX/YY (2자리 표기법) : 프로펠러 직경(XX) × 피치(YY) inch

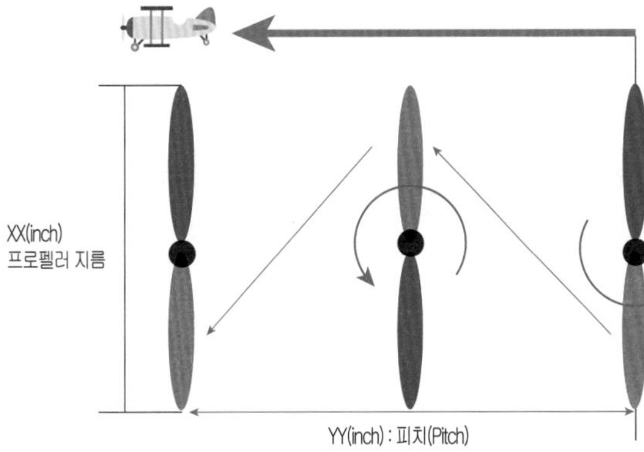

| 피치의 정의 |

(2) XX : 프로펠러 지름(인치) 자동차로 따지면 바퀴의 크기가 된다.

(3) YY : 프로펠러의 피치 즉, 프로펠러가 한 바퀴를 돌았을 때 이동하는 거리 (인치)

(4) 프로펠러의 특징

XX의 숫자가 클수록 크기가 더 커지기 때문에 더 큰 양력을 얻을 수 있고 YY의 숫자가 크면 작은 회전수에도 전진 거리가 크기 때문에 빠르게 양력을 얻을 수 있다. 보통 프로펠러의 표면에 자신의 규격을 알려주는 수치가 적혀있다.

(5) 프로펠러가 한 바퀴 돌 때 더 멀리 갈 수 있는 조건은 깃각(Blade Angle)을 크게, 깃(Blade) 길이를 길게 해준다.

6) 프로펠러 블레이드(blade)의 꼬임각의 원리

프로펠러는 허브(hub)와 둘 이상의 깃(blade)으로 구성되어 있다. 프로펠러의 블레이드 익근(root)의 꼬임각은 에어포일 끝단의 익단(edge)보다 꼬임각이 크다. 그 이유는 프로펠러가 회전하면 프로펠러 중심과 바깥쪽의 속도가 전혀 다르기 때문에(익근 〈 익단) 프로펠러의 길이에 따른 속도차에 의해 발생한 양력의 불균형 해소하기 위함이다. 다시 말해서 프로펠러 가운데는 양 끝에 비해 속도가 늦기 때문에 받음각을 높여주고, 양 끝은 속도가 빠른 만큼 받음각을 줄여서 전체적으로 추력(trust)을 일정하게 발생시키기 위해서다.

(1) 꼬임각 : 익근(α) 〉 익단(β)

(2) 회전속도 : 익근(α) 〈 익단(β)

(3) 깃의 위치(blade Station) = 허브중심 ↔ 블레이드 팁(tip)

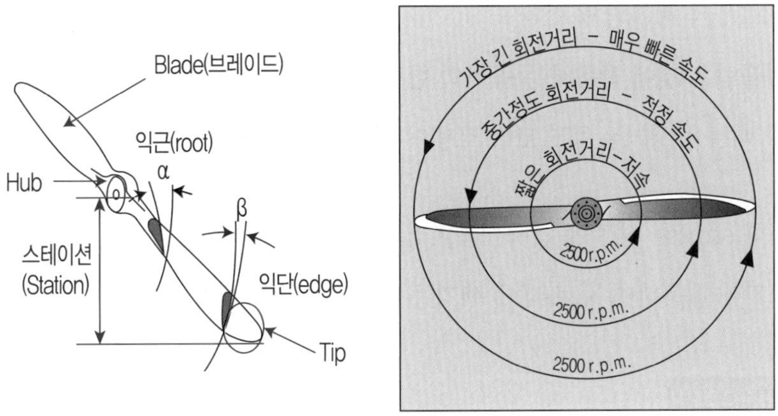

| 프로펠러 꼬임각 |

깃 끝의 속도가 음속에 가깝게 되면 공기의 압축성 영향을 받아 깃 끝 근처에서 실속이 발생하고, 깃의 날개골은 양력의 감소와 항력의 증가를 가져와 프로펠러 효율은 급격히 떨어지게 된다. 이런 현상을 방지하기 위하여 깃 끝 속도를 음속의 90% 이하로 제한을 한다.

7) 프로펠러에 작용하는 힘과 응력(stress)

(1) 추력과 휨응력

추력은 프로펠러가 회전하여 앞으로 전진하게 하는 힘을 말한다. 이 추력에 의하여 프로펠러 깃은 앞쪽으로 휘어지는 휨 응력을 받는다.

(2) 원심력에 의한 인장응력

원심력은 프로펠러의 회전에 의해 일어나며, 깃의 허브의 중심에서 밖으로 빠져 나가게 하는 힘을 말한다. 이러한 힘을 이겨 내기 위해 허브 부분으로 갈수록 단면적이 크도록 만든다.

(3) 비틀림과 비틀림 응력

비틀림은 깃에 작용하는 공기의 합성속도가 프로펠러 중심 축의 방향과 같지 않기 때문에 생기는 힘으로 프로펠러 깃에는 비틀림 응력이 발생한다.

※ 응력(stress): 재료에 압축, 인장, 굽힘, 비틀림 등의 하중(외력)을 가했을 때, 그 크기에 대응하여 재료 내에 생기는 저항력을 응력이라 한다.

기출 핵심문제

❖ 다음 중 드론에 사용하는 프로펠러 재질에 대한 설명으로 틀린 것은?

① 플라스틱 – 무게가 가볍고 가격대비 성능이 가장 좋다.
② 카본 – 높은 RPM에서 탁월한 성능을 내 많이 사용되나 가격이 비싸다.
③ 우드 – 단단하고 가볍고 가격이 저렴하나 파손이 쉬운 편이다.
④ 금속 – 드론에 금속으로 된 프로펠러는 잘 사용하지 않는다.

해설 **정답 1**

플라스틱으로 된 프로펠러는 상대적으로 무게가 무겁고 큰 프로펠러 제작 시 밸런싱이 어렵다.

❖ 다음 중 프로펠러 표기법이 12×8일 경우 설명으로 맞는 것은?

① 프로펠러 반경이 12인치이고 피치가 8인치이다.
② 프로펠러 반경이 12센티이고 폭이 8센티이다.
③ 프로펠러 직경이 12센티이고 폭이 8센티이다.
④ 프로펠러 직경이 12인치이고 피치가 8인치이다.

해설 **정답 4**

12×8은 직경이 12인치이고 피치가 8인치이다.

03 항공기 조종면(Control Surface)

항공기의 기본적인 날개 구조는 에일러론(Aileron), 플랩(Flap), 슬랫(Slat), 스포일러(Spoiler) 등의 조종면(Control surface)으로 이루어져 있다. 여기서 조종면(surface)이란 비행기를 세 개의 축(X, Y, Z)에 대해서 운동하도록 하기 위해서 조종실에서 움직일 수 있는 항공역학적 표면이라는 사전적 정의로 즉, 항공기를 상승과 하강, 방향조종, 회전(선회)을 할 수 있게 하는 장치이다. 항공기의 선회, 방향조종을 위한 1차 조정면(주조종면)과 양력이나 항력 등 조절을 위한 2차조정면(부조종면)이 있다.

1) 1차 조정면(Primary Flight Control Surface)

– 항공기의 3축(X,Y,Z축) 방향으로 각각 회전운동을 발생시키는 역할

(1) 보조날개(에일러론, Aileron) : 항공기의 선회, 롤링을 하는데 사용한다. 양쪽 보조날개(도움날개)는 연결되어 한쪽이 아래를 향하면 다른 쪽은 윗쪽을 향한다(서로 반대). 즉, 아래를 향한 보조날개는 날개항력을 증가시키고 반대로 위를 향한 보조날개는 항력을 감소시킨다.

(2) 승강타(엘리베이터, Elevator) : 항공기의 상승 및 하강을 하는데 사용한다.

(3) 방향타(러더, Rudder) : 항공기의 좌우 기수 방향을 돌리는데 사용한다.

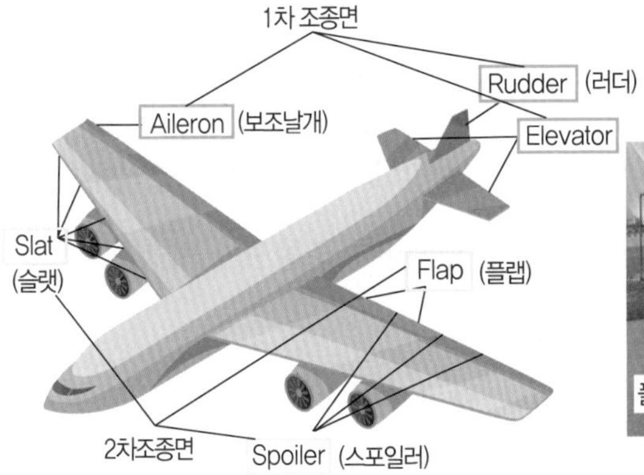

| 항공기의 조정면 |

2) 2차 조정면(Secondary Flight Control Surface)

1차 조종면을 제외한 항공기 움직임을 도와주는 나머지 조종면

(1) 스포일러(Spoiler): 주로 항력을 발생시켜 착륙 시 항공기 속도를 낮추는 브레이크 역할을 한다.

(2) 슬랫(Slat): 슬랫은 날개 앞부분에 붙어 있다가 이륙이나 착륙 때, 정해진 위치로 튀어나온다. 날개 뒤에 붙어 있는 플랩처럼 날개 앞에 장착돼 있다가 필요할 때 앞으로 나오는 것이다. 슬랫은 기본날개와의 연결부위에 공간을 만들어 이 틈(slot)을 따라 공기가 흐르게 하여 양력에 방해되는 공기가 감소된다. 저고도 저속도 비행 중 항공기의 실속(Stall)을 방지하는 역할도 한다.

※ 실속(Stall) : 항공기가 공기의 저항에 부딪쳐서 추진력을 상실하는 현상

(3) 슬롯(Slot) : 슬롯은 길고 가는 통이나 홈으로, 실속을 지연시켜서 큰 받음각을 유지할 수 있게 한다.

(4) 플랩(Flap): 2차 조종면으로 이륙 시 플랩이 날개 밖으로 확장되어 실속 속도를 감소시켜 양력을 증가시켜 항공기를 빨리 뜨게 한다. 착륙 시에는 항력을 증가시켜 제동거리를 단축시키는 역할도 한다. 순항시에는 플랩이 날개 안으로 들어가 항력을 줄이기 위해 플랩은 최소화된다.

(5) 트림 탭(Trim tap) : 도움날개, 방향타, 승강타와 같은 1차 조종면에 부착되어 1차 조종면의 움직임을 쉽게 컨트롤 할 수 있게하여 조종사가 비행을 수월하게 해주는 편의장치다.

☞ 고정익 비행장치의 기타 용어에서 트림(Trim) 참조

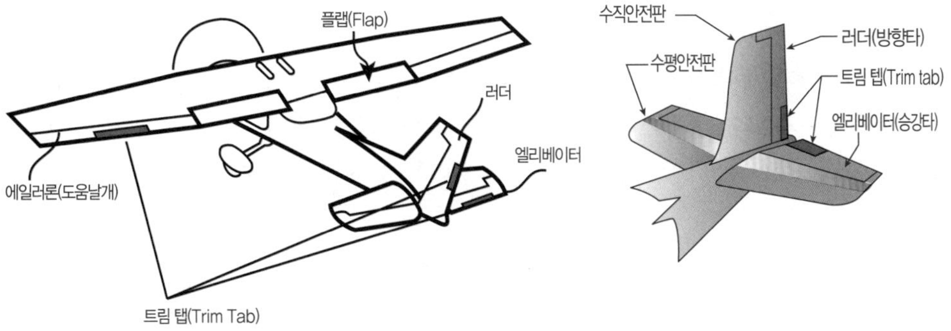

| Trim Tab 과 꼬리날개의 구성 |

기출 핵심문제

❖ 다음 중 꼬리 날개의 구성으로 맞는 것은?

① 수직안정판, 플랩, 승강타, 보조날개
② 수평안정판, 수직안정판, 승강타, 방향타
③ 보조날개, 플랩, 방향타, 수평안정판
④ 플랩, 방향타, 수평안정판, 수직안정판

해설 정답 2

3) 고양력 장치(High lift device)

이 · 착륙시 추가로 양력을 증가시키고 속도도 감소시켜 활주거리를 단축시켜주는 장치로 플랩(flap), 슬랫(Slat) 슬롯(Slot) 등이 있다.

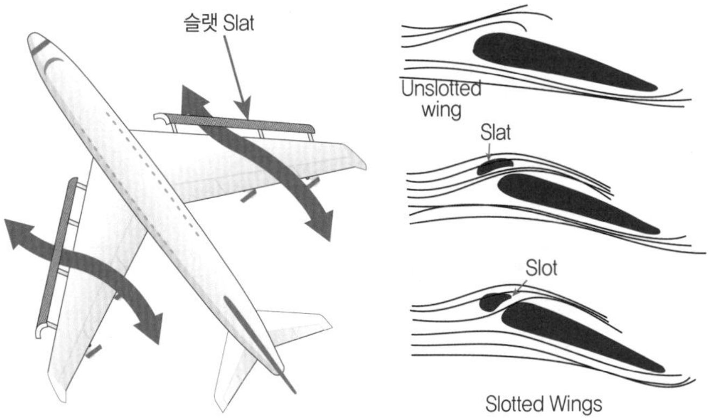

| 고양력장치 Slat과 Slot |

기출 핵심문제

❖ 항공기의 플랩(flap)의 역할이 아닌 것은?

① 양력을 증가시킨다.
② 항력을 증가시킨다.
③ 연료소모를 감소시킨다.
④ 이륙과 착륙거리를 줄여준다.

해설 정답 3

플랩은 양력과 탄력을 동시에 증가시켜준다. 연료소모를 줄여주는 것은 윙렛이다.

04 항공기에 작용하는 힘

1) 항공기에 작용하는 4가지 힘

(1) 양력(Lift): 중력을 이겨내고 비행기를 띄우는 힘

(2) 중력 또는 무게(Weight) : 지구가 잡아당기는 비행기의 무게

(3) 추력(Thrust) : 비행기가 앞으로 나아가는 힘

(4) 항력(Drag) : 공기의 마찰력 등에 의한 추력을 방해하는 힘

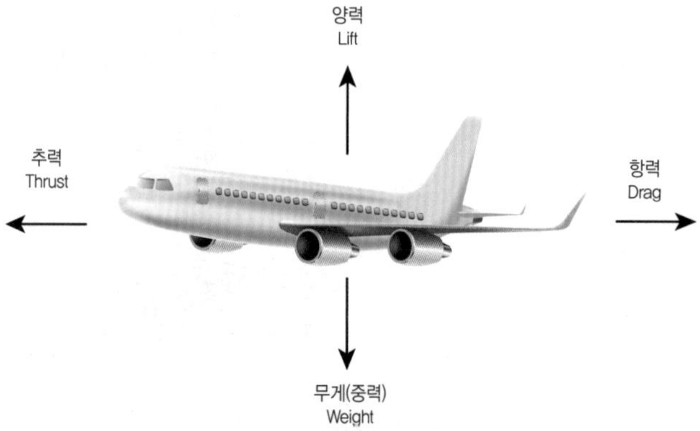

| 항공기에 작용하는 4가지 힘 |

2) 고정익 비행장치의 등속도 수평비행 조건

– 추력 = 항력, 양력=중력(무게)

기출 핵심문제

❖ 항공기가 일정 고도에서 등속도 수평비행을 하고 있다. 맞는 조건은?

① 양력=중력, 추력〉항력
② 양력=중력, 추력=항력
③ 양력〈중력, 추력〉항력
④ 양력〉중력, 추력=항력

해설 **정답 2**

②는 고정익 비행장치의 등속도 수평비행 조건이다.

05 양력(Lift)과 항력(Drag)의 방정식의 이해

1) 양력공식

$$L(양력) = \frac{1}{2}\rho V^2 S C_L$$

* L(Lift : 양력), ρ(공기밀도), V(속도), S(날개면적), C_L(양력계수)

(1) 양력은 공식에서 알 수 있듯이 양력은 공기밀도(ρ), 속도의 제곱, 날개의 면적, 양력계수에 비례한다.

(2) 대기압이 높아지면 양력증가, 항력감소(공기 밀도가 높아진다.)

(3) 양력은 상대풍에 수직(수평X)으로 작용하는 항공역학적인 힘이다.

(4) 속력(Speed) 또는 받음각(AOA)을 증가시키면 양력은 증가한다.

2) 항력공식

항력방정식은 항력계수를 제외한 나머지는 양력방정식과 동일하다. 즉, 항력도 양력과 마찬가지로 속도제곱에 비례한다.

$$D(\text{항력}) = \frac{1}{2}\rho V^2 S C_D$$

* L(Lift : 양력), ρ(공기밀도), V(속도), S(날개면적), (항력계수)

기출 핵심문제

❖ **항력과 속도와의 관계 설명 중 옳지 않은 것은?**

① 항력은 속도제곱에 반비례한다.
② 형상항력은 블레이드가 회전할 때 발생하는 마찰성 저항이므로 속도가 증가하면 점차 증가한다.
③ 유도항력은 하강풍인 유도기류에 의해 발생하므로 저속과 제자리 비행시 가장 크며 속도가 증가할수록 감소한다.
④ 유해항력은 거의 모든 항력을 포함하고 있어 저속시 작고, 고속시 크다.

해설 **정답 1**

3) 공기밀도와 양력과의 관계

위의 양력공식에서 공기밀도 ρ(로)는 고도가 높을수록 밀도가 낮아진다. 위 식에서 알 수 있듯이 공기의 밀도가 낮을수록 양력이 감소한다. 이는 같은 유동의 속도라도 날개를 지나는 공기입자의 수가 작음을 뜻한다.

(1) 고도가 높을수록 공기밀도가 낮아지므로 양력도 감소한다.

(2) 밀도는 온도의 함수로써 온도가 높을수록 밀도가 낮아진다. 따라서 항공기는 여름보다 겨울에 높은 양력을 얻을 수 있다.

(3) 공기밀도가 높아지면 나타나는 현상은?

- 입자가 증가하고 양력이 높아진다.

(4) 대기압이 높아지면 양력과 항력은 어떻게 변하는가?

- 양력이 증가하고 항력도 증가한다.(기압이 높아지면)

(5) 고도가 상승함으로써 기압이 내려가서 공기가 팽창하면 대기의 공기의 양이 줄어들게 된다. 즉 고도가 상승함에 따라 공기의 밀도가 감소하게 되는 것이다. 그러므로 밀도는 기압에 비례한다(기압이 높을수록 공기밀도도 높아진다) 고도가 상승하면 공기밀도가 감소하고 비행기 엔진에 들어가는 공기의 양이 줄어들기 때문에 출력이 감소한다.

06 양력의 발생원리

1) 뉴턴의 제3법칙(작용과 반작용)

날개 밑의 유속의 흐름이 아래 방향으로 이동하면서 이에 대한 반작용의 힘(양력)으로 비행기 날개를 들어 올리는 것이다.

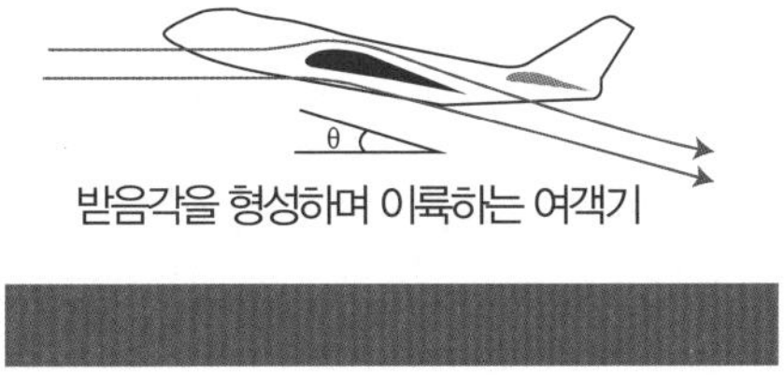

| 작용과 반작용의 원리를 이용한 양력 발생 |

※ 작용과 반작용법칙(뉴턴의 제3법칙)

– 힘이 작용하면 그 힘과 같은 힘이 반대로 작용한다.

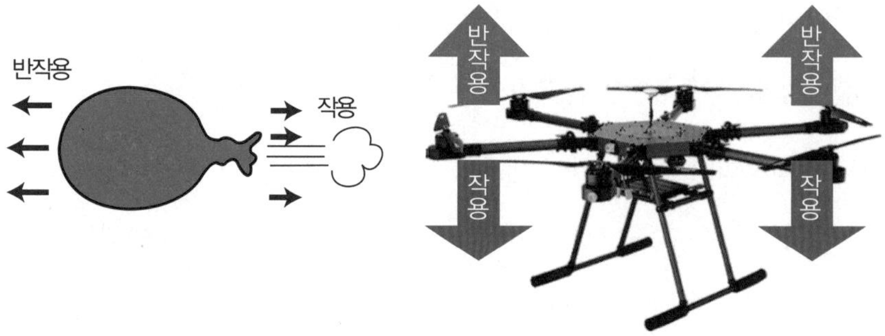

| 풍선의 작용 반작용과 vs 드론의 작용 반작용 |

뉴턴의 운동법칙
1) 제1법칙(관성의 법칙) – 버스가 갑자기 출발하면 승객의 몸이 뒤로 쏠리고, 갑자기 정지하면 몸이 앞으로 쏠리는 것처럼 정지하고 있는 물체는 계속 정지하려고 하고, 움직이는 물체는 계속 그 방향으로 움직이려고 하는 성질 2) 제2법칙(가속도의 법칙) – 움직이는 물체에 같은 방향으로 힘을 가하면 그만큼 가속도가 생긴다. 3) 제3법칙(작용 · 반작용의 법칙 = 토크 · 반토크) – 움직이는 방향과 힘의 크기가 같은 반대방향의 힘이 있다. – 총을 쏘면 총알이 앞으로 날아가고 총신은 뒤로 밀리는 현상 → 헬리콥터가 메인로터가 회전하면 몸체는 그 반대방향으로 회전하기 때문에 테일로터가 이를 상쇄하여 헬기의 몸체가 회전하지 않도록 유지하도록 해 준다.

2) 베르누이 원리

항공기의 양력의 원리를 설명하는 또 하나의 이론으로 베르누이 원리가 있다.

이 원리의 핵심은 유체의 속도와 압력과의 관계는 정압과 동압을 합한 값(전압)은 그 흐름 속도가 변하더라도 언제나 일정하다. 즉, 유체의 속력이 빨라지면 정압이 낮아진다는 법칙이다.

$$정압(P) + 동압(q) = 전압(P_t)\ 일정 \rightarrow P + \frac{1}{2}\rho V^2 = P_t\ (전압)\ 일정$$

따라서, 항공기의 날개의 아랫부분은 압력이 높고, 날개 위는 압력이 낮아서 압력이 높은 곳에서 낮은 곳으로 날개를 들어 올리는 힘(양력)이 발생한다.

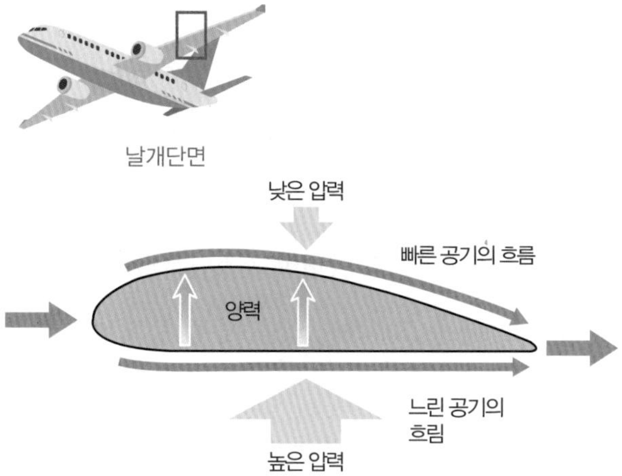

| 양력의 발생원리 – 베르누이 원리 적용 |

베르누이 원리가 성립하기 위한 제한조건
① 비압축성 유동(incompressible flow)
② 비유동성(정상상태, steady flow)
③ 마찰 또는 점성이 없는 유동(frictionless or inviscid flow) = 무점성
④ 유선에 따라 움직이는 유동(유선을 가로지르지 않음, flow along a streamline)

가) 정압(靜壓, Static pressure)과 동압 [動壓, Dynamic pressure]

정압은 유체가 정지했을 때의 압력을 말하며, 동압은 유체가 움직일 때의 압력을 말한다.

나) 벤츄리관(직경이 좁아지는 관)에서 정압

– 속도가 빠르면 압력(정압)은 작아진다. 즉, 직경이 작은 부분은 공기 흐름이 빨라져 동압은 커지고 정압은 낮아진다.

다) 베르누이 원리의 특징

(1) 정압 + 동압= 전압(일정)

– 동압과 정압의 합은 일정하다. 즉 100(동압) + 150(정압) = 200(동압)+ 50(정압) = 350으로 일정하다.

– 동압은 앞에서 부딪치는 바람의 압력이고 정압은 주변 대기압으로 유체의 흐름이 없을 때 또는 유체 흐름을 고려하지 않을 때 즉 중력에 의한 압력이다.

– 전압이 일정하므로 공기 흐름의 속도가 빨라지면 동압이 증가하고 정압은 감소한다 즉, 반비례의 관계가 있다.

– 속도계는 동압을 지시하며 동압 = 전압 – 정압 = (동압 + 정압) – 정압이다.

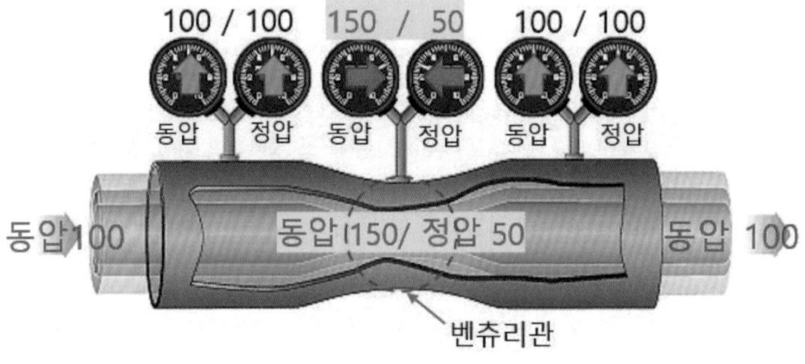

| 베르누이 원리 |

출처 : 국토교통부 표준교재 편집

(2) 동압은 유체의 속도의 제곱에 비례한다.

(3) 공기의 밀도는 온도에 반비례하고, 밀도는 압력에 비례한다.

(4) 동압은 부딪히는 면적에 비례한다.

기출 핵심문제

❖ **다음 중 베르누이 원리와 관련된 비행원리의 서술로 알맞지 않은 것은?**

① 동압은 유체의 밀도와 비례한다.

② 정압은 유체의 속도가 빠르면 낮아진다.

③ 동압은 부딪히는 면적에 비례한다.

④ 공기밀도는 온도가 높아지면 증가하고 압력이 내려가면 감소한다.

해설 **정답 4**

공기밀도는 온도가 높아지면 낮아지고 압력이 내려가면 증가한다.

07 항력(Drag)

1) 항력(Drag)의 분류

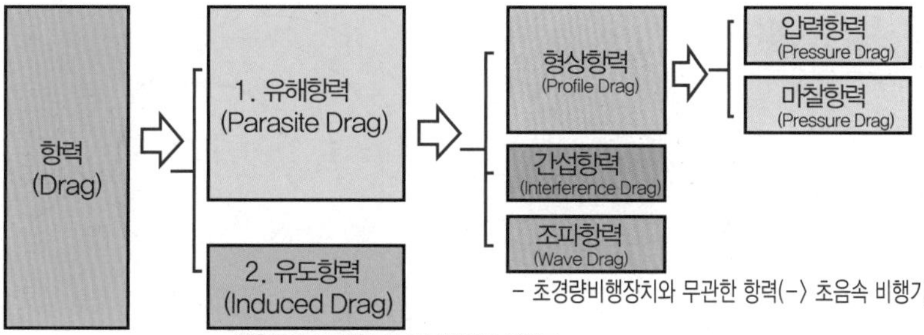

- 초경량비행장치와 무관한 항력(-> 초음속 비행기)
- 받음각이 증가할수록 유도항력은 커지고,
- 속도가 증가할수록 유도항력은 감소한다.

2) 유해항력(Parasite drag)

속도의 제곱에 비례해 증가(유도항력을 제외한 모든 항력)

가) 형상항력: 항공기 구조의 크기나 모양에 의해 발생되는 저항

(1) 압력항력(Form Drag, Pressure Drag): 항공기가 비행할 때 항공기 표면에 수직으로 작용하는 압력분포의 차이에 의해 발생하는 항력

– 날개앞 모양에 따른 항력, 회전날개에서만 발생

– 배나 항공기의 유선형 모양은 압력항력을 줄이기 위해서이다.

(2) 마찰항력 : 항공기 표면의 거칠기에 따라 변화하는 항력

– 회전익항공기에서만 발생, 블레이드가 회전할 때 공기가 마찰하면서 발생하는 마찰성 항력

나) 간섭항력 : 항공기 구성품, 두 개의 면이 교차하는 곳을 유체의 흐름이 통과할 때 나타나는 항력

다) 조파항력 : 비행기가 초음속으로 비행하게 되면 생기는 항력 공기의 '압축성'충격파에 의한 항력

– 초경량비행장치와 무관한 항력이다.

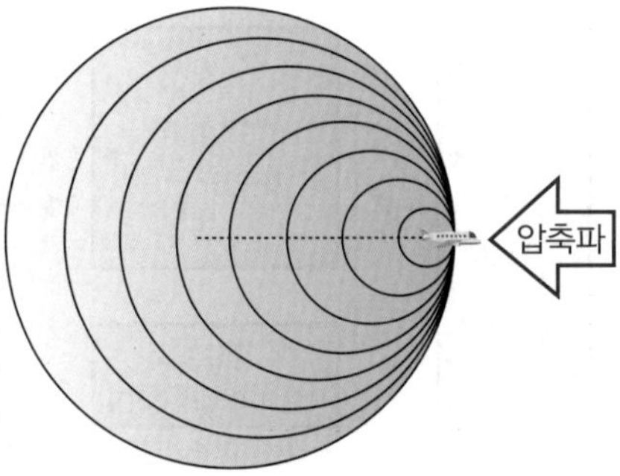

| 초음속 전투기의 압축성 충력파 |

3) 유도항력(Induced drag, 와류, voltex) : 양력의 영향으로 필연적으로 생기는 항력

(1) '양력'을 만드는 과정에서 생기는 모든 종류의 항력으로 항공기 날개 끝에서는 양

력이 발생하지 않고 오히려 유도항력이 발생해 회오리바람으로 지상건물 파손

☞ 항공기 날개끝에는 유도항력이 발생한다.

(2) 항공기의 받음각이 커지면 유도항력은 커진다. 즉, 항공기가 속도가 증가시킬려면 받음각이 작아져야하므로 속도가 증가할수록 유도항력은 감소한다.

(3) 유도항력의 영향

- 소용돌이 난류(Wake turbulence) 발생
- 항공기 날개 끝에 발생하는 와류(회오리바람, Wing tip voltex)이 발생으로 근처 건물 파괴나 지나가는 비행기 운항에 위험요소가 된다.
- 윙렛(Winglet)을 달면 유도항력이 줄어든다.
- 공기점성과는 무관하다.

4) 윙렛(Wing let)

- 항력으로 작용하는 날개 끝에 생기는 와류(공기의 소용돌이)를 감소시켜 연료절약(4~6%의 연료절감 효과가 있다.)
- 비행기 날개 끝에 윙렛을 달면 유도항력이 감소된다.

| 윙렛(Winglet)의 유무 따른 유도항력의 영향 |

기출 핵심문제

❖ 다음 중 로터(rotor) 회전에 의한 공기의 흐름으로 발생한 양력으로 생기는 항력은 무엇인가?

① 간섭항력 ② 조파항력 ③ 마찰항력 ④ 유도항력

해설 정답 4

❖ 윙렛(Wing let)의 설치 목적은?

① 유도항력 감소 ② 형상항력 감소 ③ 마찰항력 감소 ④ 간섭항력 감소

해설 정답 1

08 항공기의 3대 축 운동

항공기가 하늘에서 전후좌우 360도 자유롭게 움직일 수 있는 비결은 롤(Roll), 피치(Picht), 요(Yaw), 세 개의 축을 중심으로 회전하는 3축 운동에 있다.

항공기 안정성(Stability)은 어떤 교란으로 인해 무게중심에 대한 힘과 모멘트가 0에서 벗어나 평형이 깨져 비행자세가 변경되었을 경우, 항공기가 다시 스스로 평형이 되는 방향으로 운동이 일어나는 경향성을 말한다.

※ 모멘트(Moment) : 항공기의 운동은 무게중심을 기준으로 이루어진다. 무게중심에 대하여 회전하려는 것을 모멘트라 하며, 모멘트는 힘과 그 힘이 작용하는 거리를 곱한 크기이다.

1) Pitching (피칭: 끄덕끄덕): 키놀이, Elevator(승강타)로 피치를 조종

(1) 피치(Pitch)는 고도를 변경하기 위해 항공기 머리를 위 아래로 움직이는 기동

(2) 항공기의 가로축(Y축)을 기준으로 한 기수의 상하운동

(3) 피칭은 1차조종면 엘리베이터(승강타)로 조종하는데 주로 항공기의 상승, 하강 할 때 사용한다.

(4) 세로안정성(longitudial stability)과 관련된 운동이다.

- 항공기 가로축(Y)을 중심으로 기수 상하운동에 대한 안정성
- 피칭과 관계가 있다. Pitch 안정성이라고도 한다.

2) Rolling(롤링:갸웃갸웃) : 옆놀이, Aileron(보조날개)로 조종

(1) 롤(Roll, 뱅크)은 선회를 위해 날개를 좌우로 기울이는 기동

(2) 항공기의 세로축(X축)을 기준으로 한 기수의 좌우 롤링운동

(3) 항공기의 롤링은 1차 조종면 에일러론으로 조종한다.

☞ 에일러론은 서로 반대 방향으로 동작(하나는 위로, 다른 하나는 아래로 동작)

(4) 가로안정성(Lateral Stability)= Roll 안전성

- 항공기 세로축(X축)을 중심으로 좌우 안정성으로 롤링과 관계가 있고 가로안정성을 증대시키기 위한 방법으로 상반각, 후퇴각, 용골효과, 무게분포의 4가지 방법이 이용된다.

(5) 상반각(dihedral)

- 상반각이란 익근(wing root)과 익단(wing tip)이 이루는 각으로 항공기의 날개 바깥쪽 끝(익단)이 날개 안쪽(익근)보다 높게 만들어졌다.
- 수평비행중 돌풍을 만났을 때 한쪽 날개가 기울어지면서 옆 미끄럼(slip)이 생기며 기울여진 날개쪽의 받음각이 증가되어 항공기 날개가 수평상태로 회복

(6) 후퇴각(Sweep back)과 후퇴익(Sweptback wing)

대다수 항공기의 날개는 보통 25도 이상의 후퇴각을 가지고 있다. 빠른 속도로 비행할 때 생기는 충격파를 줄여주는 효과가 있고 옆에서 부는 바람에도 복원성을 더해준다. 후퇴익(뒤로 젖혀진 날개)은 직선익에 비해 긴 날개 길이를 가질 수 있으나 양력 작아 실속하기 쉬워 저속비행에는 적합하지 않다.

| 상반각과 후퇴각(익) |

3) Yawing(요잉, 편요 : 도리도리) : 러더(Rudder)로 조정

(1) Z축(Vertical axis, 수직축)을 기준으로 좌우 회전운동이다.

(2) 항공기의 수직축(Z축)에 대한 안정성은 방향안정성 또는 요잉안정성이라고 불리며 수직안전판은 방향안전성을 확보해준다.

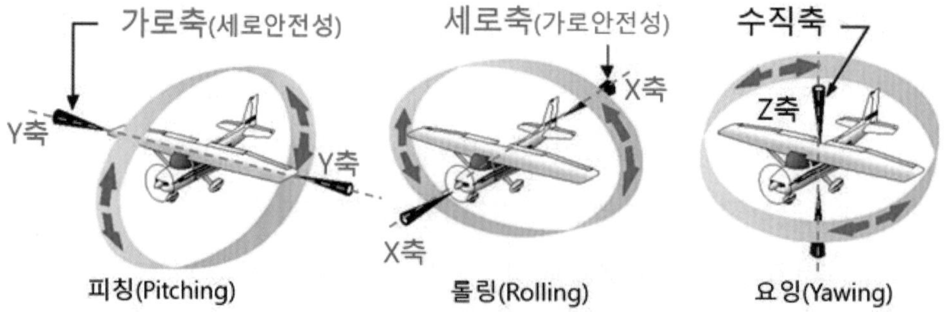

| 항공기의 3대 축 운동 |

출처 : http://www.americanflyers.net

기출 핵심문제

❖ 다음 중 세로 안정성과 관계가 있는 운동은?

① 롤링 ② 피칭 ③ 요잉 ④ 롤링과 요잉

해설 정답 2

역편요 : Adverse yaw

역편요는 라이트 형제가 비행기를 처음 만들 때부터 있었던 현상으로 기본적인 항공기의 비행 특성이다. 역편요는 글자 그대로 내가 원하는 반대방향으로 Yaw가 생기는 것이다. 즉, 비행기가 선회시 보조익을 조작해서 경사하게 되면 선회하고자 하는 방향과 반대방향으로 Yaw하는 것을 말한다. 롤링(rolling) 할 때 올라간 날개의 방향으로 Yaw하는 특성이 있고, 저속에서 뚜렷하게 나타난다.

09 무게중심(CG), 압력중심(CP), 공력중심(AG)

항공기의 무게 중심은 안정성과 직접적으로 관련된다. 항공기의 안정성(stability)은 항공기가 평형 상태로 비행하고 있는데 갑자기 돌풍으로 인해 평형이 깨졌을 때 원래 상태로 돌아가려는 경향성을 말한다. 항공기의 안정성과 조종성은 서로 상반되는 개념으로 여객기처럼 안정성이 좋아지면 조종성이 나빠지고, 전투기처럼 조종성이 좋아지면 안정성이 나빠진다.

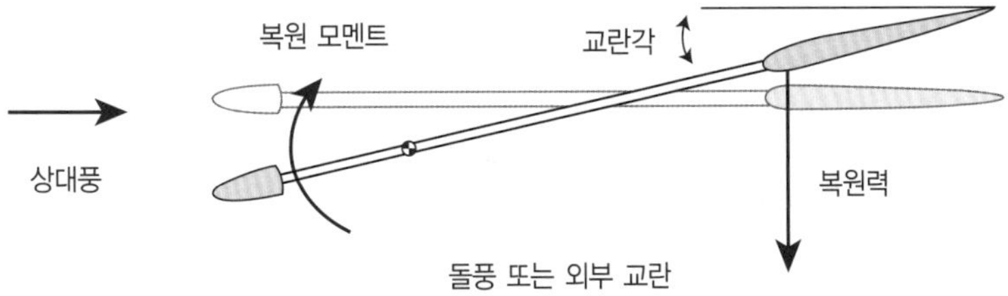

| 힘의 평형 원리를 이용한 풍향계의 안정성 |

1) 무게중심(CG : Center of Gravity) : 중력에 의한 알짜 토크가 0인 점

항공기에 작용하는 세 개의 축이 만나는 점으로 이 지점을 기준으로 힘의 균형을 이룬다.

(1) 비행기가 어느 한쪽으로 기울여지지 않는 무게의 중심 그러나 바람을 받고 방향이 바뀔 때마다 무게중심은 바뀌게 된다.

(2) 무게중심은 항공기의에 작용하는 세 개의 축(X, Y, Z)이 만나는 점으로 이 점을 기준으로 균형을 이룬다. 전, 후, 좌, 우로 허용한계치가 있다.

(3) 무게중심(CG) = 총모멘트(TM) ÷ 총 무게(TW)

2) 압력중심(풍압중심, CP, Center of Pressure)

(1) 바람이 날개의 아래면과 윗면에 작용하는 압력이 시위선상의 어느 한 점에 작용하는 지점을 말한다. 시이소오에 비유 한다면 시이소오 좌우에 각각 다른 몸무게의 사람이 앉아 있다고 했을 때 시이소오가 좌우로 기울어지지 않고 균형을 잡을 수 있는 점은 기존 시이소오의 중심이 아닌 어딘가가 될 것이다.

(2) 받음각이 증가하면 압력중심은 앞으로 이동하고, 감소하면 압력중심은 뒤로 이동한다.

기출 핵심문제

❖ 압력중심에 가장 큰 영향을 주는 요소는 무엇인가?

① 추력　② 항력　③ 양력　④ 받음각

해설 정답 4

❖ 받음각이 커지면 압력중심(CP)는 어떻게 변하는가?

① 앞전으로 이동한다.
② 뒷전으로 이동한다.
③ 받음각과 무관하게 이동한다.
④ 날개의 공기의 흐름에 따라 앞전 또는 뒷전으로 이동한다.

해설 정답 1

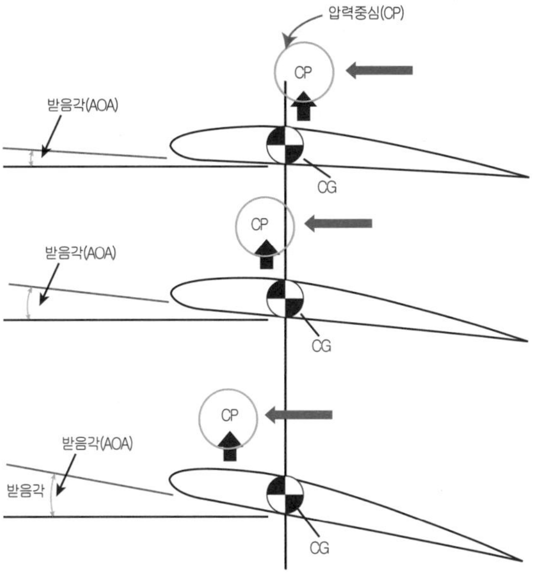

| 압력중심의 이동 |

3) 공력중심 또는 공기력 중심(AC: Aerodynamic Center)

(1) 받음각의 변화를 주면 기수를 들고 내리게 하는 피칭(상하)모멘트가 발생하는데 받음각에 관계없이 일정한 에어포일의 기준점이다.

(2) 통상적으로 무게중심은 공력중심보다 살짝 앞에 있어야 한다. 공력중심은 앞전으로부터 시위길이의 1/4지점, 시위 25%의 지점에 위치한다.

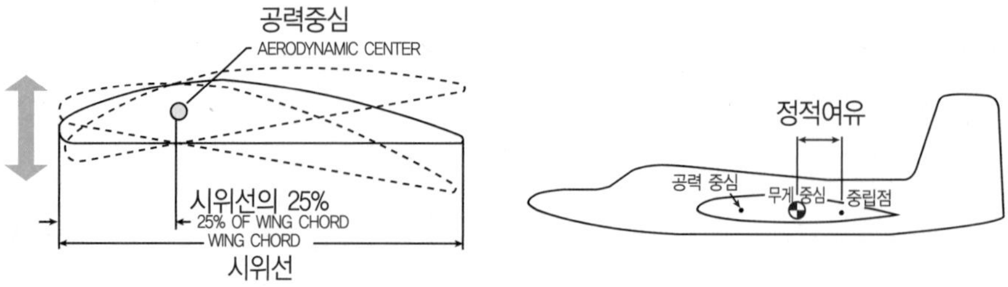

| 공력중심과 정적여유 |

4) 평균 공력중심

실제 날개끝과 동일한 항공역학적 특성을 갖는 가상날개 끝

10 실속(stall)

실속이란 받음각(AOA)이 계속 증가하면 양력도 함께 증가하다가 특정 임계값을 지나면 공기흐름의 떨어짐(박리) 현상이 발생하면서 양력은 감소하고, 항력은 급격하게 증가하여 항공기 추락의 원인이 된다. 이러한 형태의 실속은 저속에서, 특히 이착륙 시에 자주 일어나게 된다.

1) 실속의 종류

(1) 무동력 실속(power off stall) : 엔진 출력을 줄일 때 비행기가 속도가 느려져서 양력이 비행기 무게보다 작게되어 비행기가 침하하는 현상

(2) 동력 실속(power on stall) : 엔진 출력이 충분하나 날개의 받음각이 너무 커

서 날개의 박리현상에 의해 양력이 발생하지 못하여 비행기 고도를 유지 못하는 상태

2) 실속의 원인

(1) 실속의 직접적인 원인은 받음각 초과와 비행속도의 감소이다.

(2) 임계 받음각의 초과 할 수 있는 경우는 고속비행, 저속비행, 깊은 선회 비행이다.

(3) 실속은 무게, 하중계수, 비행속도, 밀도와 관계없이 항상 같은 받음각에서 발생 (기출)

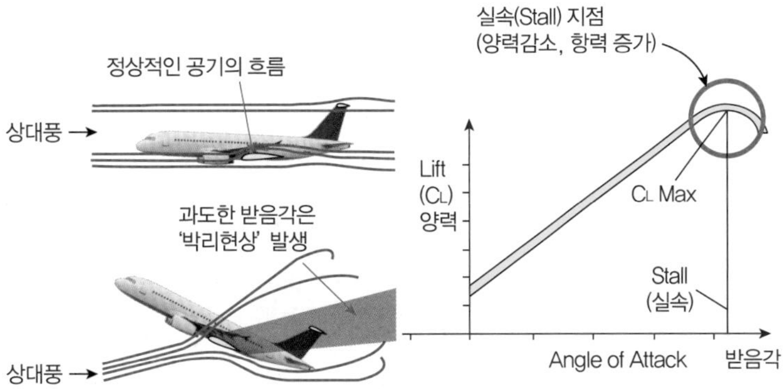

| 항공기의 실속 |

3) 박리현상(Air flow Seperation)

(1) 현상 : 기류가 날개의 전연에 도달하여 에어포일(풍판)을 따라 이동 중 받음각이 지나치게 큰 경우 기류가 날개(에어포일)를 이탈하는 '박리 현상'이 발생

(2) 영향 : 박리현상이 발생하면 양력이 감소하고, 항력은 증가한다.

4) 워쉬 아웃(Wash out)

날개 끝을 앞으로 숙인 것처럼 비틀어진 현상으로 날개 끝이 뿌리보다 늦게 실속에 들어가게 해줌으로 익단실속(Tip stall)방지한다.

기출 핵심문제

❖ 실속에 대한 설명 중 틀린 것은?

① 실속의 직접적인 원인은 과도한 취부각 때문이다.
② 실속은 무게, 하중계수, 비행속도 또는 밀도고도에 관계없이 항상 같은 받음각에서 발생한다.
③ 실속의 원인은 속도의 감소이다.
④ 임계받음각을 초과할 수 있는 고속비행, 깊은 선회 비행 등이다.

해설 **정답 1**

과도한 취부각 —〉 과도한 받음각

11 고정익 비행장치의 기타 용어정리

1) 트림(Trim)

- 트림(Trim)은 '자동차의 크루즈' 기능처럼 항공기의 스피드를 일정하게 유지시켜 순항하게 해주는 편리한 장치이다.
- 일정한 속도에 트림을 맞추고 요크(비행기 핸들)를 놓더라도 비행기는 그 속도를 유지하며 비행한다. 조종석에 바퀴처럼 생긴 '휠'을 돌려 승강타, 러더 등의 트림 탭을 조정한다.

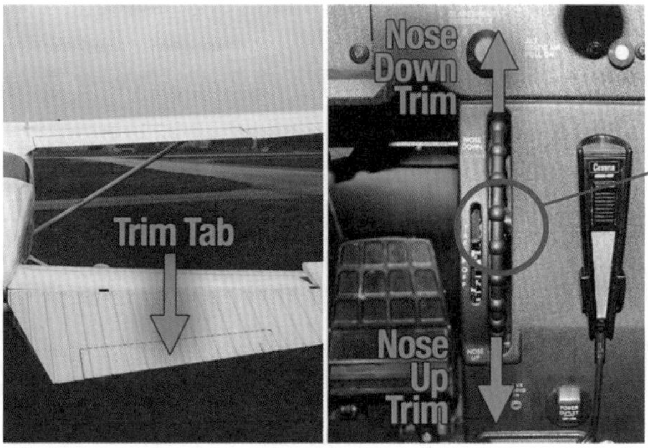

| 트림 Trim |

2) 선회(턴, Turn) 비행

항공기가 일정한 고도에서 선회(turn) 기동을 할 경우, 항공기 속도와 경사각(Bank angle)에 따라 선회 반경이 달라진다. 항공기가 회전(롤링)할 때 도움날개(에일러론)를 이용하여 회전하고자 하는 방향으로 기체를 경사시켜야 한다. 항공기 속도가 빠르면 선회 반경은 커지고, 경사각이 크면 선회반경은 작아진다. 선회중인 비행장치는 수평직선비행일 때보다 날개에 더 많은 하중이 걸리므로 추가적인 양력이 필요하다. 무인헬리콥터의 선회비행시 '스키드와 슬립'은 모두 꼬리 회전날개의 반토크가 적절치 못해서 발생한다. 비행중 내활과 외활 현상을 알 수 있는 항공기 계기는 선회경사계이다.

가) 균형(정상) 선회(Coordinated Turn) : 구심력 = 원심력

항공기 기수의 방향과 진로가 일치하여 항공기가 옆으로 미끄러지지 않고 원심력과 구심력이 균형을 이뤄 조종사의 몸이 어느 쪽으로도 쏠리지 않는다. 내활과 외활과 같은 불균형 선회는 원심력이 구심력보다 작거나 큰 경우에 발생한다.

※ 원심력 : 먼쪽(바깥)으로 가려는 힘, 구심력 : 원의 중심으로 가려는 힘

나) 슬립(내활, slip) : 구심력 〉 원심력

선회중심의 안쪽으로 옆 미끄럼이 발생하는 것으로 양력의 수평 성분인 구심력이 원심력보다 큰 경우에 발생된다. 이것은 경사각이 너무 크거나 러더 조작량이 부족할 때 발생한다. 우선회 슬립할 때는 비행기의 자세는 기수가 진로 방향 왼쪽으로 치우쳐 있으며 비행기는 우측으로 미끄러지고 있는 모습을 보인다. 조종석의 선회 경사계는 경사각이 크고 구심력이 커서 볼이 우측으로 쏠리는 것을 보여 준다.(선회 경사계는 비행기 뒷모습을 보여주는 것과 같다.)

다) 스키드(외활, skid) : 구심력 〈 원심력

선회중심의 바깥쪽으로 옆 미끄럼이 발생하는 것을 말하는데 양력의 수평 성분인 구심력이 원심력보다 작은 경우에 발생된다. 이것은 경사각이 작거나 러더 조작량이 너무 클 때 발생된다. 우선회 스키드할 때는 비행기 자세는 기수가 진로 방향 오른쪽으로 치우쳐 있으며 비행기는 좌측으로 미끄러지고 있는 모습을 보인다. 선회경사계는 경사각이 작고 원심력이 커서 볼이 좌측으로 쏠리는 것을 보여 준다.

스키드는 슬립보다 실속이 발생하기 쉽고 스핀으로 이어질 수 있어 더욱 위험하다.

라) 선회 반경을 최소로 하는 방법

- 비행속도를 최소, 경사각을 최대, 양력계수를 최대로 한다.
- 고도를 높이면 공기밀도와 양력이 감소하여 선회반경이 커진다.

	균형(정상) 선회	내활(슬립, Slip)	외활(스키드, Skid)
윗모습	 리더 조작량 균형	 리더 조작량 부족	 리더 조작량 과다

	균형(정상) 선회	내활(슬립, Slip)	외활(스키드, Skid)
앞모습	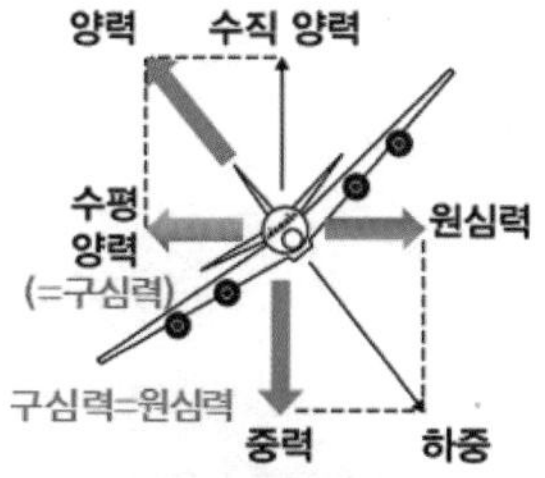	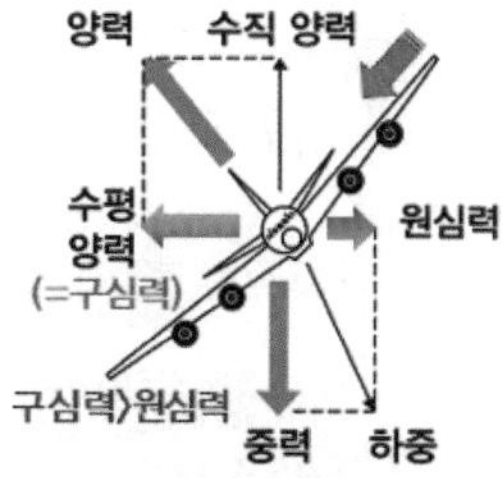	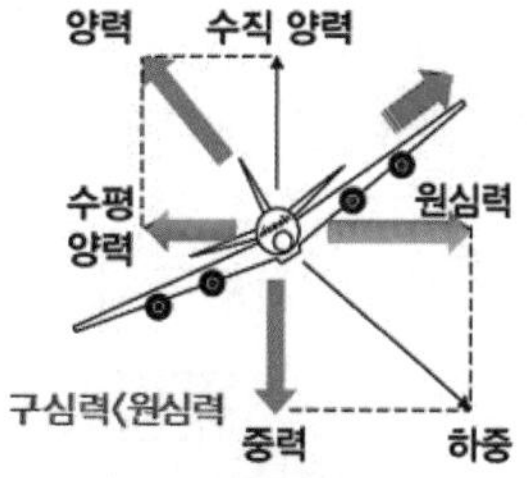
선회경사계	 볼이 가운데(정상)	 볼이 선회방향 안쪽	Mysid 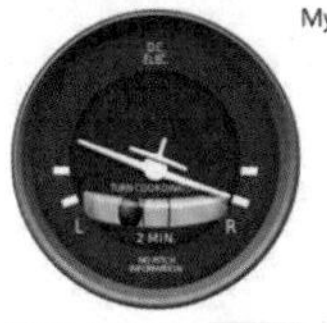 볼이 선회방향 바깥쪽

기출 핵심문제

❖ 선회(Turn)에 관한 설명으로 옳지 않은 것은?

① 수평비행에서 선회를 할 경우 정상선회를 위해 기수를 올리거나 발동기의 출력을 높일 필요가 있다.

② 무게가 무겁고 속도가 느릴수록 선회반경이 작아진다.

③ 선회중인 비행장치는 수평 직선비행일때보다 날개에 걸리는 하중이 감소한다.

④ 정상선회에서 선회경사가 클수록 선회반경이 작아진다.

해설 정답 3

선회중인 비행장치는 수평직선비행일때보다 날개에 더 많은 하중이 걸린다.

3) 복행 : 착륙 접근중 안전에 문제가 있다고 판단하여 땅에 닿기 전에 다시 이륙하는 것

4) 하이랜딩 : 수직속도가 남아 있어 바닥에 강한 충격으로 착륙하는 것

5) 바운싱 : 부적절한 착륙자세나 과도한 침하율로 인하여 착지 후 다시 공중으로 솟구치는 현상

6) 프로팅 : 접근 속도가 정상접근 속도보다 빨라 침하하지 않고 떠 있는 현상

7) 접지속도 : 비행기가 착륙할 때 바퀴가 닿는 순간의 속도

☞ 착륙거리를 짧게 하는 방법 : 접지속도를 작게 한다.

8) 꼬리바퀴식 비행기에서 착륙 중에 발생할 수 있는 Ground Loop은 선회 내측으로 날개를 기울이게 되면 결국에는 날개 끝이 지면에 부딪혀 날개를 파손시키게 된다.

9) 마력의 정의

(1) 이용마력 : 추진력으로서 비행에 이용될 수 있는 기관의 전체 동력마력

(2) 필요마력: 항공기가 일정한 속도를 유지하거나 상승 하강 등에 필요한 마력

(3) 여유(Excess Power, 잉여마력) = 이용마력 − 필요마력

(4) 이용마력 〉 필요마력

10) 유해항력은 속도의 제곱으로 비례하고, 유도항력은 속도의 제곱에 반비례한다.

CHAPTER

03 회전익 비행장치의 비행이론

01 회전익 비행장치의 특성

1) 회전익비행장치의 종류

회전익비행장치는 헬리콥터, 멀티콥터, 틸트로터, 동축반전형 등이 있다. 회전익 항공기의 특성은 제자리비행(호버링), 수직 이착륙, 측방 및 후진비행, 엔진 정지시 자동 활공기능(auto rotation), 저고도에서 지면효과 발생, 프로펠러 회전 한계에 따른 최대속도 제한, 동적 불안정 등이 있다. 특히, 동적 불안정이란 평온상태에 있는 물체 외부에 힘이 가해졌을 때 시간이 경과후에도 진동이 감속하지 않고 진폭이 점점 커지는 상태를 말하며 회전익 비행장치들은 이러한 특성이 있다.

| 틸트로터 |

| 동축반전형 틸터로터 옥토콥터 |

사진출처 : pixabay

2) 헬리콥터의 비행원리

헬리콥터의 비행원리를 이해하면 드론의 비행원리를 쉽게 이해할 수가 있다.

가) 뉴턴의 제3법칙(작용과 반작용) 적용

– 힘이 작용하면 그 힘과 같은 힘이 반대로 작용한다. 헬기에서는 아래 그림처럼 프로펠러가 왼쪽을 돌면 동체는 같은 힘으로 반대 방향으로 힘을 받아 오른쪽으로 회전하게 된다.

나) 헬리콥터의 프로펠러의 토크와 반토크

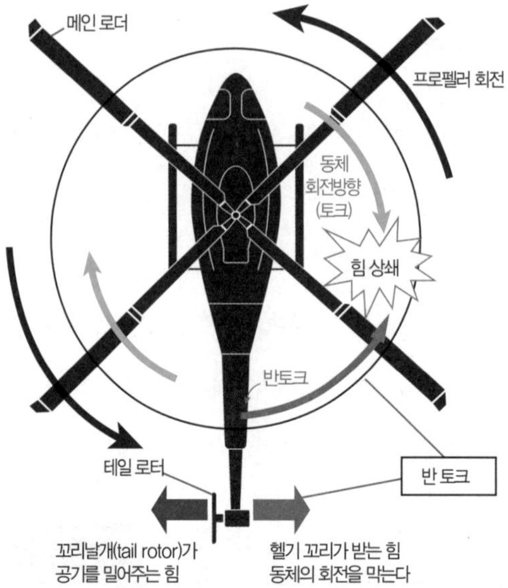

| 헬리콥터의 토크(메인로터)와 반토크(테일로터) |

(1) 토크(Torque)

무인헬리콥터의 중추인 메인로터(Main rotor, 회전날개)가 시계방향으로 회전을 하고 있다면 동체(몸체)는 반시계방향으로 돌아가려는 성질이 있는데 이를 토크(torque)라고 한다.

(2) 반 토크(Anti-torque)

메인로터와 동체가 서로 반대방향으로 회전하려 하기 때문에 이를 상쇄하기 위해서는 조종자는 적절히 테일로터의 조종 패달을 밟아 테일로터(tail rotor)의 회전수를 조절하거나 동축반전의 형태로 토크에 의해서 동체가 돌아가는 힘을 막아주는 반대방향의 힘(반토크, Anti-torque)을 가해 기체의 회전을 막는다.

(3) 무인헬리콥터의 메인로터와 테일로터의 회전비는 1 : 5 이다.

02 드론(멀티콥터)의 비행원리

호버링이란 제자리비행 즉, 드론을 공중에 가만히 띄워 놓는 것이다. 그러나 생각처럼 드론을 공중에 한자리에 가만히 뛰워 놓기는 쉽지가 않다. 왜냐하면 드론은 수평이 조금만 틀어져도 틀어진 방향으로 이동을 하기 때문이다. 그래서 이 수평을 유지하기 위해 센서가 필요한데 그 센스는 자이로스코프 센서와 가속도 센서(엑셀레로미터)이다. 이 두 센서는 수평을 모니터링하여 기울어 진쪽의 모터를 좀 더 가속시키는 방식으로 드론의 수평을 끊임없이 맞춘다.

이륙 후에는 드론이 일정한 높이에서 계속 떠 있기 위해서는 중력과 동일한 힘으로 추력이 발생하도록 각각의 모터의 스로틀 값을 일정하게 맞춰야 하는데 이때 사용하는 센서가 기압센서(바로미터)이다. 기압센서는 기압값이 높아지면 기체가 하강하고 있다는 것을 알아채고 모터를 가속하고, 반대로 기압이 낮아지면 기체가 상승하고 있다는 것으로 알고 각각의 모터를 감속시켜 일정한 높이에서 드론이 가만히 떠 있는 것이다. 이때 드론의 두뇌인 FC는 계속해서 센서로부터 들어오는 정보를 처리해 각각의 모터들를 제어해 호버링을 하는 것이다. 이런 호버링 기능이 있는 드론은 조종기에서 손을 떼도 드론이 일정한 높이로 가만히 하늘에 떠 있어 조종이 매우 쉬워지는 것이다.

1) 프로펠러(로터)의 개수에 따른 멀티콥터의 형태

프로펠러의 개수에 따라 대표적으로 4개(쿼드콥터, Quadcopter), 6개(헥사콥터, Hexacopter), 8개(옥토콥터, Octocopter), 12개(도데카, dodeca) 등이 있다. 로터의 회전방향은 인접한 로터끼리 서로 반대 방향인 것을 확인할 수 있다.

2) 멀티콥터의 구동원리

뉴턴의 제3법칙 "작용/반작용의 법칙"에 따라 로터가 시계방향으로 회전을 할 경우 기체는 반시계방향으로 회전하게 된다. 이에 따라 드론의 암에 걸리는 힘의 방향이 결정되는데 마주보고 있는 로터의 회전방향이 같은 경우 중심에서 만날 때 힘의 방향이 서로 반대이므로 상쇄된다. 반대 방향으로 회전을 시켜도 역시 중심에서 만나 상쇄된다.

기출 핵심문제

❖ 멀티콥터의 무게중심은 어느 곳에 있는가?

① 배터리 장착부분　② 기체(동체)의 중심　③ GPS 안테나 부분　④ 랜딩 스키드의 뒤쪽

해설 **정답 2**

멀티콥터의 무게중심(CG)은 동체의 중심에 위치해 있다.

3) 멀티콥터의 비행원리

멀티콥터의 비행방향은 전진, 후진, 좌측회전, 우측회전 등이 있다. 기본적으로 멀티콥터는 진행 방향인 모터의 출력을 낮추고, 상대적으로 반대편의 모터 출력을 높여

출력이 차이가 나는 원리로 기울어져서 이동하게 된다.

(1) 멀티콥터의 전진과 후진

드론의 비행을 자동차의 후륜구동에 비교해보자. 아래 그림과 같이 로터가 4개인 쿼드콥터를 기준으로 로터에 번호를 정하여 보면, 멀티콥터가 전진 시에는 앞의 두 줄 1번과 2번의 모터의 출력은 낮아지고 상대적으로 출력이 높은 뒤쪽 3번, 4번에 의해 밀려서 1번, 2번 모터쪽으로 앞으로 전진한다. 후진하는 경우는 앞의 두줄 1번과 2번의 모터의 출력은 높아지고 상대적으로 출력이 낮은 뒤쪽 3번, 4번은 1번과 2번 모터에 의해 힘에 밀려서 3번, 4번 모터 쪽으로 후진한다.

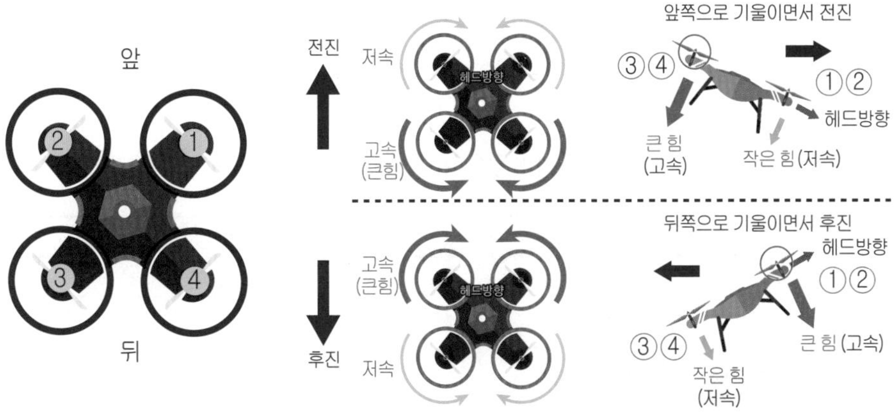

| 멀티콥터의 이동원리 |

출처 : 엔조이드론

기출 핵심문제

❖ 다음 중 드론의 프로펠러 회전에 따른 기체의 움직임으로 틀린 것은?

① 전진비행 : 앞쪽의 모터는 느려지고 뒤쪽의 모터는 빨라진다.

② 좌측비행 : 우측의 모터가 빨라지고 좌측의 모터가 느려진다.

③ 우측회전 : 시계방향의 모터는 빨라지고 반시계방향 모터는 느려진다.

④ 상승 : 모터 전체의 속도 빨라진다.

해설 **정답 3**

☞ 우측회전 : 시계방향의 모터는 느려지고 반시계방향 모터는 빨라진다.

(2) 멀티콥터의 좌/우 회전원리

멀티콥터가 좌측 혹은 우측회전(러더) 비행원리는 헬리콥터의 로터의 회전방향과 기체의 회전방향이 반대인 현상, 즉 토크현상을 이해하고 보게 되면 멀티콥터의 비행원리를 좀더 쉽게 깨닫게 된다.

즉, 기체가 우측회전을 하고 싶다고 한다면 좌측(반시계)으로 회전하는 프로펠러가 더 고속으로 회전해야 하는 것을 알 수 있다. 반대로 좌측으로 기체를 회전하고 싶다면 우측회전(시계방향) 프로펠러가 좌측회전(반시계) 프로펠러보다 고속으로 회전해야 전체 균형이 깨져 좌측으로 회전하는 것을 알 수 있다.

(3) 멀티콥터의 상승과 하강의 원리

전체적으로 프로펠러 회전속도가 빠르면 상승, 느리면 하강을 하게 된다.

| 드론의 비행원리 |

상승	하강
모터 전체의 속도가 빨라진다.	모터 전체의 속도가 느려진다.
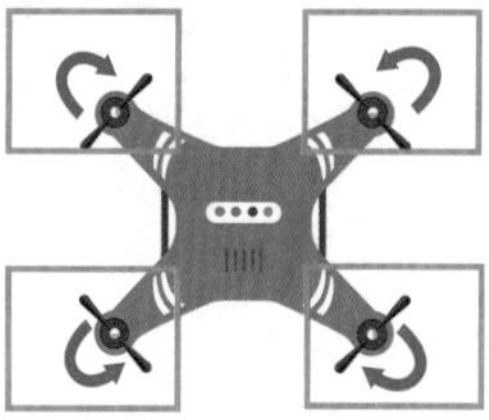	

전진(시계방향) 비행	후진(반시계방향) 비행
앞쪽 모터의 속도는 느려지고 뒤쪽 모터의 속도는 빨라진다.	앞쪽 모터의 속도는 빨라지고 뒤쪽 모터의 속도는 느려진다.
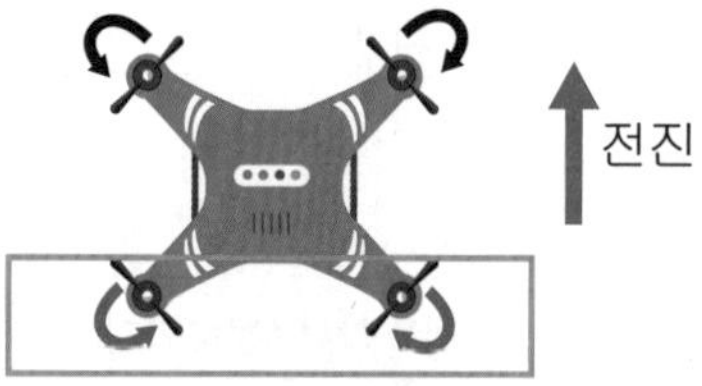	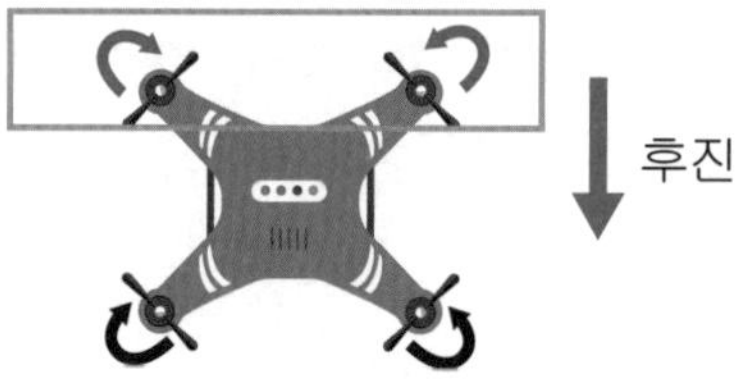

우측 비행	좌측 비행
좌측 모터가 빨라지고 우측 모터는 느려진다.	우측모터가 빨라지고 좌측모터는 느려진다.
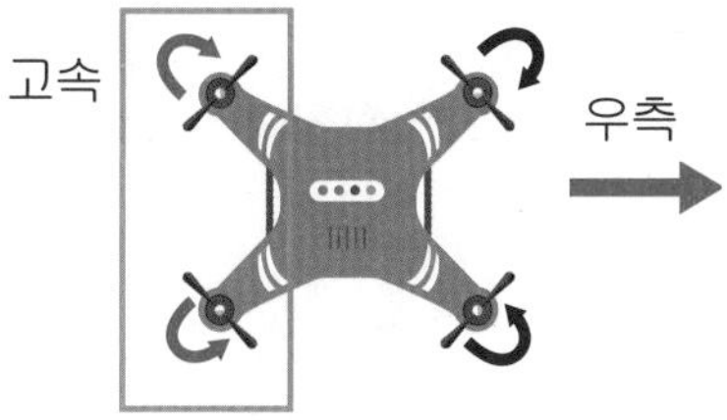	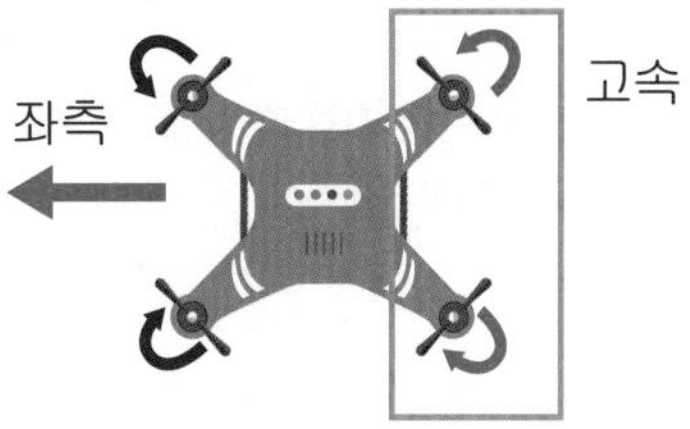

우회전(시계방향)	좌회전(반시계방향)
반시계방향의 모터는 빨라지고 시계방향의 모터는 느려진다.	시계방향의 모터는 빨라지고 반시계방향의 모터는 느려진다.
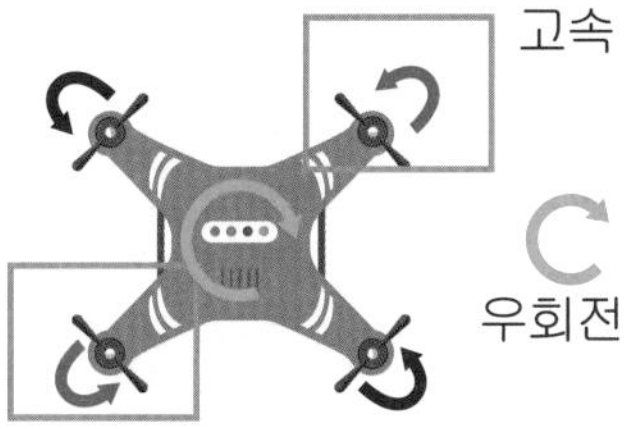	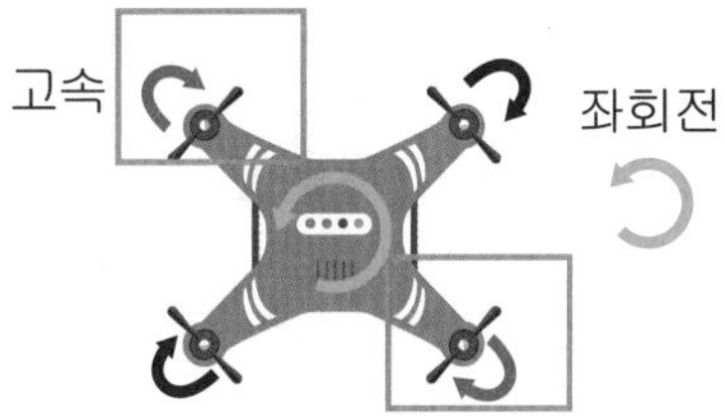

4) 멀티콥터와 헬리콥터와 양력 발생원리(차이) → 고정피치와 변동피치

헬리콥터는 블레이드(회전날개)의 피치(Pitch)각을 조정하여 양력의 크기를 조절하여 상승과 하강을 하는 데 이를 변동피치라고 하고, 반면에 멀티콥터는 고정된 블레이드 피치(Pitch)각에 모터의 회전수를 조절하여 양력의 크기를 조절하는데 이를 고정피치라고 한다.

기출 핵심문제

❖ 조종기 에일러론을 조작하여 기체가 우측으로 비행시 프로펠러의 상태는?

① 우측 프로펠러의 속도가 증가하고, 좌측 프로펠러의 속도가 감소한다.
② 우측 프로펠러의 속도가 감소하고, 좌측 프로펠러의 속도가 증가한다.
③ 시계방향으로 도는 프로펠러의 속도가 증가하고, 반시계방향으로 도는 프로펠러의 속도가

감소한다.

④ 시계방향으로 도는 프로펠러의 속도가 감소하고, 반시계방향으로 도는 프로펠러의 속도가 증가한다.

해설 **정답 2**

특정 모터의 회전수를 증가시킬 경우 해당 모터의 부분만 공중으로 뜨게 되고 회전이 상대적으로 느린 모터쪽으로 기울어진 채로 이동하게 된다.

03 헬리콥터의 조종 장치

1) 콜렉티브 피치 컨트롤(Collective Pitch Control)

– 자동차의 사이드 브레이크처럼 생긴 '콜렉티브 피치 컨트롤'을 위로 잡아당기면 헬리콥터의 메인로터 블레이드 피치각(깃각)이 커져 양력이 증가하여 상승하고 반대로 아래로 내리면 피치각이 줄어들면서 양력이 감소하여 기체가 하강하는 기능이다. 콜렉티브 피치 컨트롤의 '스로틀'을 안쪽으로 돌리면 출력감소, 바깥으로는 출력증가한다. 그러므로 헬리콥터가 이륙시 콜렉티브 피치 컨트롤과 스로틀은 '조화'를 이루어야 한다.

2) 싸이클릭 피치 컨트롤(Cyclic Pitch Control)

– 호버링 중 헬리콥터의 전/후진, 피칭 및 롤링운동은 '싸이클릭 피치 컨트롤(조종간)'로 조정한다. 싸이클릭 피치 조종은 헬리콥터의 조종간을 조작할 때 경사판(스와시 플레이트, Swash plate)과 연동이 되어 움직이는데 조종간을 밀거나 당기면 경사판(Swash plate)이 앞/뒤로 경사지고 연동된 로터 회전면도 앞/뒤로 경사

지게 되어 헬리콥터는 전진 및 후진 비행을 하게된다.

경사판(스와시 플레이트, Swash plate)
❖ 헬리콥터의 회전하는 메인로터 블레이드에 '사이클릭 컨트롤'을 위한 중요한 장치로, 두 개의 판과 그 사이에 베어링을 가지고 있는 형태로 하단은 구동축에 고정이 되어 있고, 상단은 허브와 같이 회전한다. 경사판은 로터 블레이드가 회전하면서 회전 위치에 따라서 피치각을 조절하여 상승과 하강, 전후좌우시에 회전면을 기울여 주는 역할을 한다.

출처 : LearnEngineering

3) 반토크 컨트롤 페달(안티토크 컨트롤 페달, Anti-Torque Control Pedals)

(1) 헬리콥터 조종석 발 아래 2개의 페달이 테일로터(꼬리날개, tail rotor)와 연결되어 있어 오른쪽 발을 밟으면 기수가 오른쪽, 왼쪽 발을 밟으면 왼쪽으로 기체가 회전한다. 테일로터의 피치각을 조절하여 추력을 변화시켜 헬리콥터가 호버링에서 기수를 좌/우로 회전할 수 있는 기능이다.

☞ 테일 로터(tail rotor)는 피치각은 변화시 시킬수 있으며 반토크 크기를 조절한다.

(2) 헬리콥터가 상공을 올라가는 최대고도는 3,000m이다.

| 콜렉티브 피치 컨트롤 / 싸이클릭 피치 컨트롤 / 안티토크 컨트롤 페달 |

4) 헬기 비행 시 엔진이 꺼졌을 때 조치사항

(1) 자동회전(자동활공비행, 자전강화, Auto rotation)

비행 중 엔진 고장시 일정고도와 일정 전진비행속도가 있으면 자동활공비행에 의해 안전하게 지상에 착륙할 수 있다. 이때 자동적으로 메인로터의 미션과 주회전익을 분리되며 자유회전하며 강하비행을 한다. 이것을 자동회전(자동활공비행)라고 하고 높은 위치에서 바람개비를 놓았을 때의 원리이다.

(2) 이때 콜렉티브 피치레버를 내려 피치를 감소시키고 사이클릭피치 조종간을 앞으로 밀어 로터 회전면을 앞으로 경사시켜 자전회전을 위한 전진속도 확보

기출 핵심문제

❖ 다음 중 회전익기의 부양과 연관이 없는 것은 무엇인가?

① 모멘텀 ② 볼텍스(Vortex) ③ 꼬리날개(tail roter) ④ 블레이드 양력

해설 **정답 3**

꼬리날개는 헬리콥터의 좌/우 회전을 담당한다.

❖ 아래에서 설명하는 헬리콥터의 구성 장치의 명칭은 무엇인가?

헬리콥터의 메인로터 블레이드에 '사이클릭 컨트롤'을 위한 중요한 장치이다. 보통 고정측과 회전측의 두가지 요소로 구성되어 있고 고정측의 경사를 회전측에 전달하도록 되어 있다. 로터 블레이드가 회전하면서 회전 위치에 따라서 피치각을 조정할 수 있다.

① 메인 로터(Main rotor)
② 자이로(Gyro)
③ 스와시 플레이트(Swash Plate)
④ 테일 로터(Tail Rotor)

해설 정답 3

04 회전익 비행장치의 로터운동의 특성

1) 제자리비행(호버링, Hovering)

회전익기에서 볼 수 있는 가장 큰 특징인 제자리비행은 고도와 방향을 공중에 한 지점에서 머무를 수 있게 하는 비행을 말한다.

제자리 비행시 나타나는 기류현상은 헬리콥터가 수직으로 상승할 때 로터회전면을 따라 위에서 아래로 흐르는 공기의 흐름(하강풍)인 유도기류(Induced flow)와 프로펠러 회전면의 끝 부근에 항력의 형태로 나타나는 익단 원형와류(Rotor tip vortex)가 있다. 특히, 메인로터의 피치각이 클수록 유도기류는 증가한다.(지면효과 그림참조)

호버링하는 동안 양력과 추력, 항력과 무게는 동일 방향으로 작용하며, 양력과 추력의 합은 무게와 항력의 합과 같다. 즉 양력 + 추력 = 중력(무게) + 항력이다.

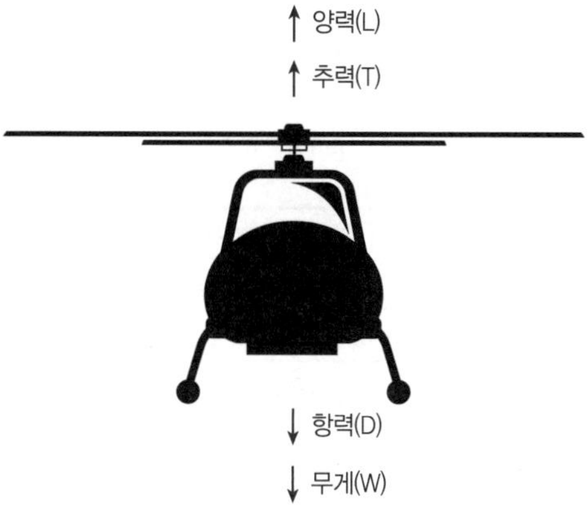

| 헬리콥터의 제자리비행(호버링) |

2) 지면효과(Ground Effect)

항공기가 지면에 근접하여 비행할 때 로터로 만들어진 바람이 지면에 충돌하여 헬리콥터와 지면 사이의 공기를 압력을 높여 쿠션(cushion) 역할을 하게되어 양력 발생 효율이 증대되는 현상을 '지면효과'라고 한다. 지면효과를 받은 기체는 Down wash와 Up wash의 감소로 유도항력이 감소되며, 감소된 만큼 수직 양력을 증가시킨다. 지면효과는 헬리콥터가 호버링하는 동안 주로터(회전날개)의 지름높이까지 효력을 발생한다.

최대 지면효과는 잘 포장된 지표면위에서 호버링할 때이며, 큰 풀밭위나 수면, 거친 지역에서의 지면효과는 감소된다.

(1) 이륙시 정상 속도보다 적은 속도로 이륙이 가능하나, 그 효과(지면효과)를 벗어나면 실속이나 침하되므로 받음각과 추력을 늘려야 한다.

(2) 날개에 흐르는 공기흐름이 지면에 가까워짐에 따라 방해를 받아 흐름의 형태가 바뀌어 에어쿠션과 같은 현상이 발생하여 양력이 증가하고 비행을 방해하는 항력은 줄어드는 현상

(3) 지면효과로 착륙이 어려워질 수도 있으나 더 많은 무게를 지탱할 수 있다.

(4) 지면효과는 일반적으로 헬리콥터의 경우 프로펠러(회전날개)의 지름 미만의 고도에서 일어나기 시작하며 프로펠러 지름의 1/2 고도에서 지면효과가 주로 일어나며 추력 증가는 5~10% 정도이다.

구분	지상효과(IGE)	지면효과(OGE)
• 유도기류 속도	감소	증가
• 유도항력	감소	증가
• 받음각	증가	감소
• 수직항력	증가	감소

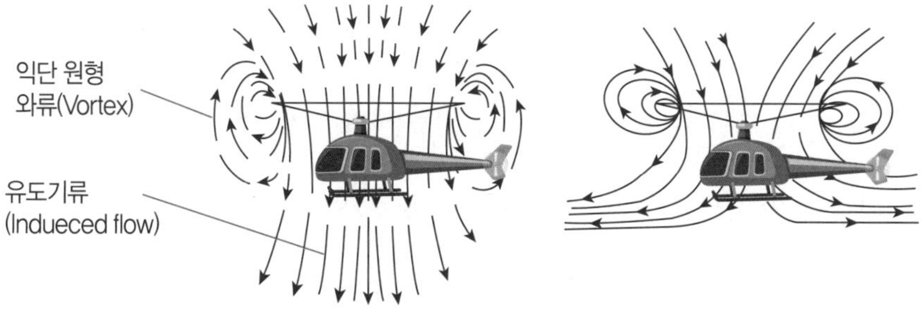

| 헬리콥터의 기류현상 |

출처 : 국토교통부 표준교재

3) 등속도 수평비행 조건

– 추력=항력, 양력=중력

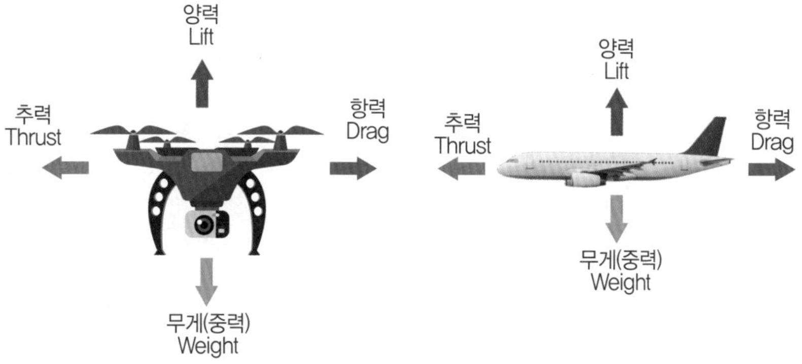

| 드론과 항공기에 작용하는 4가지 힘 |

4) 드론에 작용하는 힘의 순서

쿼드콥터의 양력은 4개의 프로펠러를 고속으로 회전시키며 추력은 2개의 프로펠러를 고속으로 회전시킨다. 따라서 힘이 순서는 양력〉중력〉추력〉항력의 순이다.

5) 유도기류(Induced flow)

(1) 유도기류란 공기가 로터 블레이드의 움직임에 의해 변화된 하강기류

(2) 취부각이 0도면 에어포일을 지나는 기류는 그대로 평행하게 흐른다.

(3) 유도기류의 속도는 취부각이 증가할수록 증가한다.

(4) 로터회전에 의해 발생하는 회전상대풍은 이러한 유도기류를 만나 방향과 크기가 변화되는데 이를 합력상대풍이라고 한다.

기출 핵심문제

❖ 유도기류의 현상으로 맞는 것은?

① 취부각의 증가로 받음각(영각)이 증가하면 공기는 위로 가속하게 된다.
② 붙임각(취부각)이 0일 때 Airfoil을 지나는 기류는 상, 하로 흐른다.
③ 유도기류 속도는 붙임각이 증가하면 감소한다.
④ 공기가 로터 블레이드의 움직임에 의해 변화된 하강기류를 말한다.

해설 **정답 4**

6) 수직 이 · 착륙

수직 이 · 착륙이 가능함은 지면에 바람을 수직으로 밀어내어 이륙을 한다. 이에 따라 회전익기는 고정익기와 다르게 활주로가 필요 없다는 장점을 가지고 있다.

7) 양력 불균형(Dissymmetry Of Lift)

(1) 헬리콥터의 양력 불균형

전진 비행하는 헬리콥터의 회전면에서 발생하는 블레이드(회전날개)의 회전 위치에 따른 속도차이에 의해 발생하는 양력의 불균형을 말한다. 즉, 로터 회전면

에서 발생하는 양력이 균일하지 않고 불균형하게 발생하는 현상으로 전/후/횡진 비행 시 상대풍에 대한 전진하는 로터 블레이드(adyancing Rotor Blade)와 후퇴하는 로터 블레이드(Retreating Rotor Blade)의 상대속도 차에 의해 발생한다. 양력 불균형은 상대풍에 대한 로터 블레이드의 상대속도 차에 의해서 발생하므로 헬리콥터가 정지비행(Hovering) 시에는 발생하지 않는다.

(2) 헬리콥터의 양력불규형(Dissymmetry of Lift)

아래 헬리콥터의 그림을 보면 A부분(전진 블레이드)의 속도는 550knot이고 B부분(후진 블레이드)은 속도가 350knot로 서로 속도가 차이가 난다. 회전면내 블레이드 받음각이 동일하다면 우측(A면)에서의 양력은 좌측(B면)에서의 양력보다 훨씬 크게 되어 헬리콥터는 좌측으로 기우는 양력 불균형이 발생한다. 이 속도 차이에 의한 양력불균형은 헬리콥터의 태생적 문제이다. 따라서 이러한 현상을 위해 허브에 로터를 연결함에 있어 힌지(Hinge) 등을 써서 안전성을 확보하게 하여 로터에 의해 발생하는 플래핑(Flapping), 페더링(Feathering), 리드 래깅(Lead-Lagging)운동에 자유롭게 대처하게 제작하게 되었다.

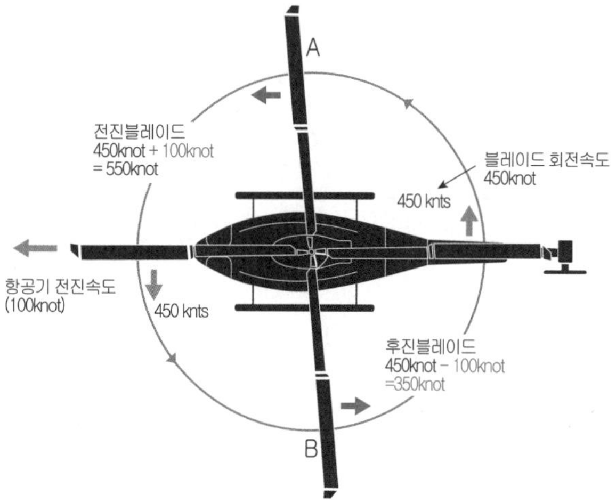

| 헬리콥터의 양력 불균형 발생 : A는 속도가 빠른 영역, B는 속도가 느린 영역 |

(3) 헬리콥터의 양력불규형 해소

① 블레이드 플래핑(Flpapping)

플래핑(Flapping)이란 로터 블레이드가 회전하면서 오르락 내리락 하는 것(상하운동)을 말한다. 로터 허브(Hub)에 힌지(Hinge)를 장착하여 블레이드가 위아래로 움직일 수 있게하여 헬리콥터가 전진 수평비행시 회전면의 우측에 위치한 블레이드는 양력에 의해 위로 플래핑되어 받음각이 감소하므로 양력이 줄어들고, 반면에 회전면의 좌측에 위치한 블레이드는 양력감소로 아래로 플래핑됨으로써, 받음각이 증가하여 양력이 증가하게 된다. 이런방식으로 플래핑에 의해 양력 불균형이 해소가 된다.

※ 플래핑(Falpping) : 날개치다. 펄럭이다.

② 사이클릭 페더링(Feathering)

페더링(Feathring) 운동이란 전진하는 블레이드는 후퇴하는 블레이드에 비하여 양력이 증가하므로 로터면이 한쪽으로 들리는 현상(A구역:전진블레이드 〉 B구역:후진블레이드)이다. 가장 많이 쓰이는 방식으로 회전시 전진하는 블레이드의 받음각을 감소시키고, 후퇴하는 블레이드의 받음각은 증가되도록 만든 장치로 회전시 받음각을 조정하여 양력 불균형 현상을 해소하는 방식이다. 종류로 콜렉티브 페더링과 사이클릭 페더링이 있다.

블래이드 플래핑(Blade Flapping)	사이클릭 페더링(Cyclic Feathering)
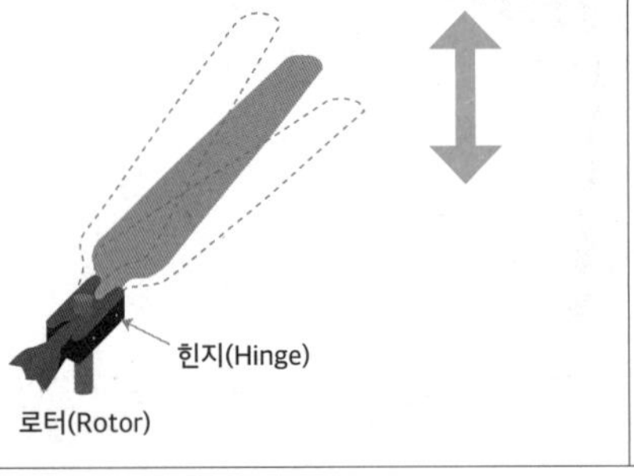	

블래이드 플래핑(Blade Flapping)	사이클릭 페더링(Cyclic Feathering)
힌지(Hinge)를 중심으로 로터 블레이드(깃)을 위아래(상하)로 조절해주는 장치	힌지(Hinge)가 로터 블레이드(깃)의 피치각(받음각)을 바꿔 주는 장치

※ 리드래깅(Lead-Lagging) : 힌지의 블레이드(깃)을 앞 뒤로 조절해주는 장치

기출 핵심문제

❖ **다음 중 지면효과를 받을 때의 현상으로 맞지 않는 것은?**

① 유도기류의 속도가 감소한다. ② 유도항력이 감소한다.
③ 수직양력이 감소한다. ④ 영각(받음각)이 증가한다.

해설 **정답 3**

항공기가 지면가까이서 지면효과를 받을시 추가적인 양력이 발생한다.

05 기타 비행장치의 특성

1) 드론의 프로펠러 '모터' 고장 시 발생현상

(1) 쿼드콥터(프로펠러 4개): 추락

(2) 헥사콥터(프로펠러 6개): 기체가 회전을 하지만 동력보상 제어가 가능하므로 착륙가능

※ 동력보상 제어 : 드론의 경우 특정 모터가 문제가 생겼을 때 다른 모터가 그 역할의 일부를 대신하여 일시적으로 비행이 가능하게 하는 것

(3) 옥토콥터(프로펠러 8개): 동력보상제어가 작동하여 어느 정도 비행이 가능하지만 착륙해야 함

2) 유동성 침하

항공기가 동력이 살아있는 상태에서 기체가 아래로 침하하는 현상을 말한다.

유동성 침하의 원인은(침하: 내려 앉거나 꺼짐)

(1) 높은 강하율로 자동활공기능(오토로테이션, auto rotation) 접근시

(2) 배풍 접근시

(3) 편대비행 접근시이다.

기출 핵심문제

❖ 회전익비행장치의 유동력 침하가 일어날 수 있는 비행조건이 아닌 것은?

① 배풍접근시
② 편대비행 접근시
③ 높은 강하율로 오토로테이션(auto rotation) 접근시
④ 지면효과 밖에서 호버링을 하는 동안 일정한 고도를 유지하지 않을 때

해설 **정답 4**

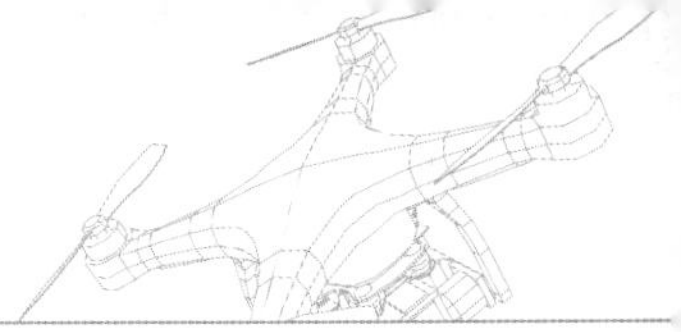

CHAPTER

04 비행고도와 비행속도

항공기는 피토우(pitot)튜브로 기압을 측정해 기압이 낮아지면 항공기 고도가 상승하고 기압이 높아지면 하강한다고 판단한다. 항공기에서 안전과 직결되는 고도 측정을 위한 장치의 원리를 이해하기 위해서는 토리첼리의 수은기압계의 원리에 대해서 먼저 살펴볼 필요가 있다.

01 대기압의 특성

대기압은 공기의 무게를 의미한다. 그래서 고도가 높아질수록 공기입자가 적어지므로 공기의 누적된 무게 효과가 감소해 기압은 낮아진다. 즉 고도가 높아지면 기압이 낮아지고, 고도가 낮아지면 기압이 높아진다. 이런 고도에 따라 기압이 달라지는 원리를 이용하여 만든 것이 항공기의 고도계(Altimeter)이다.

갈릴레오 갈릴레이의 조수 '토리첼리'가 진공에 관한 연구 중 수은기압계를 발견하여 대기 중에는 압력이 있다는 사실과 이 압력은 날씨에 따라 변한다는 것을 밝혀내었다. 대기의 기압은 시간, 장소에 따라 수시로 변한다. 같은 장소라 하더라도 기압은 바다의 밀물과 썰물처럼 하루에 두 번의 높낮이 현상이 일어난다.

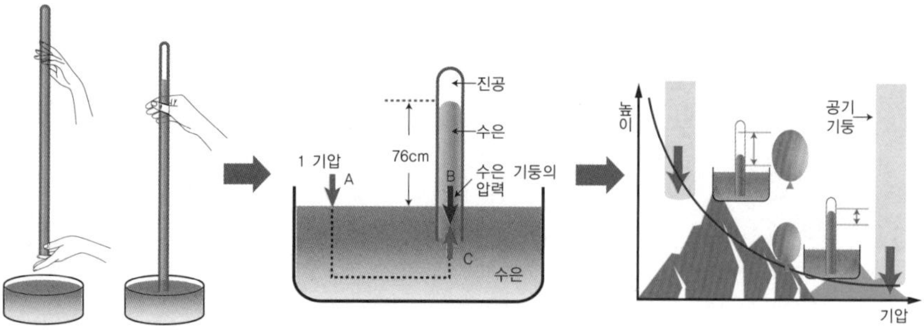

| 토리첼리의 수은 기압계 발견 |

02 항공기와 고도, 기압, 공기밀도, 온도, 습도 등과의 관계

고도가 상승하면 압력, 밀도가 같이 떨어지게 된다. 밀도가 떨어지는 것은 공기가 희박해지는 것을 의미하는데, 결과적으로 공기가 부족해 엔진출력과 공기역학적인 양력도 감소하게 된다. 그러므로 고지대에서는 이 · 착륙 거리가 길어지고, 항공기의 기동성도 떨어진다.

습도는 습도가 높으면 공기밀도가 낮아진다. 그 이유는 단위 부피당 공기 입자가 있어야 할 곳에 습기 입자가 채워짐으로써 공기입자의 밀도가 줄어들기 때문이다. 습도가 높으면 밀도가 낮은것 보다는 정도가 덜하지만, 마찬가지로 엔진 성능, 기동성, 착륙성능이 떨어진다. 마찬가지로 이륙거리도 길어지게 된다.

항공기 무게에 있어서는 무게가 무거우면 가속이 늦게 되고, 더욱 많은 양력이 필요하게 되어 기체의 기동시에 실속속도가 빨라지게 된다. 즉, 이착륙 속도가 빨라져야 하며 이에 따라 이착륙 거리도 길어져 전반적 항공기 성능이 감소하게 된다. 섭씨

50도에 육박하는 폭염은 더운 공기가 엔진출력에도 영향을 미치므로 활주로가 폐쇄가 될 수도 있다.

03 국제표준대기

항공기에 탑재하는 기압과 관련된 모든 계기 장비들은 표준대기 조건을 바탕으로 제작되었으며 그 대표적인 것이 바로 '고도계'이다. 만약 항공기들이 계기판에 다른 고도를 가리키고 있더라도 실제로는 같은 고도를 날게 되어 공중 충돌을 일으킬 가능성이 존재하므로 국제민간항공기구(ICAO)에서는 이러한 사항을 고려하여 1964년, 국제표준대기(ISA: International Standard Atmosphere)라는 표준모델을 채용하였다.

대기의 기상조건은 지역과 시간에 따라 수시로 변하므로 항공기의 성능을 계산하거나 비교하기 위해서 참조해야 할 표준대기조건을 설정할 필요가 있다.

표준대기란 해발고도 0m때 기온 15℃에서의 기압을 29.92(inHg)로 설정했다. 항공기의 기압고도계는 이 표준대기 모델을 근거로 하여 고도를 정의하고 있다.

국제표준대기(ISA)
* 해면상 기온 및 기압: 15°C(59°F), 1013.25hPa = 760mmHg = 29.92inHg
* 고도상승에 따른 기온 체감률: 약 2°C/1000ft(3.5°F/1000ft)
* 고도상승에 따른 기압 감소률: 약 1 inHg/1000ft

기출 핵심문제

❖ 표준대기와 관련하여 적당하지 않은 것은 어느 것인가?

① 해면 기압 1,031.25hPa ② 해면 기압 760mmHg

③ 해수면 온도 섭씨 15도, 화씨 59도 ④ 해면 기압 29.92inHg

해설 정답 1

04 비행고도의 종류

비행에 사용하는 고도의 종류는 다양하다. 왜 이렇게 복잡한 방법을 쓰는 것일까? 그 이유는 대기압 자체가 시간, 장소에 따라 수시로 변하기 때문이다.

일상생활에서의 고도는 '높이'를 뜻한다. 높이는 곧 '거리'로, 현재 내가 땅에서부터 얼마나 떨어져 있는가를 의미하는 것이다. 하지만 조종사에게 고도는 '거리'가 아닌 '기압'의 개념에 더 닿아 있다. 역설적이게도 같은 높이이지만 고도는 항상 변한다.

1) 지시고도(Indicated altitude)

- 조종사는 이 · 착륙하기 전에 공항관제사가 알려준 평균해수면(MSL) 값을 기압조절노브를 돌려 고도계의 콜스만 창에 세팅하면 그 수정된 고도값을 기준으로 안전하게 교신하게 된다. 이 업데이트된 고도계가 나타내는 고도가 '지시고도'이다.

고도계가 나타내는 지시고도는 기온이 표준기온보다 낮은 지역에서는 진고도(True altitude)보다 높고, 표준기온보다 높은 지역에서는 진고도(True altitude)보다 낮게 표시된다. 그러므로 조종사가 계기비행시 지시고도를 참고해 비행할 때 날씨가 추우면 계기판의 고도가 실제고도보다 높게 나타나므로 지상의 장애물과 충돌사고가 나지 않도록 주의해야 한다.

고도와 기압/온도와의 관계
* 고기압 → 저기압지역, 고온지역 → 저온지역으로 비행시 항공기 계기판의 계기고도(지시고도)는 실제고도(진고도)보다 높게 나타나므로 지상 장애물과 충돌할 수 있는 위험이 있다.

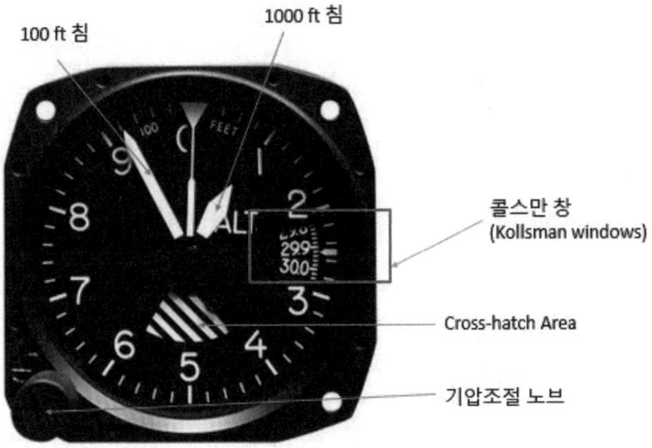

| 고도계 구조 |

용어정리

* 콜스만 창 : 1928년도에, 폴 콜스만(Paul Kollsman)은 표준 대기압을 기준으로 주변기압에 변화를 반영하도록 고도계를 조정하기 위한 방법을 고안하였다.
* Flight Level(FL) : 안전한 비행을 위해 비행기 간의 수직 이격거리로 지상으로부터의 높이를 의미하지 않는다.
* Radio Altimeter는 2,500feet 이하에서만 정상 작동하고 계기착륙비행(ILS) 때 사용한다.
* MSL(Mean sea level) : 해발고도, 인천의 평균해수면 높이를 0m로 기준으로 항공기, 헬기의 고도측정의 기준이 된다.
* AGL(Above ground level) : 지상고도(표고)로 드론의 기준고도가 된다. 즉, 드론의 고도제한은 150 AGL이다.

2) 진고도(True altitude, QNH)

- 평균해수면(MSL: Mean sea level)에서 항공기 사이의 수직거리인 실제 고도로 실제고도, 해수면고도(MSL altitude), 해발고도, 해면고도 등으로 다양하게 부른다.

  (1) 표준 기온보다 낮을 때 : 지시고도 〉 진고도

  (2) 표준 기온보다 높을 때 : 지시고도 〈 진고도

3) 절대고도(Absolute Altitude, QFE)

– 지표면에서 항공기 사이의 수직거리로 우리가 체감하는 실제 높이에 가깝다. 항공기가 일정한 높이로 비행을 한다고 해도 지표면 높이에 따라 그 고도가 시시각각 변한다. 단위는 AGL(지상고도, Above ground level)이다.

4) 기압고도(Pressure Altitude, QNE)

항공기가 비행하는 높이(고도)를 표준화하여 공항관제사가 항공기간 수직분리를 하여 충돌 및 지상 충돌 등을 예방하기 위해 사용되는 개념이다. 실제 해수면(Sea leve)의 기압과 관계없이 국제표준대기(29.92inHg) 조건인 가상(이론상)의 표준대기압 해수면(SDP, Standard datum plane)을 0ft로 가정하고 표고(Elevation)를 측정한 것이 '기압고도'이다. 기압고도는 기압의 변화와 무관하게 항상 똑같은 기압에서 똑같은 고도를 가리킨다.

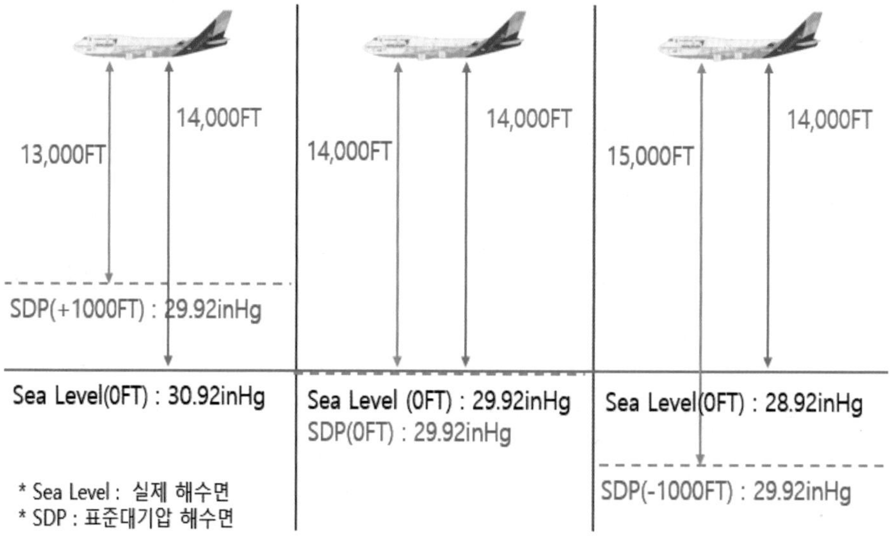

| 기압고도 |

5) 밀도고도(Density Altitude)

대기의 밀도는 항공기 성능에 큰 영향을 미치는 데 우리가 높은 산에 올라가면 대기 밀도가 낮아져 산소가 희박해져 숨이 막히듯이 높은 고도의 비행기도 역시 엔진에 필요한 산소가 부족해서 성능이 많이 저하된다.

밀도고도는 일반적으로 대기밀도가 커지면 낮아지고, 대기밀도가 작아지면 높아진다. 따라서 온도가 낮아지면 대기의 부피 수축으로 밀도가 커져 밀도고도는 낮아지고, 온도가 높아지면 대기의 부피 팽창으로 밀도가 작아져 밀도고도는 높아지게 된다.

(1) 항공기의 성능 지표로서 활용되는 수치로 실제 고도와 무관하다.

(2) 기압고도에 표준 대기조건을 벗어나는 온도의 변화를 반영한 고도

(3) 고도, 온도 및 습도가 높아지면 공기밀도가 떨어지고 곧 밀도고도가 높아진다는 것을 의미하므로 여름이 겨울보다 밀도가 낮아지므로 밀도고도는 여름이 높다.

※ 밀도고도는 기압(고도), 온도, 습도에 영향를 받으므로 Hight, Hot, Humidity를 3H라고 한다.

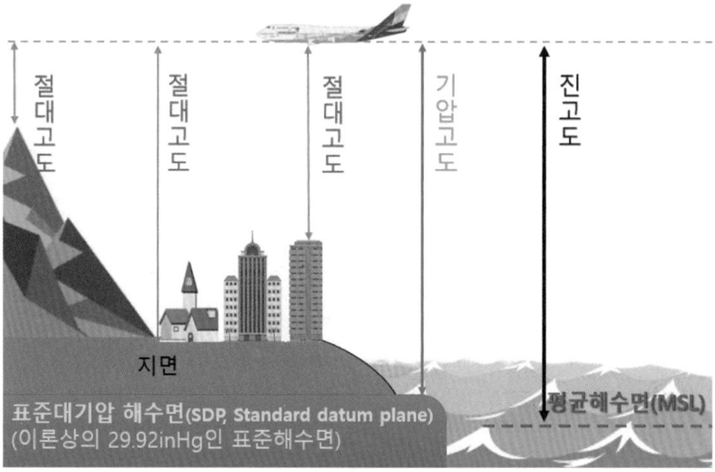

| 비행고도의 종류 |

05 밀도고도가 항공기 비행에 미치는 영향

1) 비행기도 더위를 탄다?!

날씨가 너무 더우면 종종 비행이 취소되곤 한다. 뜨거운 날씨로 인해 공기밀도가 너무 낮으면 양력이 감소해 비행기가 뜰 수가 없기 때문이다. '밀도고도'가 현재 고도보다 높다는 것은 공기밀도가 낮다는 것을 의미한다. 그리고 고도, 온도, 습도가 높아지면 공기밀도가 낮아져 항공기의 성능은 낮아지게 된다.

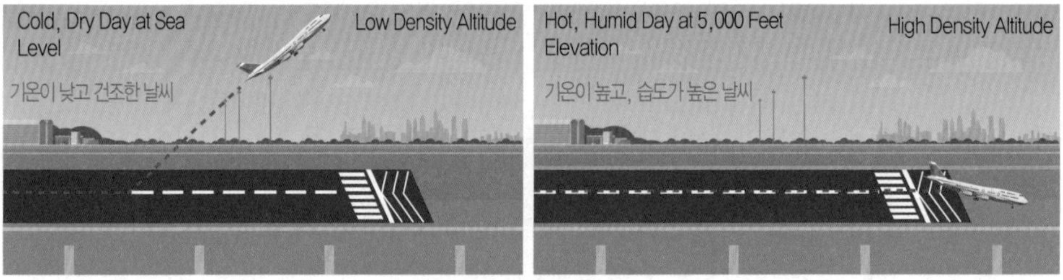

| 밀도고도가 이륙거리에 미치는 영향 |

2) 밀도고도가 높을 때 항공기에 미치는 영향

(1) 공기밀도가 낮아 항공기 엔진 출력이 저하

(2) 프로펠러 효율 저하

(3) 날개가 만들어내는 양력이 감소하여 상승률 감소

(4) 이/착륙 활주거리가 증가

(5) 부양 및 착륙속도 증가

기출 핵심문제

❖다음 중 항공기로부터 지표면 사이의 거리로 지표면 높이에 따라 그 고도가 시시각각 변하는 고도는?

① 지시고도 ② 진고도 ③ 절대고도 ④ 밀도고도

해설 정답 3

❖ 다음 중 항공기의 고도상승에 따른 공기밀도와 엔진출력 관계를 올바르게 설명한 것은?

① 공기밀도 증가, 엔진출력 증가 ② 공기밀도 증가, 엔진출력 감소
③ 공기밀도 감소, 엔진출력 증가 ④ 공기밀도 감소, 엔진출력 감소

해설 정답 4

06 비행속도의 측정

항공기의 속도 측정은 바퀴의 회전수에 따라 속도를 측정하는 자동차와 달리 항공기의 피토우 튜브(Pitot tube)을 통과하는 공기의 흐름을 측정해 비행속도를 계산한다.

1) 동정압계기 : 속도계, 고도계, 승강계가 있다.

2) 속도계 : 피토우튜브(Pitot tube)에서 측정된 공기의 전압(정압 + 동압)과 정압공(스테틱 포트)에서 측정된 대기압인 정압을 이용하여 속도를 측정한다.

3) 고도계, 승강계 : 정압공에서 측정된 공기의 정압을 이용한다.

4) 스테틱 포트(정압공, Static Port)

(1) 항공기의 측면중에 공기의 간섭을 받지 않는 곳에 설치되어 있고 비행중 대기압이 바뀌면 이 작은 구멍을 통해 대기압(정압)이 측정된다. 측정된 대기압 정보를 활용하기 위해 속도계, 승강계, 고도계와 연결되어 있다.

(2) 정압공과 피토우 튜브가 얼거나 막히게 되면 비행속도, 고도를 알 수 없어 사고로 이어질 수 있다.(1999년 페루항공 추락사고)

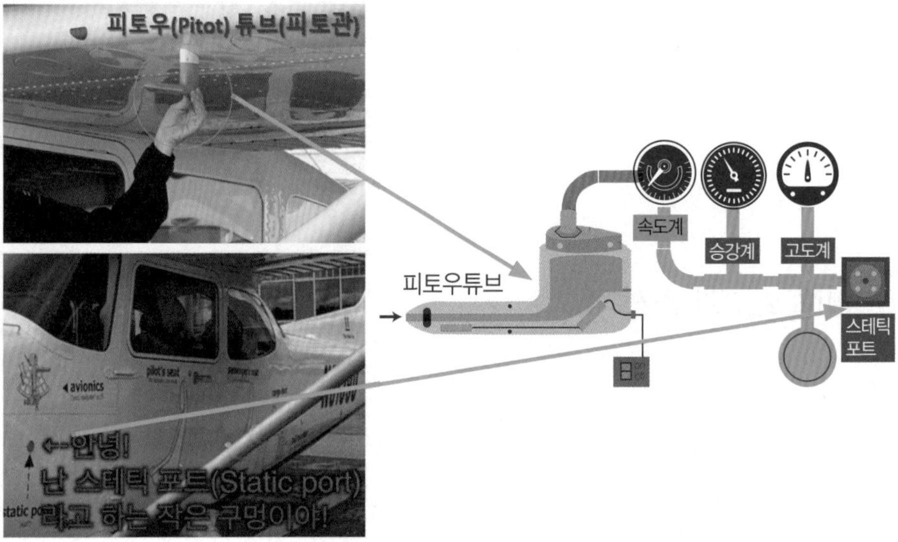

| 항공기의 피토우관과 스테틱 포트 |

기출 핵심문제

❖ 정압관(스테틱 포트)이 고장났을 때 정상적으로 동작하지 않는 항공기 계기가 아닌 것은?

① 고도계　② 승강계　③ 속도계　④ 선회계

해설 정답 4

선회계는 항공기가 좌우 방향으로 선회하는 속도를 나타내는 항공 계기로 유리관속의 강철구에 작용하는 원심력, 구심력, 중력을 이용한다. 승강계는 정압을 이용하여 항공기가 얼마나 급하게 상승 또는 하강하는지를 알려준다.

❖ 다음 중 항공기의 계기와 관련된 피토우(Pitot) 튜브에 대한 설명 중 맞는 것은?

① 고도계(altimeter)는 피토우 압력(Pitot pressure)에 의해 작동된다.
② 속도계는 피토우관과 정압에 의해 동작한다.
③ 고도계는 정압과 동압에 의해 동작한다.
④ 승강계는 피토우관의 동압에 의해 작동된다.

해설 정답 2

피토우 튜브를 통과하는 공기의 흐름인 '동압(Dynamic pressure)'과 스테틱 포트(Static port)로 들어오는 대기압인 '정압(Static pressure)'과의 차이로 비행속도를 측정한다.

07 항공기의 식스팩(Six Pack)

여러분 배에 초코릿 같은 '식스팩'을 가지고 있나요? 비행기의 가장 기본적인 계기판인 '식스팩'에 대해서 알아보고자 합니다.

| 항공기의 Six Pack |

① 대기 속도계(ASI : Airspeed Indicator)

비행기의 속도를 알려주며 초록색 구간이 안전비행이 가능한 속도이다. 항공기의 속도 측정은 항공기 외부에 달린 피토우(pitot) 튜브(관)를 통과하는 공기의 흐름인 '동압(Dynamic pressure)'과 스테틱 포트(Static port)로 들어오는 대기압인 '정압(Static pressure)'과의 차이로 비행속도를 측정한다.

그러나 항공기가 고도가 높아질수록 공기양 또한 적어져 피토관으로 들어오는 공기가 적어지므로 실제 비행속도(True air speed)보다 계기판에 표현되는 속도(Indicated air speed)가 낮게 표현되는 문제가 발생한다. 다행히 이러한 문제는 컴퓨터가 계산해서 실제 비행속도를 표현해준다. 이 공기 압력 차에 의한 속도 측정 방법은 6~70년대 나온 방식이지만 지금의 현대화된 항공기에도 사용되고 있다.

② 자세 지시계(Attitude Indicator)

비행기가 수평 또는 얼마나 기울어져 있는지 비행기의 자세를 알려준다.

③ 고도계 (ALT : Altimeter Indicator)

스테틱 포트(정압)에서 취득한 대기압 정보를 통해 항공기 고도를 표시해주는 시스템이다. 스테틱 포트(정압)에서 취득한 정보는 고도계와 승강계로 연결된다. 즉 스테틱 포트는 고도에 따른 기압 차이를 감지하여 고도를 계산하게 된다. (※ 30feet마다 1hPa 압력이 변화한다.)

④ 선회 경사계(Turn coordinator)

비행기가 왼쪽/오른쪽으로 선회(턴, Turn)하면서 기울어지는 정도와 정상적인 선회를 하기 위한 롤링모멘트(기울기)을 얼마나 주어야 하는지 알려주는 계기로 계기내 중앙의 구슬이 움직이지 않도록 선회하는 것이 관건이다. 계기내 유리관속의 강철 구슬에 작용하는 원심력, 구심력, 중력을 이용한다. 비행중 내활이나 외활 현상이 일어나는지 알 수 있는 계기이다.

균형(정상) 선회　　스키드(Skid, 외활)　　슬립(Slip, 내활)

| 선회 경사계 |

이미지 출처 : Mysid

⑤ 방위 지시계(Heading indicator)

– 비행기의 기수(Heading)의 방향을 알려주며 나침판의 역할을 하는 계기판

⑥ 승강계(수직속도계, VSI, Vertical Speed Indicator)

승강계 또한 스테틱 포트(정압)에서 취득한 대기압 변화 정보로 얼마나 빨리 기압이 빨리 변하는지 보주므로 항공기가 얼마나 빠른 속도로 상승하거나 하강하는지를 알려주는 속도계이다. 따라서 고도상승을 멈추면 장치내 압력이 평형이 되어 승강계의 지시 바늘은 '0'을 가리킨다. 작동원리는 스테틱 포트의 기압에 따라 다이아프램(공함)의 수축과 확장에 따른 변화정도로 작동한다.

08 항공기의 속도의 종류

1) 지시(계기) 대기속도(IAS, Indicated Air Speed)

지시 대기속도란 피토관에서 측정한 속도이다. 따라서 고도 등에 따라 오차가 수정되지 않은 항공기 계기에 의해 지시된 속도로 항공법상의 기준이 되는 속도이다.

MSL (Mean Sea Level)을 기준으로 눈금이 설정되어 있고, 고도에 따른 밀도의 변화가 반영하지 않은 채 표시되는 속도이다.

2) 수정 대기속도(CAS, Calibrated Air Speed)

지시 대기속도(IAS)에서 계기의 자체오차 및 피토관의 장착위치에 따른 오차를 보정한 것으로 나타내는 속도를 수정 대기속도라 한다.

3) 진대기속도(TAS, True Air Speed)

진대기속도는 항공기가 실제로 하늘을 나는 속도이다. 즉, 항공기의 고도가 높아질수록 공기 밀도가 낮아지는 것을 보정해 준 속도이다. 지시(계기) 대기속도에서 계기오차를 보정하고 고도에 따른 밀도변화를 보정한 이 속도를 '진대기속도'라 한다.

4) 대지속도 (GS, Ground Speed)

대지속도는 항공기가 실제 대지를 기준으로 움직이는 속도를 의미한다. 진대기속도(TAS)에 풍향과 풍속이 보정된 값이다.

09 대지속도(Ground speed)와 대기속도 (Air speed)

1) 대지(지상) 속도

지면에 대한 물체의 속도로, 우리가 단순히 땅(지표면) 위에서 항공기를 봤을 때의 항공기 비행속도이다. 즉, 단위 시간당 항공기가 이동한 거리로 일반적인 속도 단위이다.

예를 들어 사람이 달리는 기차(바람) 위를 걸어간다고 할 때 기차속도가 5km/h이고 사람이 기차의 진행방향과 같은 방향으로 5km/h 속도로 걸어간다고 가정한다면 지표면에서 사람을 봤을 때 10km/h(기차속도 + 사람속도=10km/h) 속도로 움직인다고 느낄 것이다. 이것이 사람에 대한 '대지속도'가 된다.

항공기가 공기 중을 비행할 때, 지면에서 떨어져서 진행하고 있기 때문에, 지면 위를 몇km/h로 나아가고 있는지 알기 어렵다. 따라서 비행기의 속도계는 일반적으로, 공기에 대한 상대속도를 표시한다.

진대기속도 100으로 비행중의 기체가 역풍(맞바람) 10을 받으면 대지속도는 90이 되고, 반대로 순풍 10을 받으면 대지속도는 110이 된다. 무풍일 때는 대지속도와 대기속도는 같다. 대지속도는 '목적지 도착시간 계산'에 사용하고 비행방향과 풍향에 따라 그 속도가 변화하므로 '상대속도'라고도 한다.

정리하면 대지(지상)속도는 정풍일때는 지시속도〉대지속도(=대기속도−맞바람)이고, 배풍일 때 지시속도〈대지속도(=대기속도+ 뒷바람)이 된다. 따라서 항공기가 선회 시 일정한 항적을 유지하기 위하여 바람에 따른 경사각을 유지하는 방법은 배풍 시에는 바람의 영향을 줄이기 위해 더 큰 경사각으로 더 빨리 돌아야 한다.

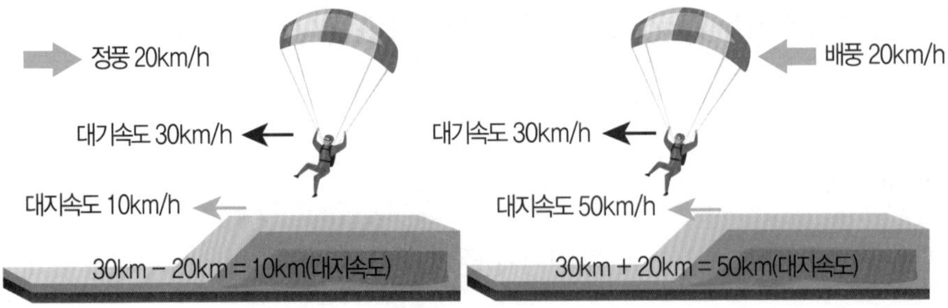

| 대지속도와 대지속도 |

2) 대기속도

대기속도는 영어로 Air Speed로 표현하며 공기와 항공기와의 상관속도를 말하는 데 기체에 장착된 속도계에 표시되는 속도가 대기속도이다.

대기속도는 조종사와 승객의 안전과 관련된 속도로 비행기가 현재 공기중을 뚫고 가는 속도로 바람과 무관하게 일정한 속도를 나타내는 '불변속도', '절대속도'라도 한다.

배풍으로 비행시 대지속도가 증가하더라도 대기속도가 감소되면 실속(stall)에 빠질 수 있다. 실속속도, 선회속도, 비행속도를 구할 때는 대지속도가 아닌 대기속도를 사용한다

기출 핵심문제

❖일정한 원형항적을 유지하기 위하여 바람에 따라 다른 경사각을 유지하는 방법은?

① 정풍에서 지시속도보다 대지속도가 크기 때문에 작은 경사각을 사용해야 한다.
② 정풍에서 지시속도보다 대지속도가 크기 때문에 큰 경사각을 사용해야 한다.
③ 배풍에서 지시속도보다 대지속도가 크기 때문에 작은 경사각을 사용해야 한다.
④ 배풍에서 지시속도보다 대지속도가 크기 때문에 큰 경사각을 사용해야 한다.

해설 **정답 4**

정풍시에는 지시속도>대지속도(=지시속도 − 맞바람)
배풍시에는 지시속도<대지속도(=지시속도 + 뒤바람)
일정한 원형을 그리기 위해서는 배풍시 바람의 영향을 줄이기 위해 더 큰 경사각으로 빨리 돌아야한다.

❖ 동력비행장치 100km/h의 속도로 10km/h의 바람을 거슬러 직선 비행하고 있다. 이 동력비행장치의 대지속도(ground speed)는 얼마인가?

① 90km/h ② 110km/h ③ 100km/h ④ 해면 상공에서는 110km/h

해설 정답 1

10 날개의 종횡비(가로세로비), 활공비, 양항비

1) 종횡비(가로세로비, AR : Aspect Ratio)

종횡비(가로세로비)는 항공기의 날개의 가로길이(Span)와 세로길이(시위선, chord)의 비율을 의미하고, 복잡한 형태의 날개는 날개면적으로 계산할 수가 있다. 종횡비는 날개가 얼마 길고 가는지를 의미하므로 종횡비가 크면 글라이드처럼 가늘고 긴 날개이다. 일반 항공기들은 보통 7~9 사이의 날개 종횡비를 가진다.

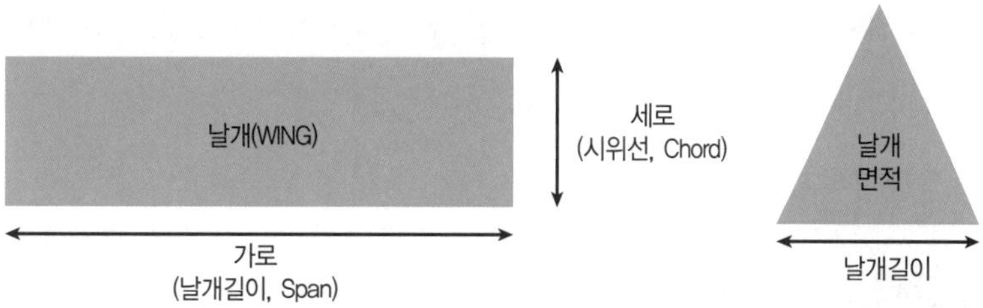

– 종횡비(가로세로비, AR) = $\frac{날개길이(Span)}{시위선(Chord)} = \frac{날개길이(Span)^2}{날개면적(Area)}$

2) 종횡비(AR)가 클수록 나타나는 현상은?

(1) 종횡비값이 크면 날개폭이 좁고 긴날개, 종횡비값이 작으면 짧은 날개모양을 가

진다. 종횡비가 클수록 긴 날개구조로 날개가 처지거나 전투기처럼 고속 비행기에는 적합하지 않다.

| 종횡비에 따른 항공기 날개모양 |

(2) 종횡비(가로세로비)가 증가하면 양력이 증가하고 양항비도 증가한다.

(3) 종횡비가 클수록 활공성능은 좋아진다.

(4) 종횡비의 값이 클수록 받음각이 커지면서 상승하는 양력에 비해 항력이 작게 되고, 그만큼 양력의 효율이 좋아진다.

☞ 높은 종횡비는 같은 양의 양력에 비해 적은 항력을 만들어 낸다

(5) 날개, 프로펠러의 종횡비가 크면 유도항력은 감소하고, 날개, 프로펠러의 폭과 면적이 커지므로 유해항력은 증가한다.

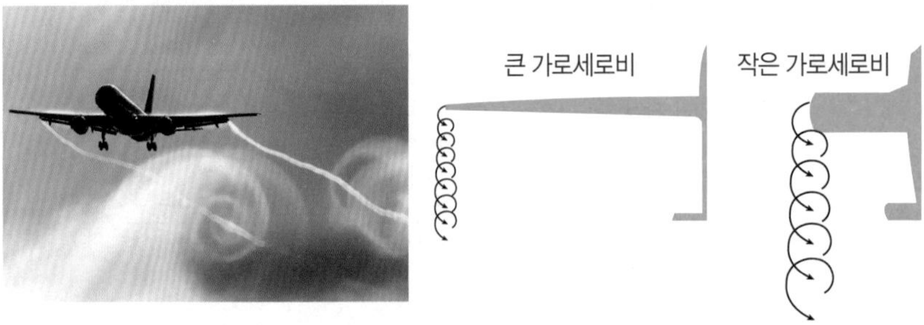

| 항공기 날개 끝 와류와 가로세로비에 따른 날개끝 와류 크기 |

2) 활공비

(1) 일정한 높이에서 얼마나 멀리 활공할 수 있는가를 나타내는 비를 말하며 활공기 전체의 양항비(L/D)와 같다.

(2) 활공비 = $\frac{\text{활공거리}}{\text{활공고도}}$

(3) 수평면에 대하여 일정한 각도로 활공할 때 글라이더는 일정한 속도로 활공하는데 이 각도를 활공각이라 한다. 먼 거리를 활공하려면 활공각이 작아야 한다. 활공각이 작다는 것은 양항비(L/D)가 크다는 것이다.

3) 양항비 (L/D ratio, 양력/항력)

항공기 날개는 공기속으로 비행할 때 양력과 동시에 항력을 발생시킨다. 양항비는 항공기의 날개가 어떤 받음각에서 생기는 양력과 항력의 비로 양항비 값이 클수록 양력이 항력보다 크다는 의미로 효율적으로 양력을 일으키고 있어 그 날개는 우수한 성질을 가진다고 할 수 있다.

기출 핵심문제

❖다음 중 항공기의 항력 중에서 날개의 가로세로비에 영향을 받는 항력은?

① 유도항력 ② 압력항력 ③ 마찰항력 ④ 조파항력

해설 **정답 1**

종횡비(가로세로비)가 크면 유도항력이 감소한다.

❖비행고도가 1000ft에서 활공하여 2000ft의 비행거리로 활공하였다면 활공비는?

① 2 ② 3 ③ 4 ④ 5

해설 **정답 1**

2000/1000=2

❖ **다음 중 활공비에 대한 설명으로 틀린 것은?**

① 활공비는 활공거리를 고도로 나눈 값이다.
② 활공비와 양항비가 같다.
③ 활공비가 좋다는 것은 활공각이 작다는 의미이다.
④ 엔진출력이 저속인 상태에서 최대 비행거리를 의미한다.

해설 **정답 4**

11 타면 조정장치의 구조

1) 동체의 구조

동체는 조종사가 조종할 수 있는 공간을 갖고있는 타면조종형비행장치의 기본이 되는 중요한 구조물로 날개, 엔진, 착륙장치 등을 지지하고 있다. 동체 구조의 일반적 형태는 트러스형(Truss Structure)과 모노코크형(Monocoque) 두 가지가 있는데 요즘 항공기에 실어나르는 양도 많아짐에 따라 많은 하중을 받게 되는 데 이를 견디기 위해 하중을 골고루 분산시키는 세미-모노코크(Semi monocoque) 구조를 많이 사용한다.

가) 트러스 구조(Truss Structure)

(1) 모든 하중은 골격인 '트러스'가 인장하중과 압축하중을 담당한다.

(2) 트러스 구조는 설계와 제작이 쉬운 장점이 있으나, 내부공간 마련이 어렵고 곡선제작이 어렵다.

(3) 전체 뼈대는 일반적으로 강재 배관을 용접하며, 강관의 재질은 용접이 양호한 저탄소강 또는 니켈-크롬-몰리브덴강이다.

나) 응력외피형 구조(Stressed skin structure)

(1) 모노코크(Monocoque) 구조

(가) 모노코크(Monocoque)는 하나를 뜻하는 'Mono'와 껍질을 뜻하는 'Coque'의 합성어로 외피가 대부분의 하중을 담당하는 구조로 '일체구조', 프레임리스 바디(Frameless body)라고도 부른다

(나) 구성은 벌크헤드(bulkhead), 정형재(Former), 외피(Skin)으로 구성

(다) 트러스 구조와 달리 내부에 별도의 골격이 없어 내부공간 확보에 유리

(라) 외피가 대부분의 하중을 담당해 외피가 두껍고 무거우며 작은 손상에도 기체에 큰 피해를 입을 수 있어 항공기 동체구조보다 미사일 구조에 적합

※ 응력(stress) : 재료에 압축, 인장, 굽힘, 비틀림 등의 외력을 가했을 때 재료 내의 저항력

(2) 세미 모노코크(Semi – monocoque) 구조

(가) 현대의 모든 여객기는 외피에 뼈대를 추가하여 같이 하중을 분산시켜 담당하는 세미-모노코크 구조를 주로 사용한다.

(나) 트러스 구조와 달리 내부에 별도의 골격이 없어 내부 공간마련이 용이하고 외피에 세로대(론저론, longeron)와 세로지(Stringers)를 추가하여 구부러짐과 좌굴을 방지하고 외형 곡면형(유선형)으로 제작이 가능하다. 모노코크 구조에 비해 튼튼하고 안전하나 고가의 제작비용과 고도의 기술이 필요

(다) 구성은 벌크헤드(bulkhead), 정형재(Former), 외피(Skin), 세로대(론저론, longeron), 세로지(Stringers), 날개 스파(Spar), 골격(frame)

※ 좌굴 : 기둥이 양단에 힘을 받았을 때 갑자기 기둥이 휘어지는 현상

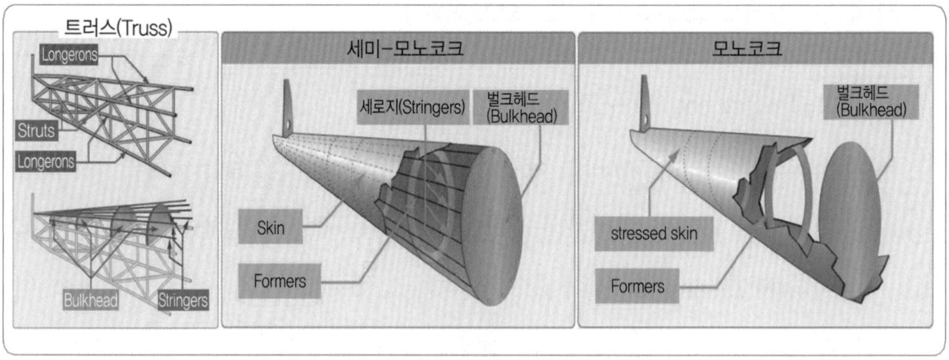

| 트러스, 세미모노코크, 모노코크 구조 |

출처 : 국토교통부 초경량비행장치 조종사 표준교재

2) 날개의 구조

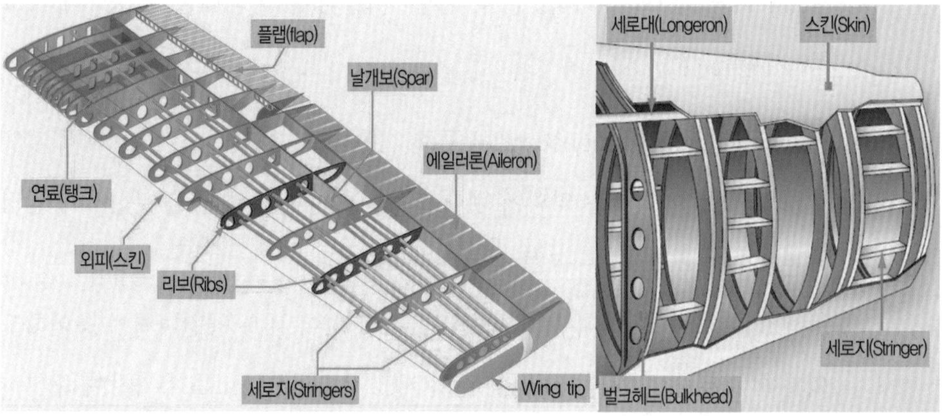

| 주 날개(Main Wing)의 구조 |

출처 : 국토교통부 초경량비행장치 조종사 표준교재

항공기의 날개는 대부분 날개 내부구조물은 날개 길이 방향에 연속적으로 날개보(스파, spar)와 세로지(스트링거,stringer), 그리고 앞전에서 뒷전으로 시위 방향에 연속된 리브(rib)와 포머(former)로 되어 있다.

가) 날개보(Spar) : 전단력과 굽힘 모멘트를 담당

(1) 항공기 동체에서 날개 끝으로 뻗쳐 있고, 날개의 굽힘에 의해서 생기는 하중을 담당하고 외피를 부착하는 지지대로 사용한다.

(2) 무게를 줄이고 내부공간을 확보할 수 있는 장점이 있다.

나) 리브(Rib) : 에어포일(날개골), 날개의 형태 유지

(1) 리브는 사람의 갈비뼈처럼 날개골 형상을 이루도록 날개의 앞전으로부터 후방 날개보 또는 뒷전 방향으로 배치

(2) 날개 캠버의 형태를 만들어 주는 중요한 구조 부재로 에어포일(airfoil)을 유지하는 중요한 기능을 하며 외피와 세로지로부터의 하중을 날개보에 전달하는 역할

다) 외피(Skin) : 비틀림 모멘트를 담당

날개의 외피는 날개보와 리브로 결합되어 비행 중의 하중과 지상에서의 하중의 일부분을 담당하도록 설계되어 있다. 외피는 압축/인장 응력에도 관여하지만, 주로 전단응력(Shear Stress)을 받는다.

라) 세로대(론저론, longeron) : 굽힘하중 담당

세로 방향의 주부재로 굽힘하중을 주로 담당하며, 세로지보다 훨씬 크고 무겁다. 스트링거, 프레임과 함께 기본적인 동체의 골격을 형성한다.

마) 세로지(스트링거, stringer) : 잔 가시, 좌굴방지

세로지(Stringer): 세로대보다 훨씬 작고 많은 수를 장착하는 파트이며 외피의 좌굴(buckling)을 방지하는 역할을 한다.

12 내연기관, 피스톤링, 윤활유의 역할 등

1) 내연기관

경량항공기의 경우 자동차 엔진처럼 왕복기관(내연기관)을 사용한다.

(1) 왕복기관에서의 압축비

– 피스톤 상사점과 하사점에 위치했을때의 실린더의 체적비율

(2) 왕복기관의 실제 점화시기

– 압축행정 ↔ 상사점 전

(3) 4행정기관은 흡입–압축–폭발–배기의 4행정을 하여 1사이클이 완료되는 방식이다. 4행정 엔진의 1사이클이 완성되면 크랭크축(크랭크샤프트, crank shaft)은 2회전, 캠축은 1회전, 실린더의 흡기/ 배기 밸브는 각 1회가 열고 닫친다.

※캠(캠축)은 밸브의 개폐에 관여한다.

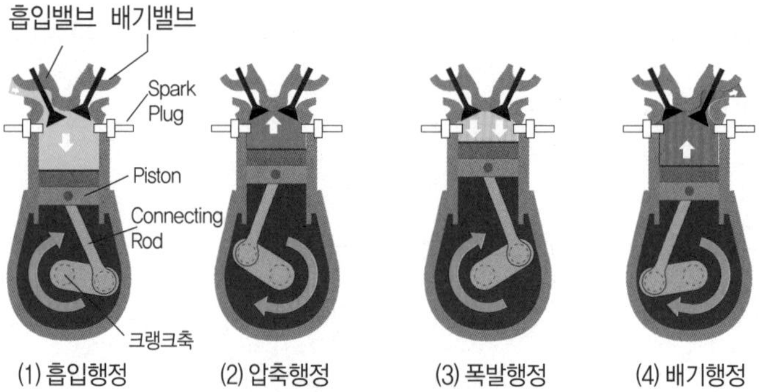

| 내연기관의 4행정 순서 |

출처: 국토교통부 표준교재

기출 핵심문제

❖ 경량비행기의 4행정기관에서 크랭크축(crank shaft)이 4회전하면 몇 번의 폭발이 발생

하는가?

① 2번 ② 3번 ③ 3번 ④ 4번

해설 정답 1

2) 피스톤 링의 역할

(1) 실린더로 열전도

– 피스톤 링과 실린더가 서로 닿아 있으므로 실린더로 열전도가 된다.

(2) 연소실 새는 오일 방지

(3) 기밀(밀봉)작용

☞ 마모작용(×)

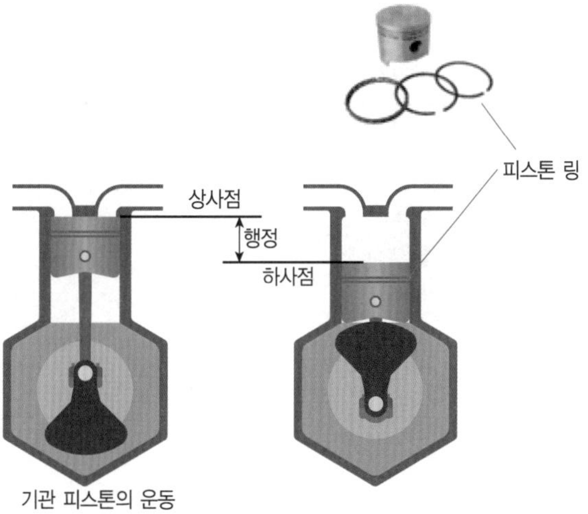

기관 피스톤의 운동

3) 왕복엔진의 윤활유의 작용(기능)은 다음과 같은 역할을 한다.

☞ 윤활유의 '점도'는 윤활유의 성질 반영

(1) 마찰 감소 및 마멸방지

(2) 방청(부식방지)

(3) 냉각작용

(4) 밀봉(기밀)작용

(5) 응력분산작용

– 윤활유가 윤활부에 작용하는 압력을 윤활부에 흐르는 오일 전체에 분산시켜 평균화시킴으로써 집중 하중이나 충격을 방지하는 작용이다.

☞ 방빙작용(×) –> 항공기의 결빙을 막는 것

4) 엔진의 배기색이 '백색'이면?

– 오일이 연소실에 올라간 경우로 점검이 필요하다.

5) 벡터(Vector)터와 스칼라(Scalar)

구분	벡터	스칼라
속성	크기, 방향	크기
예시	속도 중량 가속도 양력 항력 추력	속력 질량 길이 넓이 온도 부피

6) 연료필터

연료과 엔진에 도달하기 전에 연료의 습기나 이물질을 제거하여 이물질로 인한 인젝터, 연료분사 펌프 노즐과 같은 연료 장치의 기능 저하를 예방하고 엔진 수명을 연장한다.

| 연료필터 |

기출 핵심문제

❖ 다음 중 윤활유의 역할로 옳지 않은 것은?

① 마찰 감소작용　② 냉각작용
③ 응력분산작용　④ 방빙작용

해설 정답 4

❖ 다음 중 벡터량이 아닌 것은?

① 속도　② 가속도　③ 양력　④ 질량

해설 정답 4

7) 마력(HP, Horse Power)의 정의

1 마력(HP) = 말 한 마리가 1초 동안에 할 수 있는 일의 양

= 75kg 무게를 1초 동안에 1m 이동시키는데 필요한 힘

= 75kg · m/s = 75kgf · m/s

= 0.75kw

CHAPTER

05 비행이론 / 실력 다지기 문제

01 국제민간항공기구 ICAO에서 부르는 드론의 공식명칭으로 주로 대형무인기를 칭하는 것은 무엇인가?

① UAV(Unmanned Aerial Vehicle)

② UAS(Unmanned Aircraft System)

③ RPAS(Remote Piloted Aircraft System)

④ MAV(Micro Aerial Vehicle)

해설 * RPAS(Remotely Piloted Aviation Systems)
- 최근 국제민간항공기구(ICAO)에서 새로이 정의한 항공기급 대형 무인기
- 최근 부속서 1, 2에 무인항공기(RPAS) 조종자격 기준 마련 중이다.(마련×)
- 항공조종사 신체검사 3종(관제사에 적용하는 기준)의 신체기준 요구

정답: 3

02 다음 중 이착륙시 활주로가 필요한 비행기는?

① 고정익 비행기　② VTOL

③ 무인멀티콥터　④ 무인비행선

해설 * 고정익은 일정 속도 이상으로 앞으로 나아가야 충분한 양력이 생겨 뜰 수 있기 때문에 활주로가 필요하다.

* 회전익이 있는 비행체(헬리콥터 등)는 수직이착륙이 가능하기 때문에 활주로가 필요없다
* VTOL은 수직이착륙기이다.

정답: 1

03 다음 지문 중 드론이라는 단어가 처음으로 등장하게 한 무인비행체는?

① UMV(Unmanned Marine Vehicle)

② 퀸비(Queen Bee)

③ 스카우트(Scout)

④ UUV(Unmanned Underwater Vehicle)

정답: 2

04 다음 중 이착륙시 회전익, 고속비행시 고정익 형태로 비행하는 비행체가 아닌 것은?

① 무인헬리콥터 ② VTOL

③ 수직이착륙기 ④ 틸트로터

해설 수직이착륙기가 VTOL(Vertical Take-Off and Landing)이고, 프로펠러를 앞쪽-위쪽을 바꾸면서 (틸팅) 회전익과 고정익 방식을 전환시키는 것이 틸트로터이다.

정답: 1

05 다음 중 멀티콥터의 날개가 4개인 것의 명칭은?

① 펜타콥터 ② 옥토콥터

③ 쿼드콥터 ④ 도데카

해설 프로펠러의 개수에 따라 날개가 3개 트라이, 4개 쿼드, 5개 펜타, 6개 헥사, 8개 옥토, 12개 도데카로 구분한다.

정답: 3

06 다음 중 제자리비행(호버링)을 할 수 없는 비행체는?

① 고정익 비행기 ② 무인헬리콥터

③ 무인멀티콥터 ④ VTOL(수직이착륙기)

해설 고정익은 일정 속도 이상으로 나아가면서 오는 상대풍과 고정익으로 발생하는 양력으로 날기 때문에 회전익비행장치(헬리콥터)처럼 제자리비행이나 후진비행을 할 수 없다.

정답: 1

07 드론의 비행 후 배터리를 분리하는 순서는?

① 순서와 관계없이 분리한다. ② +극을 먼저 떼어낸다.

③ −극을 먼저 떼어낸다. ④ 동시에 떼어낸다.

해설 배터리의 연결은 (+)를 먼저 연결하고 분리는 (-)를 먼저 떼어낸다.

정답: 3

08 위성항법장치인 GPS에 대한 설명으로 맞는 것은?

① 3개 이상의 위성신호를 수신하여 시계오차를 보정한다.

② GPS수신기는 신호를 위성으로 송신한다.

③ GPS는 비행제어의 알고리즘에서 자세제어를 위한 장치이다.

④ GPS(미국)는 GNSS로 불리며 비슷한 위성으로는 GLONASS와 GALILEO가 있다.

해설 GPS는 수신기 시계오차를 보정하기 위해 4개 이상의 위성신호를 수신한다.

정답: 4

09 무인멀티콥터의 위치를 제어하는 부품은?

① GPS ② 온도 감지계

③ 레이저센서 ④ 자이로센서

해설 GPS로 현재 고도, 위치를 파악하고 그 위치를 지키며 지자계센서를 통해 기수의 방향을 알 수 있게 된다. 두 가지 센서로 밀티콥터는 세사리 비행을 할 수 있다.

정답: 1

10 드론이 비행시 동체의 좌우 흔들림을 잡아주는 센서는?

① 자이로 센서　② 지자계 센서　③ 기압 센서　④ GPS

해설 〈자이로 센서(자이로스코프) : 이동 중 자세를 계산〉

(1) 드론의 '수평유지'를 할 수 있도록 도와주는 기본센서

(2) 피치, 롤, 요 축으로 각도 변화를 검출 할 수 있다.

정답: 1

11 기체가 움직이는 동안 추력이 발생하는데 비틀림과 속도제어에 사용되는 센서는?

① 자이로 센서　② 가속도센서(엑셀레이터 센서)

③ 온도센서　④ 기압센서

해설 〈가속도 센서〉

(1) 가속도 센서는 초기 드론 자세값 계산과 기체의 가속도를 측정할 수 있다.

(2) 드론이 3차원에서 움직일 때 x, y, z축 방향의 중력가속도 측정

(3) 중력가속도를 이용한 '기울기' 측정

정답: 2

12 드론(무인멀티콥터)에 사용되는 센스의 설명 중 틀린 것은?

① AHRS - 방위각 측정

② 기압센서 - 드론의 고도 측정

③ 가속도 센서 - 비행속도 측정

④ MEMS 자이로센서 - 비행자세 유지

해설 *MEMS 자이로센서 - 반도체 공정 기술을 이용하여 만든 자이로센서(광학식 자이로)

*가속도센서– 단순히 속도를 측정하는 센서가 아니고 드론이 기울어지는 속도를 계측하는 중력 가속도 측정센서를 의미한다.

*AHRS(Attitude and Heading Reference System) : 자세와 방위측정 장치

정답: 3

13 다음 지문 중 무인멀티콥터의 기수(heading)를 제어하는 부품은 무엇인가?

① 지자계센서　　② 자이로센서
③ 레이저　　④ GPS

해설 〈지자계 센서(콤파스): 나침반 역할을 하는 센서〉
(1) 지구자기장을 이용하여 드론이 나침반이 되어 '기수(heading)'를 일정하게 유지
(2) 본 센서가 고장 시 갑자기 좌우로 기체가 흐른다.

정답: 1

14 다음 중 멀티콥터에 사용하는 IMU(Internal Measuremet Unit) 특징이 아닌 것은?

① 자세제어, 속도제어, 위치제어기가 포함된다.
② 무인비행장치의 자세각, 자세각속도, 가속도를 센싱하는 칩이다.
③ 보통 3축 가속도계, 자이로스코프 자장센서를 탑재한다.
④ 소형 비행장치에는 칩형태의 MEMS(Micro Electromechanical System)센서를 사용

해설 IMU(관성측정장치)는 일반적으로 자이로스코프, 가속도센서, 지자계(자장)센서로 구성된 소형화된 칩형태의 부속으로 드론의 가격을 낮추고 대중화에 많은 도움이 주었다. 1번지문에서 위치제어는 GPS를 의미하고 이 기능은 IMU에 없다.

정답: 1

15 드론(멀티콥터)의 부품중 모터의 회전수를 제어하는 장치는?

① IMU　　② ESC　　③ 제이로 센서　　④ GPS

해설 드론에 장착된 모터의 회전수를 조절하는 장치는 ESC(Electric Speed Controller)이다.

정답: 2

16 **다음 중 멀티콥터의 APM Copter 제어기반 시스템에서 가장 많이 관여하는 센서부터 올바르게 나열한 것은?**

① GPS 〉 Compass 〉 Gyroscope 〉 Barometer 〉 Accelerometer

② Gyroscope 〉 Accelerometer 〉 Barometer 〉 GPS 〉 Compass

③ Accelerometer 〉 Gyroscope 〉 Compass 〉 GPS 〉 Barometer

④ Gyroscope 〉 Accelerometer 〉 Compass 〉 GPS 〉 Barometer

해설 이런 문제는 앞글자만 따서 GACGB로 간단히 외우면 좋겠다.

* Gyroscope(자이로스코프)센서= 각속도센서, Accelerometer(엑셀러로미터)=가속도센서, Barometer(바로미터) = 기압센서, Compass(콤파스) = Magnetometer(마그네토미터) = 지자계센서

* 아두파일럿(ArduPilot)은 세계 최대 아마추어 자작 드론 커뮤니티 'DIY Drones' (http://diydrones.com/)에서 2007년부터 시작된 오픈 소스 드론 프로젝트이다. 하드웨어로는 APM(ArduPilot Mega)이라 하여 아두이노 기반의 하드웨어를 자체 개발하여 사용하고 있다.

정답: 4

17 **다음 중 Brushless 모터의 특징이 아닌 것은?**

① 수명이 반영구적이고 고속회전이 가능하다.

② 구동을 위한 ESC가 필요하다.

③ 가격이 싸고 완구용 드론에 적합하다.

④ 발열이 적고 회전수의 변동이 적은 편이다.

해설 브러시리스모터(Brushless DC Motor, BLDC): 브러시가 없는 모터로 Brushed DC Moter보다 수명이 길고 고속회전이 필요한 대형 드론에 적합하며 ESC가 필요하다. Brushed DC Moter에 비해 가격이 비싸다.

정답: 3

18 **초경량비행장치에 사용하는 장치에 대한 설명으로 올바른 것은?**

① 완구류 멀티콥터에서는 구동이 간단하고 저렴한 BLDC모터를 사용한다.

② Brushless 모터는 ESC 없이 사용할 수 있다.

③ 리튬폴리머 배터리는 메모리 현상이 있다.

④ 리튬폴리머 배터리는 리튬이온에 비해 용량이 크고 안정성이 높다.

해설 BLDC(= Brushless DC모터)는 ESC가 필요하고 Brushed DC모터에 비해 구동이 복잡하고 고가이다.

정답: 4

19 AC / DC모터의 특징의 구분이 틀린 것은?

① DC모터는 AC모터에 비해 수명이 길다.

② DC모터는 속도제어를 위한 속도제어기(ESC)가 필요하다.

③ AC모터는 교류모터이다.

④ DC모터는 정확한 속도제어가 가능하다.

해설 AC모터는 교류모터로서 수명이 DC모터에 비해 긴 장점이 있지만 교류의 특성상 정확한 속도제어가 불가능하다.

정답: 1

20 다음 중 드론(멀티콥터)가 이륙할 때 꼭 필요한 장치가 아닌 것은?

① 모터 ② 변속기 ③ 배터리 ④ GPS

해설 GPS(Global Positioning System)는 GPS 위성에서 보내는 신호를 수신해 사용자의 현재 위치를 계산하는 위성항법시스템이다.

정답: 4

21 무인 멀티콥터의 명칭과 설명으로 틀린 것은 어느 것인가?

① 프로펠러는 양력을 높이기 위해 금속으로 만들면 좋다.

② 지자계센서와 자이로 센스는 드론비행에 중요하다.

③ 모터는 BLDC모터를 주로 사용한다.

④ 비행전에 배터리는 완전 충전해서 비행을 실시한다.

해설 프로펠러의 소재는 카본, 우드, 플라스틱 등을 주로 사용하고 금속은 무겁고 상대적으로 위험하기 때문에 사용하지 않는다.

정답: 1

22 다음 중 멀티콥터에 사용하는 2차 전지에 속하지 않는 배터리는?

① 니켈카드뮴(Ni–Cd)배터리 ② 니켈수소(Ni–MH)배터리

③ 리튬폴리머(Li–Po)배터리 ④ 알카라인 전지

해설 2차 전지: 한 번 쓰고 버리는 1차 전지 알카라인 전지와 달리 충전을 통해 계속 사용하는 전지를 말하며 리튬폴리머(Li–Po)배터리, 니켈수소(Ni–MH)배터리, 니켈카드뮴(Ni–Cd)배터리 등이 있다.

정답: 4

23 배터리 충전 및 관리 요령으로 맞는 것은 어느 것인가?

① 4.2V로 완전충전해서 보관하면 장기보관이 가능하다.

② 상온 22도~28도에서 보관한다.

③ 배터리 매뉴얼보다 전압을 높여 충전한다.

④ 배터리 배가 부풀면 즉시 충전을 중단하고 수리해서 사용한다.

해설 배터리는 완충이 되면 충전을 완료하고 충전할 때는 화재의 위험이 있으므로 항상 자리를 비우지 않는다. 배터리는 상온 22~28℃ 이하에서 보관한다.

정답: 2

24 리튬 폴리머 배터리 보관 시 주의 사항이 아닌 것은?

① 매 비행 시 마다 배터리를 완충시켜 사용한다.

② 장기보관 할 때는 배터리를 방전(2/3)시킨 후 보관한다.

③ 사용한달 전에 미리 완충한다.

④ 안전 보관 팩에 넣어서 보관을 한다.

해설 리튬폴리머 배터리는 사용 전에 완충하여 사용한다.

정답: 3

25 현재 잘 사용하지 않는 배터리의 종류는 어느 것인가?

① Li-Po ② Li-Ch ③ Ni-MH ④ Ni-Cd

해설 Ch 들어간 것이 안 쓰는 것의 답으로 체크하고 ch가 없다면 니켈카드뮴(Ni-CD) 배터리를 정답으로 하여야 한다.
니켈카드뮴(니카드, Ni-Cd) 배터리가 드론에도 사용되고 소형화 가능성을 보여줬지만 비싼 가격과 독성으로 인한 환경오염, 메모리 효과 등의 문제를 야기시켜 점차 시장에서 퇴출되고 있다(Ni-ch도 답이 아님).

정답: 2

26 다음 중 무인 멀티콥터 조종기(송수신기) 관리법으로 잘못된 것은?

① 조종기는 22~28℃ 상온에서 보관한다.

② 조종기 점검은 비행 전 시행을 한다.

③ 조종기는 하루에 한번 씩 체크를 한다.

④ 조종기 장기 보관 시 배터리는 50% 내외로 충전해서 보관한다.

해설 * 조종기는 매 비행 시마다 점검을 한다.

정답: 3

27 드론의 조종기를 장기간 사용하지 않을시 보관 방법으로 옳은 것은 어느 것인가?

① 온도에 상관없이 보관한다.

② 장기간 보관 시 배터리 커넥터를 분리한다.

③ 완충하여 보관한다.

④ 분해하여 보관을 한다.

해설 * 조종기를 장기간 사용하지 않을 시 배터리 분리해서 적당한 온도에서 보관해야 한다.

정답: 2

28 **GPS가 장착된 비행체가 건물 속에서 GPS가 미작동시 이용하는 항법은?**

① 지문항법 ② 추측항법 ③ 관성항법 ④ 무선항법

해설 추측항법 기술은 GPS를 사용한 위치 파악 기술이 개발되기 이전인 수 천년 전부터 항해사들이 이용해 온 방법이다.

정답: 2

29 **다음 중 드론(멀티콥터)의 비행 모드가 아닌 것은 어느 것인가?**

① 고도제한모드 ② 에티(ATTI)모드 ③ 수동모드 ④ GPS모드

정답: 1

30 **다음 중 프로펠러에 작용하는 하중이 아닌 것은 무엇인가?**

① 인장력 ② 휨응력 ③ 비틀림력 ④ 압축력

해설 프로펠러의 작용하는 하중 – 인장력, 휨응력, 비틀림력이다.

정답: 4

31 **다음 중 멀티콥터 프로펠러 제원 22×5에서 측정할 수 있는 것은 무엇인가?**

① 속도 ② 거리 ③ 압력 ④ 온도

해설 멀티콥터 프로펠러 제원이 22×5인 경우 프로펠러의 직경이 22인치이고, 피치가 5인 프로펠러이다 이때 5피치는 1회전 했을 때 이동 거리를 나타낸다.

정답: 2

32 **프로펠러의 피치에 대한 설명이 옳은 것은 어느 것인가?**

① 프로펠러가 블레이드 각의 기준선이다.

② 바람의 속도가 증가할 때 프로펠러의 회전을 유지하기 위해서는 피치를 감소시킨다.

③ 기하학적 피치 〈 유효피치

④ 프로펠러가 한번 회전할 때의 전방으로 진행한 이론적 거리를 기하학적 피치라 한다.

해설 〈피치의 종류〉

(1) 기하학적 피치(Geometric Pitch ; G.P): 나사의 피치와 같으며, 보통 피치라고 하면 이 기하학적 피치를 말하며 공기를 강체로 가정하여 프로펠러가 1회전하였을 때 이론적인 진행거리를 말한다.

(2) 유효 피치(Effective Pitch ; E.P): 프로펠러가 1회전 할 때 실제로 전진한 거리로서 속도에 따라 변하고 유효피치는 기하학적 피치보다 작다.

(3) 기하학적 피치 〉 유효피치

정답: 4

33 다음 중 Blade pitch의 의미는 무엇인가?

① 블레이드 반경 ② 블레이드 직경

③ 블레이드의 회전각 ④ 블레이드가 1회전할 때 진행거리

해설 ④는 피치의 정의이다.

정답: 4

34 멀티콥터 프로펠러 1회전 시에 피치가 측정할 수 있는 것은 무엇인가?

① 속도 ② 거리 ③ 기압 ④ 습도

해설 피치 : 프로펠러가 무부하상태에서 1회전 했을 때 전진거리(인치)를 나타낸다.

정답: 2

35 드론(무인 멀티콥터)가 일반적으로 비행할 수 없는 방식은 어느것인가?

① 전진비행 ② 후진비행 ③ 회전비행 ④ 배면비행

해설 멀티콥터는 헬리콥터와 달리 고정피치(프로펠러가 고정)이기 때문에 프로펠러의 공기흐름을 바꿀 수 없어 배면비행(뒤집어서 비행)을 할 수 없다.

정답: 4

36 무인멀티콥터의 비행 후 기체 점검 사항 중 옳지 않은 것은?

① 배터리 배부름 및 파손상태 확인하고 점검한다.

② 프로펠러의 파손여부/결합여부 등을 점검한다.

③ 송수신기의 배터리 잔량을 확인하고 부족한 경우 충전한다.

④ 남은 배터리가 있을 경우 호버링 비행하여 모두 소모시킨다.

해설 비행 후에는 남은 배터리가 있어도 배터리 배부름 및 파손상태 확인하고 추후 사용을 위해 만충한다. 배터리를 과도하게 방전시키면 배터리가 손상이 될 수 있으므로 30~40%정도 남았을 때 기체를 내리는 것이 좋다.
비행 후 기체점검은 프로펠러 파손여부/결합여부 점검, 동력계통 모터, 변속기 이상상태 점검, 암대, 메인프레임, GPS안테나, 랜딩 스키드 파손상태 조임상태 연결상태 점검, 배터리 배부름 및 파손상태 확인, 조종기 배터리 잔량 등을 확인한다 .

정답: 4

37 무인멀티콥터를 조종하다가 비행중 기체에 문제가 생겼을 때 바로 해야 하는 행동으로 올바른 것은?

① 최단거리로 비상착륙을 한다.

② 조종이 되지 않을 때는 배터리가 소진될 때 까지 비행한다.

③ 즉시 자세제어(Atti) 모드로 전환하여 조종을 한다.

④ 주위 사람에게 큰소리로 외친다.

해설 비행 중 기체에 이상이 생기면 먼저 큰 소리로 주위에 위험을 알리고 자세제어모드로 전환하여 최단거리로 비상착륙을 한다.

정답: 4

38 다음 중 드론(멀티콥터)가 주로 사용 추력장치로 맞는 것은?

① 전기모터 ② 가솔린 ③ 로터리엔진 ④ 터보엔진

해설 멀티콥터는 거의 엔진을 사용하지 않으며 배터리로 사용하는 전기모터를 사용한다.

정답: 1

39 초경량비행장치 운항할 때 거리 등을 계산해서 운항하는 항법은 무엇인가?

① 지문항법 ② 위성항법 ③ 추측항법 ④ 무선항법

해설 * 지문항법: 조종사가 지형을 시각적으로 확인하면서 최초 선정된 확인점(check point)에서 다음 확인점까지 비행하는 항법의 한 종류

* 추측항법: 항공기의 대기 속도, 비행시간, 침로, 풍향, 풍속, 거리 등의 정보를 계산(추측)하여 항공기의 위치, 대지 속도, 도착 시간 따위를 산출하고 추정하여 비행하는 방법

정답: 3

40 드론(멀티콥터) 착륙지점으로 바르지 않는 것은?

① 평평한 해안지역으로 바람이 적은 곳

② 나무가 없는 평평한 지역

③ 고압선이 없고 평평한 지역

④ 평평하면서 수풀이 없는 경사진 곳

해설 멀티콥터의 착륙지점은 주변에 사람과 장애물, 전선 등이 없는 평평한 지역이다. 경사진 곳에 착륙하면 전복 사고의 우려가 있다.

정답: 4

41 다음 중 멀티콥터의 비행 후 점검 사항이 옳지 않은 것은?

① 수신기 전원을 먼저 끈다.

② 송신기 전원부터 끈다.

③ 제조사의 매뉴얼대로 점검한다.

④ 기체를 안전한 곳으로 옮긴다.

해설 비행시에는 송신기(조종기)를 먼저 켜고 수신기(기체)를 켠다. 비행후에는 수신기(기체)부터 끈 후에 송신기(조종기)를 꺼야 안전하다.

정답: 2

42 SHELL 모델중 E(Environment)에 대한 설명 중 틀린 것은?

①시설 ② 기상 ③ 온도 ④ 조명

해설 *Environment(물리적 환경) : 날씨, 기온, 습도, 조명 등 물리적 환경
*Hardware(하드웨어) : 항공기, 장비, 공구, 각종 시설 등
*Software(소프트웨어) : 법, 규정, 절차, 각종 매뉴얼, 점검표 등

정답: 1

43 인적요인 shell 모델 중 규정과 절차, 매뉴얼과 관계된 것은?

① L-L ② L-H ③ L-E ④ L-S

해설

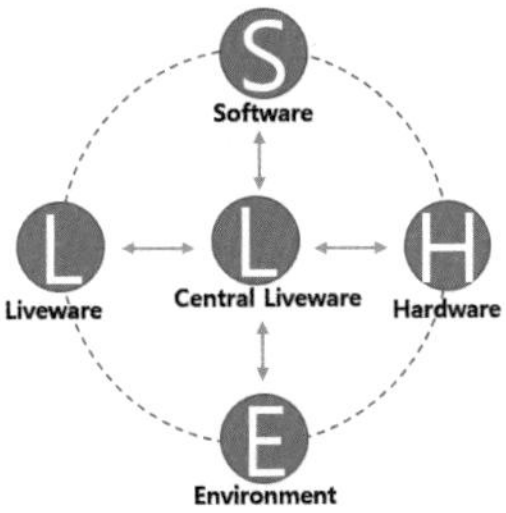

(1) Liveware(인간)
- 성격, 의사소통, 리더쉽, 문화
(2) Hardware(하드웨어)
- 항공기, 장비, 공구, 각종시설 등
(3) Software(소프트웨어)
- 법, 규정, 절차, 각종 매뉴얼, 점검표 등
(4) Environment(물리적 환경)
- 날씨, 기온, 습도, 조명, 소음 등 물리적 환경
(5) Central Liveware
- 자기자신을 의미

정답: 4

44 1마력을 대한 설명으로 틀린 것은?

① 한 마리의 말이 1초동안 75kg의 중량을 1m움직일수 있는 일의 크기

② 0.75kw

③ 0.75kg · m/sec

④ 75kg · m/sec

해설 1HP = 75kg · m/s = 0.75kw

정답: 3

45 다음 중 초경량비행장치에 발생하는 항력의 종류가 아닌 것은?

① 형상항력 ② 유해항력
③ 조파항력 ④ 유도항력

해설 조파항력은 초음속 비행기에서 발생하는 특수한 항력이다.

정답: 3

46 **다음 중 항공기에 발생하는 항력에 대한 설명으로 틀린 것은?**

① 형상항력 - 날개 앞모양에 따른 항력
② 마찰항력 - 표면의 거칠기에 따른 항력
③ 조파항력 - 공기의 신축성 충격파에 의한 항력
④ 유도항력 - 양력에 의해 발생하는 항력

해설 조파항력 - 공기의 압축성 충격파에 의한 항력

정답: 3

47 **다음 중 고정익 비행장치에서 속도가 증가하면 감소하는 항력은?**

① 형상항력 ② 유해항력 ③ 전체항력 ④ 유도항력

해설 항공기의 속도가 증가할 수록 유도항력은 감소하고, 항공기의 받음각이 커지면 유도항력은 커진다.

정답: 4

48 **회전익 항공기에만 발생하며 마찰항력이라고 불리는 항력으로, 블레이드가 공기를 지날때 표면마찰(점성마찰)로 인해 발생하는 마찰성 저항은?**

① 총 항력 ② 유해항력 ③ 형상항력 ④ 유도항력

해설 형상항력은 유해항력의 일종으로 회전익 항공기의 회전 깃(blade)이 회전할 때 마찰성 저항으로부터 발생하는 항력으로 받음각과 함께 변하지 않으나 속도가 증가됨에 따라 다소 증가하고 회전익에서만 발생한다.

정답: 3

49 비행장치의 날개 종횡비의 비율이 커지면 나타나는 현상이 아닌 것은 무엇인가?

① 유해항력이 증가한다. ② 활공성능이 좋아진다.

③ 유도항력이 감소한다. ④ 실속이 증가한다.

해설 날개의 가로세로비(종횡비; Aspect Ratio, A.R)

☞ 종횡비(AR)값이 크면 날개폭이 좁고 긴날개, 종횡비(AR)값이 작으면 짧은 날개

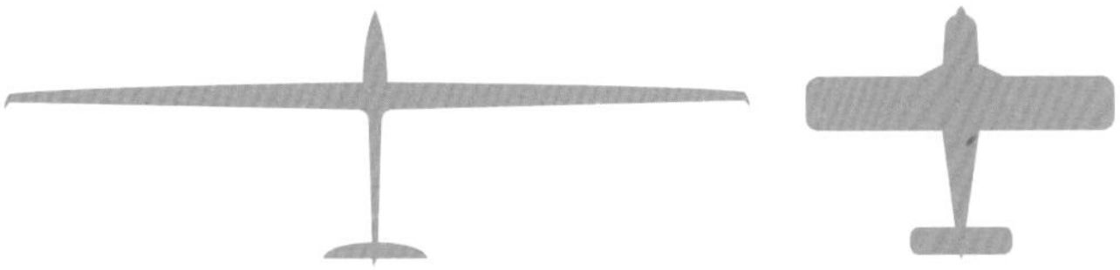

글라이드(Schleicher ASH 31) 경비행기(Piper Cherokee)

(1) 종횡비의 값이 클수록 받음각이 커지면서 상승하는 양력에 비해 항력이 작게 되고, 그만큼 양력의 효율이 좋아짐(높은 종횡비는 같은 양의 양력에 비해 적은 항력을 만들어 낸다.)

(2) 종횡비(가로세로비)가 증가하면 양항비가 증가하고, 양력발생도 증가한다.

(3) 날개, 프로펠러의 종횡비가 크면 유도항력은 작아지고 종횡비가 클수록 활공성능은 좋아진다. 날개, 프로펠러의 폭과 면적이 커지므로 유해항력은 증가한다.

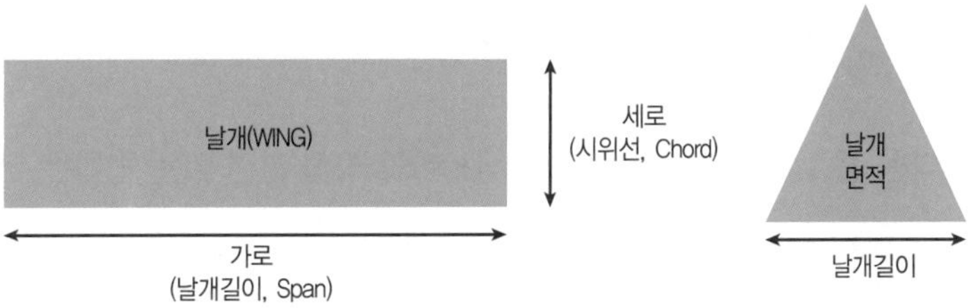

$$\text{가로세로비(AR)} = \frac{\text{날개길이}(Span)}{\text{시위선}(Chord)} = \frac{\text{날개길이}(Span)^2}{\text{날개면적}(Area)}$$

정답: 4

50 비행중인 멀티콥터의 뒤에서 밀어주는 구간의 힘의 영향으로 속도가 상승할 때 이 힘은?

① 속도 ② 가속도 ③ 양력 ④ 추진력

해설 속도는 물체의 빠르기와 방향을 나타내는 벡터량이며 가속도는 속도 벡터가 단위시간 동안 얼마

나 변했는지를 나타내는 벡터량이다.

정답: 2

51 **무인멀티콥터가 전진비행을 계속하면 속도가 증가 되는데 이것과 관련된 뉴턴의 운동법칙은?**

① 가속도의 법칙 ② 관성의 법칙

③ 작용반작용의 법칙 ④ 등가속도의 법칙

해설 가속도의 법칙: 시간에 따라 속력이 변하는 비율을 나타낸 양을 '가속도'라고 한다. 가속도는 운동상태가 변하는 정도를 나타내는 것이다.

정답: 1

52 **항공기의 양력을 발생시키는 원리를 설명할 수 있는 법칙은?**

① 질량보존의 법칙 ② 에너지 보존법칙

③ 베르누이정리 ④ 관성의 법칙

해설 양력의 발생 원리는 '베르누이의 원리' 로 설명할 수 있다.

정답: 3

53 **다음 중 뉴턴의 법칙 중 토크(torque)와 직접 관련 있는 법칙은 무엇인가?**

① 작용과 반작용법칙 ② 관성의 법칙

③ 질량보존의 법칙 ④ 베르누이정리

해설 〈 토크와 반토크 〉

(1) 토크(Torque)

무인헬리콥터의 중추인 메인 로터가 시계방향으로 회전을 하고 있다면 동체(몸체)는 반시계방향으로 돌아가려는 성질이 있는데 이를 토크(torque)라고 한다.

(2) 반 토크(Anti-torque)

메인로터와 동체가 서로반대방향으로 회전하려 하기 때문에 이를 상쇄하기 위해서는 조종자는 적절히 조종 패달을 밟아 테일 로터(tail rotor)의 회전수를 조절하거나 동축반전의 형태로 토크에 의해서 동체가 돌아가는 힘을 막아주는 반대방향의 힘을 반토크라고 하며 헬리콥터의 기수의 회전을 막는다.

〈뉴턴의 운동 제3법칙 : 작용 반작용의 법칙〉
운동하는 모든 물체는 그 방향의 반대방향으로 같은 크기의 반작용을 한다는 것을 말한다.

정답: 1

54 다음 중 베르누이 원리에 대한 바른 설명으로 옳은 것은 어느 것인가?

① 정압이 일정하다. ② 동압과 전압의 합이 일정하다.
③ 전압이 일정하다. ④ 동압이 정압보다 크다.

해설 〈베르누이 원리 핵심〉
1. 속도가 빠르면 압력이 작아진다('빠작'으로 외워라)
2. 정압+동압=전압이고, 전압은 항상 일정하다.
3. 접압이 일정하므로 동압이 증가하면 정압이 감소하고, 동압이 감소하면 정압이 증가한다(반비례 관계이다.)

정답: 3

55 다음 중 베르누이 원리에 대한 바른 설명은?

① 위치에너지의 변화에 의한 압력이 동압이다.
② 유체의 속도가 증가하면 정압이 감소한다.
③ 베르누이 정리는 밀도와 무관하다.
④ 정상흐름에서 정압과 동압의 합은 일정하지 않다.

해설 베르누이 원리는 에너지 보존의 원칙(위치에너지 + 운동에너지 = 일정)의 이상유체버전이다. 즉 운동에너지의 변화에 의한 압력이 동압이다.

정압(P) + 동압(q) = 전압(P_t) 일정 → $P + \frac{1}{2}\rho V^2 = P_t$(전압) 일정

〈베르누이 원리 핵심〉
(1) 속도가 빠르면 압력이 작아진다.
(2) 정압+동압=전압이고, 전압은 항상 일정하다.

(3) 전압이 일정하므로 동압이 증가하면 정압이 감소하고, 동압이 감소하면 정압이 증가한다(반비례 관계이다).
(4) 동압은 유체의 속도의 제곱에 비례한다.
(5) 공기의 밀도는 온도에 반비례하고, 밀도는 압력에 비례한다.
(6) 동압은 부딪치는 면적에 비례한다.

정답: 2

56 다음 중 베르누이 정의로 옳지 않는 것은 어느 것인가?

① 동압은 충돌하는 면적에 비례한다.

② 동압은 공기 흐름 속도의 제곱에 비례한다.

③ 동압은 공기의 밀도와 비례한다.

④ 동압은 정압의 크기에 비례한다.

해설 〈베르누이 원리〉

1. 기본원리 : 에너지 보존의 법칙 (☞에너지 총합은 항상 일정)
   ☞ 동압과 정압과는 반비례 한다.(정압+동압=전압 ☞ 전압은 항상 일정)
   ① 동압이 증가하면 정압이 감소
   ② 유체의 속도가 커지면 압력(정압)이 감소
2. 속도계는 동압을 지시하며 동압= 전압 -정압= (정압+ 동압)- 정압
   (1) 동압 : 앞에서 부딪치는 바람의 압력
   (2) 정압 : 주변 대기압으로 유체의 흐름이 없을 때 또는 유체 흐름을 고려하지 않을 때 즉 중력에 의한 압력
3. 흐름의 속도가 빨라지면 동압이 증가하고 정압은 감소한다(반비례 관계)

정답: 4

57 베르누이 정리에 대한 설명으로 옳은 것은?

① 유체속도가 빠르면 정압이 낮아진다.

② 유체속도는 정압에 비례한다.

③ 정압은 속도와 비례한다.

④ 유체속도는 압력과 무관하다.

해설 〈베르누이 원리〉

에너지 보존의 법칙 (☞ 에너지 총합은 항상 일정)

☞ 동압과 정압과는 반비례 한다.(정압+동압=전압 ☞ 전압은 항상 일정)

① 동압이 증가하면 정압이 감소

② 유체의 속도가 커지면 압력(정압)이 감소

정답: 1

58 윙렛(Wing let)의 설치 목적으로 맞는 것은?

① 간섭항력 감소

② 마찰항력 감소

③ 유도항력 감소

④ 형상항력 감소

정답: 3

59 고정익 항공기 날개에 흐르는 공기의 흐름에 대한 설명 중 맞는 것은?

① 날개의 윗부분 속도가 빠르고 압력은 낮다.

② 날개의 윗부분 속도가 빠르고 압력이 높다.

③ 날개의 아랫부분 속도가 빠르고 압력이 낮다.

④ 날개의 아랫부분 속도가 느리고 압력이 낮다.

해설 날개의 윗부분은 속도가 빠른반면 압력(정압)은 낮다(베르누이 원리 양력설명).

정답: 1

60 무인 회전익의 비행장치의 전진 비행 시 힘의 형식에 맞는 것은?

① 수직추력〉항력 ② 무게〈양력 ③ 양력〉수직추력 ④ 항력〉양력

해설 추력이 항력보다 크면 클수록 앞으로 더욱 빠르게 나아간다.

등속도 수평비행 : 양력 = 중력, 추력=항력

정답: 1

61 **다음 중 지면효과(GE)에 대한 설명 중 옳지 않은 것은?**

① 지면효과가 나타나는 낮은 고도에서는 더 많은 무게를 지탱할 수 있다.

② 이륙시 정상속도보다 적은 속도로 이륙이 가능하나, 그 효과를 벗어나면 실속(Stall)이나 침하가 될 수 있다.

③ Ground effect(GE)의 고도는 날개길이(Span)이하이다.

④ 착륙시 활주거리가 짧아지는 효과가 있다.

해설 지면효과는 양력 발생과 관련된 내용으로 활주거리는 지면효과와 무관

정답: 4

62 **다음 중 헬리콥터 피치각에 대한 설명 중 옳지 않은 것은?**

① 메인로터와 테일로터의 회전비는 1:5이다.

② 메인로터의 피치각은 상승과 하강시 변화시킬 수 있다.

③ 테일로터의 피치각을 변화시킬 수 없다.

④ 메인로터와 테일로터의 피치각은 각각 변화시킬 수 있다.

해설 메인로터와 테일로터의 날개의 피치각은 모두 변화시킬 수 있다.

정답: 3

63 **운행중인 헬리콥터의 추락시 대처해야 할 행동으로 옳은 것은?**

① 사이클릭 피치를 좌우로 조종하여 방향을 안전성을 유지한다.

② 콜렉티브 피치를 올려 추락속도를 늦추어 충격을 최소화한다.

③ 테일로터의 추력을 올려 횡방향의 안전성을 확보한다.

④ 메일로터의 피치각을 작게하여 양력을 최대로 올린다.

해설 콜렉티브 피치를 당겨서 올리면 기체가 상승하게 하거나 메인로터의 피치각을 크게 하면 받음각이 상승하여 양력이 증가하여 추락속도를 늦출 수가 있다.
〈헬리콥터의 조정면〉

(1) 콜렉티브 피치 컨트롤(Collective Pitch Control) – 콜렉티브 피치를 위로 당기면 상승하고 내리면 하강한다.

(2) 사이클릭 피치 컨트롤(Cyclic Pitch Control)– 사이클릭 피치는 헬리콥터의 전진, 후진 좌, 우를 운전한다.

정답: 2

64 드론이 우측으로 이동을 할 때 각 모터의 형태를 바르게 설명한 것은?

① 오른쪽 프로펠러의 힘이 약해지고 왼쪽 프로펠러의 힘이 강해진다.

② 왼쪽 프로펠러의 힘이 약해지고 오른쪽 프로펠러의 힘이 강해진다.

③ 왼쪽, 오른쪽 각각의 로터가 전체적으로 강해진다.

④ 왼쪽, 오른쪽 각각의 로터가 전체적으로 약해진다.

정답: 1

65 무인 멀티콥터 기수를 우측으로 회전시키 프로펠러는 어떻게 회전하는가?

① 반시계방향 프로펠러가 천천히 돌고 시계반대방향 프로펠러가 빨리 돈다.

② 시계방향 프로펠러가 천천히 돌고 반시계방향 프로펠러가 빨리 돈다.

③ 우측 프로펠러가 빨리 돌고 좌측 프로펠러가 천천히 돈다.

④ 좌측 프로펠러가 빨리 돌고 우측 프로펠러가 천천히 돈다.

해설 작용반작용의 원리에 따라 기수를 우측으로 돌리려면 좌측으로 회전하는 프로펠러 들이 빨리 돌아야 한다.

정답: 2

66 다음 중 항공기를 공중에 뜨게 하는 양력에 대한 설명 옳은 것은?

① 양력은 항상 중력의 반대방향으로 작용한다.

② 양력은 속도의 제곱에 비례하고 받음각의 영향을 받는다.

③ 양력은 유체의 흐름 방향에 대한 수평으로 작용하는 힘이다.

④ 속도의 변화가 없으면 양력의 변화가 없다.

해설 〈양력의 성질〉

받음각이 커지면 처음에는 양력도 커지고 항력은 감소하나 임계각(보통 받음각이 18.4도 이상)이상으로 커지면 날개로 흐르는 기류의 박리현상이 발생해 양력이 크게 감소되고 항력이 급격하게 증가하여 실속(Stall)으로 추락할 수 있다. 추력과 항력은 서로 반대로 작용하여 속력과 관계가 있다.

(1) 양력공식

$$L = W = \frac{1}{2} \rho V^2 S C_L$$

* L(Lift : 양력), ρ(공기밀도), S(날개면적), V(속도), CL(양력계수)

(2) 양력은 공식에서 알 수 있듯이 양력은 공기밀도(ρ), 속도의 제곱, 날개의 면적, 양력계수에 비례한다.

(3) 대기압이 높아지면 양력증가, 항력증가

(4) 양력은 상대풍에 수직(수평X)으로 작용하는 항공역학적인 힘이다.

정답: 2

67 항공기 날개에 작용하는 양력에 대한 설명으로 옳은 것은?

① 양력은 날개의 시위선 방향의 수직 아래 방향으로 작용한다.

② 양력은 날개의 상대풍이 흐르는 방향의 수직 위 방향으로 작용한다.

③ 양력은 날개의 상대풍이 흐르는 방향의 수직 아래 방향으로 작용한다.

④ 양력은 날개의 받음각 방향의 수직 아래 방향으로 작용한다.

해설 양력(Lift)은 비행체 날개를 향해 오는 바람(상대풍)의 수직 위쪽으로 작용하는 힘으로 즉, 위로 떠오르는 힘이다.

정답: 2

68 항공기에 작용하는 4가지 힘이 아닌 것은 무엇인가?

① 양력 ② 추력 ③ 압축력 ④ 중력

해설 비행장치의 작용하는 4대 힘은 양력, 중력(무게), 추력, 항력이다.

정답: 3

69 회전익 비행장치의 등속도 수평 비행을 하고 있을 때 작용하는 힘의 조건은?

① 추력=항력, 양력=무게 ② 추력=양력, 항력 = 무게

③ 추력=양력+중력 ④ 추력=양력+항력+중력

해설 항공기에 작용하는 양력, 중력, 추력, 항력의 4가지 힘이 균형을 이룰 때 항공기는 등속도 비행(수평비행)을 한다. 추력과 항력이 서로 같고 무게와 양력이 서로 같은 상태이다.

정답: 1

70 **회전익 비행장치(헬리콥터 등)가 호버링 비행에서 전진비행으로 바뀌는 과도적인 상태는?**

① 나비효과 ② 전이 비행

③ 지면 효과 ④ 자동 비행

해설 제자리 비행에서 전진비행으로 변경 될 때 나타난다.

정답: 2

71 **헥사콥터 등 멀티콥터의 무게 중심의 위치는 어디인가?**

① 프로펠러의 모터 부분 ② 배터리 위치 부근

③ 기체의 중심 부분 ④ GPS 안테나 부분

해설 기체의 무게중심은 기체 중심에 있다.

정답: 3

72 **다음 고정익 비행장치에 대한 설명이다 아래에서 설명하는 용어의 정의는?**

날개골의 임의 지점에 중심을 잡고 받음각의 변화를 주면 기수를 올리고 내리는 피칭모멘트가 발생하는데 이 모멘트의 값이 받음각에 관계없이 일정한 지점을 말한다.

① 평균공력시위 ② 압력중심

③ 무게중심 ④ 공력중심

해설 〈공력중심 (Aerodynamic Center, AC)〉

단순 정의 암기문제로, 에어포일에는 받음각이 변하더라도 피칭 모멘트의 값이 변하지 않는 점이 존재하는데 이를 공력중심이라고 하며 대칭 에어포일의 공력 중심은 일반적으로 앞전으로부터 시위 길이의 25%(1/4)인 점이 된다.

정답: 4

73 다음 중 항공기의 이륙거리를 짧게 하는 방법으로 적당하지 않은 것은?

① 고양력 장치를 사용한다. ② 비행기 무게를 줄인다.

③ 배풍으로 이륙을 한다. ④ 추력을 크게 한다.

해설 비행기가 이륙과 착륙거리를 짧게 하기 위해서는 정면에서 불어오는 상대풍(정풍)을 맞으며 추력을 크게 하고 고양력 장치인 플랩을 사용하면 짧은 거리에서도 이착륙이 가능하다. 기체 중량이 무거울수록 이착륙이 당연히 길어진다.

정답: 3

74 다음 중 항공기의 착륙거리를 짧게 하는 방법으로 옳지 않은 것은?

① 착륙 마찰계수가 커야 한다. ② 접지속도를 크게 한다.

③ 착륙중량을 작게 한다. ④ 정풍으로 착륙한다.

해설 착륙에서의 활주거리를 짧게 하기 위해서는 정풍으로 착륙하고, 비행기가 활주로에 닿는 접지 속도를 작게 하고 진행과 반대 방향의 힘(마찰계수)을 크게 해야 한다.

정답: 2

75 비행중 바람이 불었을 때 착륙거리가 가장 길게 만드는 바람의 형태는 어느 것인가?

① 정풍 ② 측풍 ③ 배풍 ④ 무풍

해설 배풍착륙은 항공기가 착륙할 때 뒤바람으로 착륙하는 것을 말하며 착륙에서의 활주거리를 짧게 하기 위해서는 정풍으로 착륙해야 한다. 배풍으로 착륙을 하면 착륙거리도 길어지고 위험하다.

정답: 3

76 항공기의 안전한 항행을 위해 항로의 장애물 높이가 지표 또는 수면으로부터 몇 미

터 이상이면 항공장애 표시등 및 항공장애 주간 표지를 설치하여야 하는가?(단 장애물 제한구역 외에 한한다.)

① 50미터　② 100미터　③ 150미터　④ 200미터

해설 높이가 지표 또는 수면으로부터 150m 이상인 물체나 구조물에는 표시 등과 표지를 설치하여야 한다.

정답: 3

77 항공기의 안전한 항행을 위한 항공장애등 설치 높이로 적당한 것은 어느 것인가?

① 300ft AGL　② 500ft MSL

③ 300ft MSL　④ 500ft AGL

해설 높이가 지표 또는 수면으로부터 150m(500ft) 이상인 물체나 구조물에는 표시 등과 표지를 설치하여야 한다. 1ft(피트)는 약 0.3m이다. AGL 표고, MSL 해발고도

정답: 4

78 항공기의 비행특성인 역편요(adverse yaw)에 대한 설명으로 틀린 것은?

① 비행기가 보조익을 조작하지 않더라도 어떤 원인에 의해서 rolling 운동을 시작하며 올라간 날개의 방향으로 yaw하는 특성을 말한다.

② 비행기가 선회시 보조익을 조작해서 경사하게 되면 선회방향과 반대방향으로 yaw하는 것을 말한다.

③ 비행기가 선회하는 경우 옆 미끄럼이 생기면 옆미끄럼한 방향으로 롤링하는 것을 말한다.

④ 비행기가 오른쪽으로 경사하여 선회하는 경우 비행기의 기수가 왼쪽으로 yaw하려는 운동을 말한다.

해설 〈 역편요 : Adverse yaw 〉

역편요는 라이트 형제가 비행기를 만들때부터 있었던 현상으로 기본적인 항공기의 비행 특성이다. 역편요는 글자 그대로 내가 원하는 반대방향으로 Yaw가 생기는 것이다. 즉, 비행기가 선회시

보조익을 조작해서 경사하게 되면 선회하고자 하는 방향과 반대방향으로 Yaw하는 것을 말한다. 롤링(rolling) 할 때 올라간 날개의 방향으로 Yaw하는 특성이 있고, 저속에서 뚜렷하게 나타난다.

정답: 3

79 **기압 고도계가 설치된 항공기가 일정한 계기 고도를 유지하면서 기압이 낮은 곳에서 높은 곳으로 비행할 때 기압 고도계의 변화 상태는?**

① 실제고도보다 낮게 지시한다.

② 실제고도와 일치한다.

③ 실제고도 보다 높게 지시한다.

④ 변화가 없다.

해설 비행기는 고도는 기압이 낮으면 고도가 높고, 기압이 높으면 고도가 낮다고 판단한다. 그러므로 일정한 고도를 유지하면서 기압이 낮은 곳에서 높은 곳으로 비행을 하게 되면 실제 고도보다 낮게 지시하게 된다.

정답: 1

80 **다음 중 4행정 왕복엔진의 행정순서가 맞는 것은?**

① 배기, 폭발, 압력, 흡입

② 흡입, 압축, 폭발, 배기

③ 압축, 흡입, 배기, 폭발

④ 흡입, 폭발, 압축, 배기

해설 배터리가 아닌 엔진을 사용하는 초경량비행장치의 경우 4행정 왕복엔진은 크랭크축이 2회전 하는 동안 흡입–압축–폭발–배기의 4행정을 하여 1사이클을 완성하는 엔진이다. 참고로 4행정 엔진이 1사이클을 완료하면 크랭크축이 2회전, 캠축이 1회전, 각 실린더의 흡기밸브와 배기밸브는 각 1회 열리고 닫힌다.

정답: 2

81 **다음 중 경량항공기에 사용되는 왕복엔진의 윤활유의 역할이 아닌 것은?**

① 응력분산작용 ② 냉각력 ③ 압축력 ④ 방빙력

해설 〈왕복엔진의 윤활유의 작용〉

☞ 윤활유의 '점도'는 윤활유의 성질 반영

(1) 마찰 감소 및 마멸방지 (2) 방청(부식방지),

(3) 냉각 작용 (4) 밀봉(기밀)작용

(5) 응력분산작용

- 윤활유가 윤활부에 작용하는 압력을 윤활부에 흐르는 오일 전체에 분산시켜 평균화시킴으로써 집중 하중이나 충격을 방지하는 작용이다.

  ☞ 방빙작용(×) → 항공기의 결빙을 막는 것

정답: 4

82 다음 왕복엔진의 연료 여과기에 대한 설명 중 가장 타당한 것은?

① 연료 탱크 안에 고여 있는 침전물을 외부로부터 빼내는 역할을 한다.

② 외부 공기를 기화된 연료와 혼합하여 실린더 입구로 공급한다.

③ 연료가 엔진에 도달하기 전에 연료의 습기나 이물질을 제거한다.

④ 엔진 사용 전에 흡입구에 연료를 공급한다.

해설 연료여과기는 엔진에 관련된 내용으로 연료 속의 이물질 제거를 위한 것이다.

정답: 3

83 다음의 설명에 해당하는 것은?

–엔진에서 발생하는 소음을 억제한다.
–동력용 엔진의 배기구에 결합되며 엔진의 열의 발열을 감소시키는 역할도 한다.
–비행 직후에는 많은 열을 발생시켜므로 화상의 주의가 필요하다.

① 연료여과기 ② 머플러 ③ 연료 탱크 ④ 메인 블레이드

정답: 2

84 에어포일(airfoil)의 캠버(camber)에 대한 설명 중 바르게 설명한 것은?

① 날개의 아랫면(lower camber)고 윗면(upper camber)사이의 거리이다.

② 날개 앞전에서 뒤전 사이를 의미한다.

③ 캠버는 시위선과 평균캠버선 사이의 길이이다.

④ 날개 앞전에서 시위선 길이의 25% 지점의 두께를 의미한다.

정답: 3

85 **항공기 조정면중에서 날개의 양쪽에 설치되어 있어 항공기 기체를 좌우로 기울여 경사각을 주거나 선회(턴, turn)하는데 사용하는 장치는?**

① 방향타(Rudder)　② 승강타(Elevator), 승강기

③ 도움날개(Ailerons), 에일러런　④ 러더 트림(Trim)

해설 항공기의 양쪽 날개의 설치된 도움날개(에일러런)은 선회할 때 사용하며 선회시 방향은 서로 반대로 움직인다.

정답: 3

86 **다음 중 고정익 항공기에서 2차 조종면(부조종면)이 아닌 것은?**

① 플랫(Flap)　② 스포일러(Spoiler)

③ 방향타　④ Wing Slat

해설 *1차 조정면 : 도움날개(Aileron), 승강타(Elevator), 방향타(Rudder) 3가지다.
*2차 조정면 : 1차 조정면 외 Flap, Wing Slat, Spoiler 등이 있다.

정답: 3

87 **드론을 운영하다가 갑자기 스트레스로 인한 나타나는 증상으로 틀린 것은?**

① 혈당치 상승　② 심장 박동수 증가

③ 간에서 생성된 글로코겐 증가　④ 신진 대사율 항진

해설 스트레스로 인한 신체변화는 심장박동수와 혈당치 상승, 몸의 신진 대사율이 항진된다.

정답: 3

88 **선회비행시 외측으로 외활(Skid)하는 이유는?**

① 경사각이 크고 원심력보다 구심력이 클 때

② 경사각이 적고 원심력보다 구심력이 클 때

③ 경사각은 크고 원심력이 구심력보다 클 때

④ 경사각은 적고 원심력이 구심력보다 클 때

해설 외활(스키드) = 구심력 〈 원심력

정답: 4

89 선회비행시 바깥쪽으로 슬립(Slip)하는 이유는?

① 경사각이 크고 원심력보다 구심력이 클 때

② 경사각이 적고 원심력보다 구심력이 클 때

③ 경사각은 크고 원심력이 구심력보다 클 때

④ 경사각은 적고 원심력이 구심력보다 클 때

해설 내활(슬립) = 구심력 〉 원심력

정답: 1

90 다음 항공기의 계기중 피토우(pitot)튜브의 정압을 이용하는 장치가 아닌 것은?

① 고도계 ② 승강계 ③ 속도계 ④ 선회계

해설 선회(선회지시)계는 항공기가 좌우 방향으로 선회하는 속도를 나타내는 항공기 계기로 유리관속의 강철구에 작용하는 원심력, 구심력, 중력을 이용한다.
승강계는 정압을 이용하여 항공기가 얼마나 급하게 상승 또는 하강하는지를 알려준다.

정답: 4

91 다음 중 항공기의 계기와 관련된 피토우(Pitot) 튜브에 대한 설명으로 맞는 것은?

① 고도계(altimeter)는 피토우 압력(Pitot pressure)에 의해 작동된다.

② 속도계는 피토우관과 정압에 의해 동작한다.

③ 고도계는 정압과 동압에 의해 동작한다.

④ 승강계는 피토우관의 동압에 의해 작동된다.

해설 피토우 튜브를 통과하는 공기의 흐름인 '동압(Dynamic pressure)'과 스테틱 포트(Static port)로 들어오는 대기압인 '정압(Static pressure)'과의 차이로 비행속도를 측정한다.

정답: 2

92 다음 중 슬롯(Slot)의 주된 역할은 무엇인가?

① 세로안정을 개선

② 방향조정을 개선

③ 실속을 지연시켜 큰 받음각을 유지할 수 있도록 한다.

④ 저속시 요잉을 개선

정답: 3

93 항공기의 관련 속도중 대기속도(Air speed)의 설명으로 바른 것은?

① 대지(땅)에서 본 항공기의 비행속도

② 항공기의 기체와 주위 공기의 상대속도

③ GPS를 통해 측정한 기체속도

④ 지상에서 본 기류의 상대속도

해설 대기속도(Air speed)는 항공기의 기체와 주위 공기의 상대속도이다.
대지(지상) 속도(Ground speed)는 우리가 단순히 땅(지표면) 위에서 항공기를 봤을 때의 항공기 비행속도이다.

정답: 2

94 다음 중 실속(Stall)에 대한 설명으로 가장 알맞은 것은?

① 활주로에 항공기를 정지시켜 속도를 0m/s으로 만드는 것이다.

② 항공기가 지면에 근접할 때 바람이 지면에 충돌하여 양력효율이 증대되는 현상

③ 항공기 날개가 임계 받음각으로 초과해서 양력을 잃는 것을 말한다.

④ 항공기의 속도계가 고장이 나서 속도를 알 수 없는 비상상태

해설 항공기가 실속이 발생할 경우 추락의 위험이 있다.

정답: 3

95 다음 중 항공기의 기압고도(Pressue altitude)에 대한 설명으로 맞는 것은?

① 도착 인근 공항의 고도계의 수정치 값에 고도계를 수정을 했을 때 고도

② 고도계의 수정치를 표준대기압에 맞춘 상태에서 고도계가 나타내는 고도

③ 기압고도에서 비표준 온도와 기압을 수정해서 나타내서 얻은 고도

④ 지표면과 항공기와 사이의 고도

해설 기압고도(Pressue altitude)는 고도계를 표준대기압 29.92inHg에 맞춘상태에서 고도계가 나타내는 고도

정답: 2

96 기상청에서 발표하는 공항의 지상 메타(METAR)보고에서 풍향의 기준은?

① 자북 ② 도북 ③ 진북 ④ 자북과 도북

정답: 3

97 다음 중 직원들의 스트레스 해소 방법으로 옳지 않은 것은 어느 것인가?

① 정기적인 신체검사 ② 직무평가 도입

③ 적성에 맞는 직무 배치 ④ 정기적인 운동

해설 직무평가는 직제의 확립이나 직무급의 기초가 되어서 스트레스를 유발한다.

정답: 2

98 **항공기가 항력을 이기고 전진하는 데 필요한 마력은 무엇인가?**

① 여유마력 ② 이용마력
③ 제동마력 ④ 필요마력

해설 (1) 이용마력 : 추진력으로서 비행에 이용될 수 있는 기관의 전체 동력마력
(2) 필요마력: 항공기가 일정한 속도를 유지하거나 상승 하강 등에 필요한 마력
(3) 여유(Excess Power, 잉여마력) = 이용마력 – 필요마력
(4) 이용마력 〉 필요마력

정답: 4

99 **다음 중 항공기 성능과 직접적인 고도와 관계가 있는 고도는?**

① 지시고도 ② 진고도
③ 절대고도 ④ 밀도고도

해설 밀도고도가 높을수록 공기 밀도가 낮아져 항공기 성능에 지대한 영향을 끼치므로 밀도고도는 항공기 성능 지표로 활용되는 수치이다.

정답: 4

100 **다음 중 항공기로부터 지표면 사이의 거리로 지표면 높이에 따라 그 고도가 시시각각 변하는 고도는?**

① 지시고도 ② 진고도 ③ 절대고도 ④ 밀도고도

해설 항공기로부터 지표면 사이의 높이를 절대고도라고 한다. 따라서 지표면의 상태에 따라 고도가 계속해서 변한다.

정답: 3

101 **다음 중 평균해수면으로부터 하늘에 떠 있는 항공기까지의 수직거리인 고도는?**

① 지시고도 ② 진고도 ③ 절대고도 ④ 밀도고도

정답: 2

102 **다음 중 세로안정성과 관련이 있는 드론의 운동은?**

① 피칭　② 롤링　③ 요잉　④ 롤링과 피칭

해설 가로안정성과 관련이 있는 운동은 롤링이다.

정답: 1

103 **다음 중 벡터량이 아닌 것은?**

① 가속도　② 속도　③ 운동량　④ 무게

해설 (1) 벡티량 : 크기와 방향을 갖는 물리량
예) 중량, 속도, 가속도, 양력, 항력, 추력, 변위, 힘, 충격량, 운동량, 전기장(자기장) 세기
(2) 스칼라량 : 방향은 없고 크기만 있다.
예) 질량, 무게, 속력, 길이, 넓이, 온도, 부피 등

정답: 4

104 **다음 중 총무게가 6kg인 비행장치가 45도의 경사를 동 고도로 선회할 때 총하중계수는?**

① 4kg　② 6kg　③ 9kg　④ 10kg

해설 * 하중계수 : 항공기의 총중량에 대해서 항공기가 견디어 낼수 있는 최대하중(load)의 비율 단위는 G(중력가속도)이다.
* 60도 경사는 2배, 45도 경사는 1.5배의 총 하중계수를 가진다. 지문에서는 6 × 1.5 = 9kg

정답: 3

105 **다음 중 대칭형 Airfoil에 대한 설명으로 틀린 것은?**

① 단점은 비대칭 Airfoil에 비해 양력이 적게 발생하여 실속이 발생할 수 있는 경우가 더 많다.

② 상부의 하부표면이 대칭을 이루고 있으나 평균 캠버선과 익현선은 일치하지 않

는다.

③ 장점은 제작비용이 저렴하고 제작도 쉽다.

④ 중력중심 이동이 대체로 일정하게 유지되어 주로 저속 항공기에 적합하다.

해설 (1) 대칭형 Airfoil : 시위선을 기준으로 상하부가 대칭인 날개로 제작이 용이하나 상하부의 공기흐름이 동일하여 양력발생이 비대칭형 Airfoil에 비해 양력발생이 적다. 평균캠버선과 익현선(시위선)은 일치(두께 동일하므로)

(2) 비대칭형 Airfoil : 만곡형이라고 부르고 날개의 위쪽의 공기의 흐름이 아래쪽보다 빠르기 때문에 양력발생이 크므로 고정익 항공기에 적합하다.

정답: 2

106 초경량비행장치 무인멀티콥터의 조종기 테스트로 올바른 것은?

① 기체 바로옆에서 테스트 한다.

② 기체와 100m 떨어져서 Atti 모드로 테스트한다.

③ 기체와 15m 떨어져서 GPS 모드로 테스트한다.

④ 기체를 띄워서 조종기를 테스트 한다.

정답: 3

107 날개나 기체 표면을 지나가는 공기의 흐름을 가능한 부드럽고 유연하게 흐르게 하는 이유는?

① 마찰항력을 줄이기 위해서 ② 유도항력을 줄이기 위해서

③ 조파항력을 줄이기 위해서 ④ 압력항력을 줄이기 위해서

해설 배나 항공기가 유선형으로 모양을 만드는 것은 압력항력을 줄이기 위해서이다.

정답: 4

107 다음 중 정압공에 결빙이 생겨 막히게 되면 작동하지 않는 계기는?

① 속도계 ② 고도계

③ 승강계 ④ 모두 올바르게 동작하지 않는다.

정답: 4

108 **항공기에 작용하는 항력(drag)에 대한 설명 중 맞는 것은?**

① 공기 속도에 비례한다. ② 공기 속도에 반비례한다.

③ 공기 속도의 제곱에 비례한다. ④ 공기 속도의 세제곱에 비례한다.

정답: 3

109 **항공기 날개의 면적은 일정한 조건으로 날개의 가로세로비(AR)를 크게 했을 때 옳지 않은 것은?**

① 활공길이가 길어진다.

② 유도항력계수가 작아진다.

③ 유도항력이 커지고 활공길이가 짧아진다.

④ 유도항력이 작아지고 활공길이가 길어진다.

해설 가로세로비가 클수록 글라이더처럼 날개가 길어 활공길이가 길어진다.

정답: 3

110 **피토우 관을 이용한 속도계의 원리를 설명한 것으로 옳은 것은?**

① 속도 = (정압 + 동압) − 동압 ② 속도 = (정압 + 동압) − 전압

③ 속도 = (정압 + 동압) − 정압 ④ 속도 = (정압 × 동압) − 정압

정답: 3

111 **연료탱크에 온도에 따른 팽창에 대한 손상을 방지하기 위해 여유공간은?**

① 1% 이상 ② 2% 이상 ③ 5% 이상 ④ 10% 이상

정답: 2

112 **동력비행장치를 일정하게 운항하기 위해서는 계속 조종관을 잡고 힘을 주어야 한다. 이런 경우 조종력을 경감하거나 조종력을 '0'으로 해주는 장치는 무엇인가?**

① 트림(trim) ② 에일러런 ③ 플렙(flap) ④ 승강타

해설 항공기 운항중 트림(trim)을 설정 해주면 조종관에서 손을 떼도 일정하게 운항이 가능하게 해준다.

정답: 1

113 **유관을 통과하는 완전유체의 유입량과 유출량이 항상 일정하다는 법칙은?**

① 베르누이 원리 ② 가속도의 법칙
③ 연속의 법칙 ④ 관성의 법칙

정답: 3

114 **항력의 종류 중 속도가 증가하면 감소하는 항력은?**

① 유해항력 ② 유도항력 ③ 간섭항력 ④ 형상항력

해설 속도가 증가하면 받음각이 작아져야 하므로 유도항력은 감소한다.

정답: 2

115 **초경량비행장치 무인멀티콥터의 자체중량과 최대이륙중량중에서 자체중량에 포함되지 않는 것은?**

① 배터리무게 ② 기체무게 ③ 탑재물 ④ 로터무게

정답: 3

116 **비행 후 점검사항이 아닌 것은?**

① 송신기를 끈다.
② 기체를 안전한 곳으로 옮긴다.

③ 열이 식을 때까지 해당 부위를 점검하지 않는다.

④ 수신기를 끈다.

해설 배터리를 먼저 분리 후 기체를 옮긴다.

정답: 2

117 **착륙을 위한 사각장주에서 활주로와 평행하며 착륙 활주로와 반대 방향인 구간은 무엇인가?**

① 측풍로 ② 정풍로 ③ 최종접근로 ④ 배풍로

정답: 4

118 **초경량비행장치에 이용하기에 적합한 항법은 무엇인가?**

① 무선항법 ② 천문항법 ③ 지문항법 ④ 추측항법

해설 지문항법 : 가장 기초적인 항법으로 지형을 참고하여 비행하는 방법

정답: 3

119 **다음 중 항공 종사자가 아닌 사람은 어느것인가?**

① 자가용 조종자 ② 무인항공기 운항 업무자

③ 항공교통관제사 ④ 부조종사

해설 항공안전법 34조(항공종사자 자격증명)에 무인항공기 운항업무는 항공종사자가 아니라고 명시함

정답: 2

120 **대기중 공기밀도가 높아지면 나타나는 현상으로 옳은 것은?**

① 입자가 증가하고 양력이 감소한다.

② 입자가 증가하고 양력이 증가한다.

③ 입자가 감소하고 양력이 감소한다.

④ 입자가 감소하고 양력이 증가한다.

정답: 2

121 대기중 공기밀도의 설명으로 옳지 않은 것은?

① 온도가 높아질수록 공기밀도도 증가한다.

② 국제표준대기의 밀도는 건조공기로 가정했을 때 밀도이다.

③ 수증기가 많이 포함될 수록 공기밀도는 감소한다.

④ 일반적으로 공기밀도는 하층보다 상층이 낮다.

해설 온도가 올라가면 공기분자 활동이 활발해져 공기밀도는 감소한다.

정답: 1

122 다음 중 고양력 장치(high lift device) 가 아닌 것은 어느 것인가?

① 플랩(flap) ② 슬롯(Slot) ③ 슬랫(Slat) ④ 탭(tap)

해설 탭(tab)은 항공기의 자세를 약간 수정해주는 장치로 2차 조정면이다.

정답: 4

123 다음중 토크작용과 관련된 뉴우턴의 법칙은?

① 가속도의 법치 ② 관성의 법칙

③ 베르누이 법칙 ④ 작용과 반작용의 법칙

정답: 4

124 다음 중 일반적으로 무인멀티콥터(드론)이 비행할 수 없는 방식의 비행은?

① 후진비행 ② 회전비행 ③ 배면비행 ④ 측면비행

해설 배면비행 : 드론이 위아래가 바뀌어서 비행

정답: 3

125 진고도(true altitude)가 지시고도보다 낮게 지시하는 조건은?

① 표준공기 온도보다 더울 때

② 표준공기 온도보다 추울 때

③ 기압고도와 밀도고도가 동일할 때

④ 밀도고도가 지시고도보다 높을 때

해설 표준기온보다 낮을때 : 진고도<지시고도

정답: 2

126 멀티콥터 기체가 좌우가 불안한 경우 조종기의 조작을 하는 방법은?

① 러더를 조작한다.

② 조종기전원을 OFF한 후 다시 ON을 한다.

③ 에일러론을 조작한다.

④ 스로틀을 조작한다.

해설 멀티콥터 기체가 좌우가 불안한 경우 스로틀을 사용하여 기체를 내려 점검을 한다.

정답: 4

127 다음 중 활공거리가 가장 긴 것은?

① 양항비가 작은 경우

② 활공비가 작은 경우

③ 양항비가 1인 경우

④ 활공각이 작은 경우

해설 (1) 활공비 = $\frac{\text{활공거리}}{\text{활공고도}}$

(2) 수평면에 대하여 일정한 각도로 활공할 때 글라이더는 일정한 속도로 활공하는데 이 각도를

활공각이라 한다. 먼 거리를 활공하려면 활공각이 작아야 한다. 활공각이 작다는 것은 양항비(L/D)가 크다는 것이다.

정답: 4

128 다음 중 형상항력이란 무엇인가?

① 유도항력 + 조파항력　　② 압력항력 + 마찰항력

③ 마찰항력 + 유도항력　　④ 압력항력 + 간섭항력

해설 형상항력 : 항공기 구조의 크기나 모양에 의해 발생되는 저항으로 압력항력과 마찰항력이 해당이 된다.

정답: 2

129 무인 헬리콥터 선회 비행 시 발생하는 슬립과 스키드에 설명이 옳은 것은?

① 스키드는 헬리콥터 선회 시 기수가 내려가는 현상을 의미한다.

② 슬립은 헬리콥터 선회 시 기수가 올라가는 현상을 의미한다.

③ 슬립과 스키드는 모두 꼬리 회전날개 반토오크가 적절치 못해 발생한다.

④ 슬립과 스키드는 헬리콥터 선회 시 기수가 선회 중심 방향으로 돌아가는 현상을 의미한다.

해설 내활(스키드, Skid)는 항공기가 충분한 경사각을 사용하지 않고 선회할 때 원심력을 이기지 못하고 정확한 선회 비행경로로부터 외부로 미끄러져 나가는 것을 말한다.
외활(슬립, Slip)은 스키드와 반대 현상으로 비행기가 선회할 때 선회 중심쪽으로 미끄러져 들어오는 현상이다. 무인 헬리콥터 선회비행시 '스키드와 슬립'은 모두 꼬리 회전날개 반토크가 적절치 못해서 발생한다.

정답: 3

130 일반적으로 프로펠러 깃의 대표 위치(blade station)는 어디서부터 측정이 되는가?

① 블레이드 생크로부터 블레이드 팁까지 측정한다.

② 허브에서부터 생크까지 측정한다.

③ 블레이드 팁에서부터 허브까지 측정한다.

④ 허브 중심에서부터 블레이드 팁까지 측정한다.

정답: 4

131 프로펠러에 작동하는 하중이 아닌 것은?

① 인장력 ② 굽힘력 ③ 압축력 ④ 비틀림력

해설 * 인장력 – 어떤 부재의 형상을 따라 잡아 늘리는 힘

* 회전하는 프로펠러에 작용한 3가지 힘은 원심력(인장력), 비틀림력, 굽힘력이다.

* 압축력은 원심력에 반대가 되는 힘이다.

정답: 3

132 다음 중 프로펠러의 블레이드(blade)에 작용하는 힘 중 가장 큰 힘은?

① 원심력 ② 인장력 ③ 비틀림력 ④ 구심력

정답: 1

133 다음 중 프로펠러가 비행 중 한 바퀴 회전하여 실제로 전진하는 거리는?

① 유효 피치 ②기하학적 피치 ③ 슬립 ④ 회전 피치

정답: 1

134 일반적으로 프로펠러 깃 각은?

① 깃 중앙부분의 깃 각이 가장 크다.

② 깃 뿌리에서는 깃 각이 크고 끝으로 갈수록 각이 작아진다.

③ 깃 뿌리에서는 깃 각이 작고 깃 끝으로 갈수록 각이 커진다.

④ 깃 각은 깃 끝까지 일정하다.

정답: 2

135 고정피치 프로펠러 설계시 최대 효율 기준은?

① 이륙시
② 상승시
③ 순항시
④ 최대출력 사용시

해설 고정피치 프로펠러는 피치각을 변화시킬수 없으므로 순항시의 비행상태에서 최적의 피치각을 갖도록 제작한다.

정답: 3

136 멀티콥터와 같은 고정피치 프로펠러의 엔진출력 판정방법 중 옳은 것은?

① rpm이 순조롭게 상승하고 가속이 양호하면 된다.
② 러더를 전개하여 규정의 rpm이 나오면 된다.
③ 스로틀을 전개하여 규정의 rpm이 나오면 된다.
④ 배기 압력계가 장치된 항공기에 한하여 판정할 수 있다.

정답: 3

137 날개의 붙임각에 대한 설명이다. 옳은 것은?

① 날개의 시위와 공기흐름의 방향과 이루는 각이다.
② 날개 시위선과 비행기 세로축이 이루는 각이다.
③ 날개 중심선과 수평축이 이루는 각이다.
④ 날개의 중심선과 공기흐름 방향과 이루는 각이다.

정답: 2

138 유도항력의 원인은 무엇인가?

① 날개 끝 와류
② 출발와류
③ 간섭항력
④ 속박와류(bound vortex)

해설 항공기 날개 끝에는 양력대신 항공기의 운항을 방해하는 유도항력이 발생한다.

정답: 1

139 양력에 관한 설명 중 틀린 것은?

① 합력 상대풍에 수직으로 작용하는 항공역학적 힘이다.

② 양력계수, 공기밀도, 속도의 제곱, 에어포일의 면적에 비례한다.

③ 양력의 양은 조종사가 모두 조절 가능하다.

④ 양력계수란 에어포일에 작용하는 힘에 의해 부양하는 정도를 수치화한 것이다.

정답: 3

140 리튬폴리머 배터리의 소금물을 이용한 폐기방법 중 틀린 것은?

① 대야에 물을 받고 소금을 한두 줌 넣어 소금물을 만든다.

② 배터리 전원 플러그가 소금물에 잠기지 않게 담근다.

③ 배터리에서 발생하는 기포는 유해하므로 환기가 잘되는 곳에서 한다.

④ 하루 정도 경과한 뒤 기포가 더 이상 올라오지 않으면 완전 방전된 것이므로 폐기한다.

정답: 2

141 일반적으로 보조날개는 날개의 끝에 장착되는데 그 이유는?

① 날개의 구조, 강도 때문에

② 익단 실속을 지연시키기 위해

③ 보조날개의 효과를 높이기 위해

④ 나선회전을 방지하기 위해

정답: 3

142 트러스 형 구조에 대한 다음 설명 중 옳지 못한 것은?

① 제작이 쉽고 비용이 저렴하다.　　② 내부 공간 마련이 어렵다.

③ 주로 경비행기에 사용된다. ④ 외피가 하중의 일부를 담당한다.

해설 모노코크구조는 외피가 대부분의 하중 담당한다.

정답: 4

143 다음 모노코크(monocoque) 구조에서 항공역학적인 힘을 대부분 담당하는 부재는 어느 것인가?

① 뼈대 ② 외피 ③ 세로지 ④ 정형재

정답: 2

144 세미- 모노코크 구조에 대한 설명으로 옳은 것은?

① 공간확보가 어렵다.

② 외피는 기하학적인 외형만 유지한다.

③ 외피가 전단응력을 담당하고 있다.

④ 하중(힘)을 모두 골격이 받는다.

정답: 3

145 날개를 구성하는 구성품으로 옳은 것은?

① 외피(skin), 리브(rib), 세로대(longeron)

② 리브(rib), 날개보(spar), 세로지(stringer)

③ 외피(skin), 날개보(spar), 세로지(stringer), 리브(rib)

④ 외피(skin), 날개보(spar), 리브(rib), 벌크헤드(bulkhead)

정답: 3

146 다음 중 응력외피형 구조형식에서 외피(skin)가 주로 담당하는 응력은?

① 굽힘력 ② 비틀림력 ③ 전단력 ④ 인장력

정답: 2

147 다음 중 날개에 걸리는 굽힘(하중)력을 담당하는 것은?

① rib ② spar ③ skin ④ spar web

해설 날개보(Spar)는 굽힘(하중)을 견딘다.

정답: 2

148 비행 중 항공기의 날개에 걸리는 응력에 관해서 바르게 설명한 것은?

① 윗면에 인장응력이 아랫면에는 압축응력이 생긴다.

② 윗면에는 압축응력이 아랫면에는 인장응력이 생긴다.

③ 윗면과 아랫면 모두 다 인장응력이 생긴다.

④ 윗면과 아랫면 모두 다 압축응력이 생긴다.

해설 응력(stress) : 어떤 물체 하중이 걸리면 그 재료의 내부에는 저항하는 힘이 생겨 균형을 이루는 데 이 저항력을 응력이라하며, 인장 응력, 압축 응력, 전단 응력, 굽힘 응력, 비틀림 응력이 있다.

정답: 2

149 다음 중 항공기 날개구조에서 압축응력에 의한 좌굴을 방지하고 휨에 의한 강성을 높이는 부재는 어느 것인가?

① 세로지 ② 세로대 ③ 외피 ④ 날개보

해설 세로지(stringer) – 세로대보다 훨씬 작고 많을 수를 장착하는 파트이며 좌굴(backling)을 방지역할
세로대(longeron) – 세로 방향의 주부재료 굽힘 하중을 주로 담당 세로지보다 훨씬 크고 무겁다.

정답: 1

150 캠버의 형태를 만들어 내는 날개 시위방향의 구조 부재로 에어포일(airfoil)을 유지하는 중요한 기능을 하는 것은?

① spar ② torsion box ③ stringer ④ rib

정답: 4

151 비행 중 날개에서 최대 휨 모멘트는 어느 부분에서 발생하는가?

① 날개 끝

② 날개 중앙

③ 날개 뿌리

④ 날개 모든 부분에서 받는 휨 모멘트는 동일

정답: 3

152 꼬리날개를 구성하는 것으로 맞는 것은?

① 플랩, 수평안정판, 수직안정판, 방향타

② 승강타, 수직안정판, 플랩, 보조날개,

③ 승강타, 수평안정판, 방향타, 수직안정판

④ 보조날개, 플랩, 방향타, 수평안정판

정답: 3

PART

03

항공기상

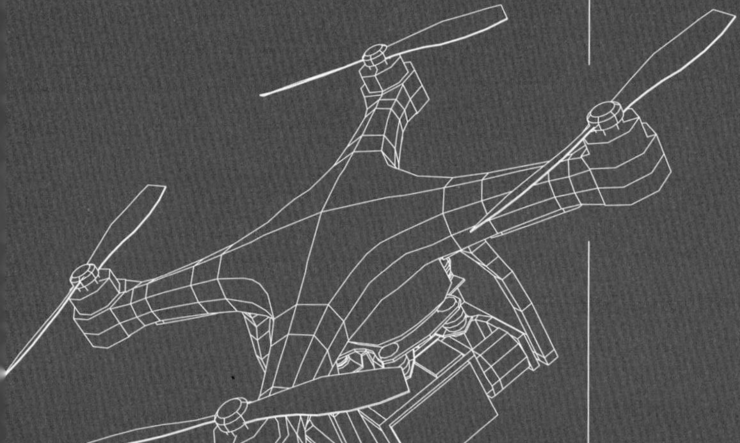

CHAPTER

01 기상현상 및 기상정보

01 대기의 구성

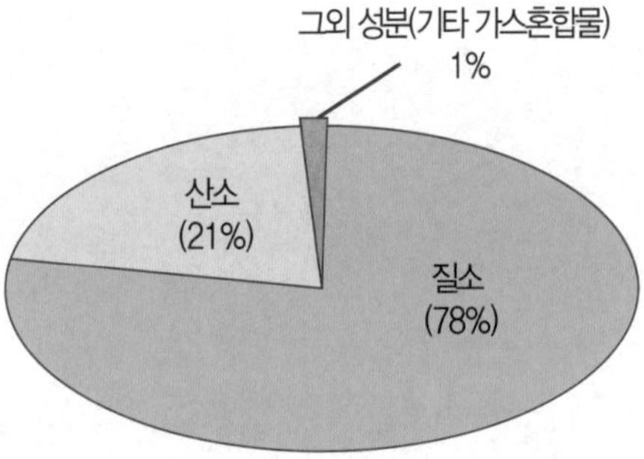

| 대기의 구성요소 |

대기(Atmosphere)는 지구를 둘러싸고 있는 기체로 각종 가스(Gas)의 혼합물로 구성된다. 대기 주요 구성성분은 질소가 78%, 산소가 21%로 대다수의 비중을 차지하고 있으며 나머지 1%는 이산화탄소, 아르곤 등의 기타 가스혼합물들이 차지하고 있다.

대기는 고도에 따라 특성이 달라지지만, 구성성분들 대부분은 고도 80km에 이르기까지 거의 일정한 비율로 분포되어 있다. 그리고 대기의 전체 질량 99%가 지표면으로부터 약 40km 이내에 집중되어 있다.

02 대기의 분류

지구대기는 지표면으로부터 높이에 따라 대류권, 성층권, 중간권, 열권(전리층 포함), 외기권으로 분류된다.

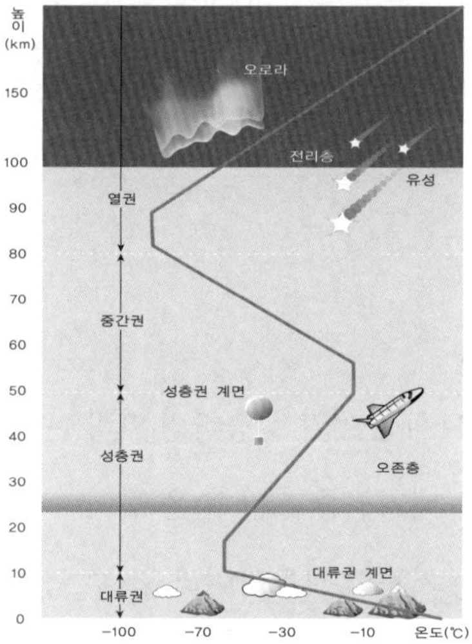

구분	기온변화	특징
열권 (80km~500km)	기온 상승	인공위성 궤도 오로라 발생
중간권 (약 50km~80km)	기온 하강	기상현상이 없고 유성이 관찰 됨
성층권 (50km)	기온 상승	항공로로 사용
대류권 (고도 약 10~15km)	기온 하강	전체 공기의 75%차지 기상현상 발생

| 대기권의 구조 |

1) 높이에 따른 대기의 분류

(1) 대류권(Troposphere) :

- 지상으로부터 고도 약 10~15km 정도의 층을 대류권이라 하며, 대류권 평균높이를 12km이다. 지구의 위치(극지방, 적도지방 등)에 따라 조금씩 고도가 다르며 지구 전체 대기의 3/4을 차지한다. 지표면에서 발생하는 모든 기상현상이 대류권에서 일어나 항공교통과 일상날씨와 매우 밀접한 관계가 있다.
- 대류운동이 활발하여 기상현상이 발생하고, 고도가 높아짐에 따라 기온이 1,000ft당 2℃씩 하강(1km당 6.5℃감소)한다.

(2) 대류권 계면 : 평균높이 17km

– 대류권과 성층권사이의 경계층으로 기온변화가 거의 없음

(3) 성층권(Stratosphere)

대류권 바로 다음의 층으로 고도 약 50km까지 높이며, 25km 고도까지는 온도가 일정하다가 그 이상이 되면 중간권에 이를 때까지 온도가 상승한다. 온도변화와 대류현상이 거의 없어 대형여객기나 군용정찰기의 비행항로로 이용된다.

(4) 성층권 계면 : 높이 약 50km

– 성층권과 중간권의 경계면

(5) 중간권(Mesosphere) : 50km~80km

성층권 위를 중간권이라고 하고, 이 층에서는 다시 높이가 상승하면 따라 온도가 다시 하강하며 높이는 약 50km ~ 80km이다. 대기권중 가장 추운 곳이며 수증기가 없어 기상현상이 없으며 유성이 관찰되는 지구의 보호막이라 할 수 있다.

(6) 열권(Thermosphere) : 전리층

중간권 다음의 대기층이 80km ~500km이고, 대부분의 전리층 포함, 오로라 발생, 인공위성의 궤도, 전리층에서 전파가 반사되므로 원거리통신이 가능

(7) 외기권(Exosphere)

열권 다음의 층으로 고도 약 500km부터 시작된다.

※ 고도가 상승할수록 온도가 하강하는 층은 대류권과 중간권은 하강, 반대로 상승하는 층은 성층권과 열권이다.(하대중/상성열)

2) 지구의 특성

지축경사는 23.5도 이며 약 70.8%가 물로 구성된 타원체이다.

낮과 밤은 지구의 자전현상이, 사계절은 공전현상에 의해 발생한다.

3) 복사(Radiation)

물체로부터 방출되는 전자파를 총칭하여 복사라고 하고 에너지가 이동하는 데 매체가 필요하지 않다. 복사에 의해 태양에너지가 지구까지 도달한다.

4) 국제표준 대기(ISA : International Standard Atmosphere)

앞서 비행이론에서 비행고도를 설명하면서 이미 언급한 바 있다. 국제민간항공기구(ICAO)에서 국제적으로 약속한 표준화된 대기이다.

(1) 해면 기압 : 1,013 hPa(헥토파스칼) = 29.92inHg

(2) 해면 온도 : 15℃(= 59℉)

(3) 기온감률 : 1,000ft당 − 2℃씩 감소(= 1km당 6.5℃ 감소)

(4) 해면 공기밀도 및 음속 : 0.001225g/㎤, 340m/sec

기출 핵심문제

❖ 대류권계면에서 약 50㎞의 대기층 대류권계면에서 35㎞까지 온도변화가 거의 없고 대형여객기나 군용정찰기의 항로로 이용되는 대기는?

① 대류권 ② 성층권 ③ 중간권 ④ 열권

해설 정답 2

❖ 기온의 변화가 거의 없으며 평균 높이가 17KM의 대기권의 층은 무엇인가?

① 대류권 ② 대류권 계면 ③ 성층권계면 ④ 성층권

해설 정답 2

03 기온

복사에너지의 55%가량을 대류권에서 반사시키고 나머지인 45% 정도의 복사에너지가 열로 전환되는데, 이러한 에너지에 의해 발생되는 열을 기온이라고 한다. 태양열에 의해 가열된 공기는 1.25m~2m(평균 높이 1.5m)에 있는 백엽상을 통해 측정하되 통풍이 잘되고 직사광선을 피해야 한다. 해상의 경우에는 선박의 높이를 고려하여 약 10m 높이에서 측정한 온도를 사용하기도 한다.

1) 단위

기온의 단위로는 우리나라에서 사용하고 있는 섭씨(℃)와 외국에서 주로 사용하는 화씨(℉), 켈빈(K)이 있다.

2) 섭씨(℃)

어는 점을 0℃로, 끓는 점을 100℃로 하여 그 사이를 100등분 하여 사용하는 단위

3) 화씨(℉)

어는 점을 32℉로, 끓는 점을 212℉로 하여 그 사이를 180등분 하여 사용하는 단위

4) 켈빈(K)

절대온도라고 하여 이론상의 최저온도를 기준. 약 −273℃ = 0 K이다.

5) 단위의 환산(섭씨 ↔ 화씨)

(1) 섭씨(℃)⇒화씨(℉) : ℉ = (섭씨온도(℃)×1.8)+32, 100℃⇒1.8×100+32=212℉

(2) 화씨(℉)⇒섭씨(℃) : ℃ = (화씨온도(℉)−32)÷1.8

예) 0℃ = 32℉, 100℃ = 212℉ (☞ 0와 100℃의 화씨(℉) 변환 값 정도는 암기)

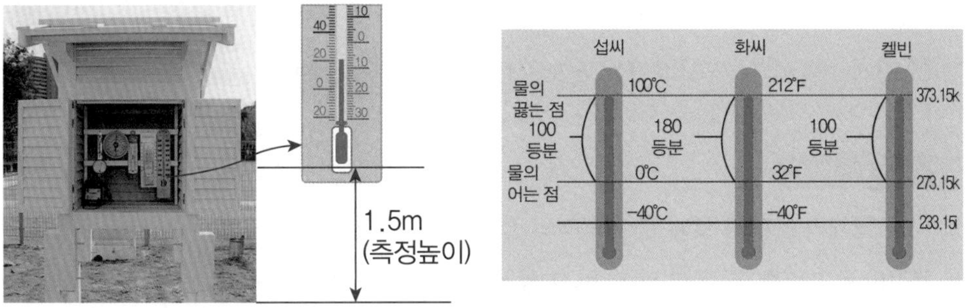

| 백엽상 / 온도 단위 비교 |

기출 핵심문제

❖ 섭씨 100℃는 화씨 얼마인가?

① 150℉ ② 180℉ ③ 200℉ ④ 212℉

해설 정답 4

(100X1.8)+32 = 212℃

6) 온도와 열관련 기출 용어

(1) 열량(Heat Quantity) : 물질의 온도가 증가함에 따라 열에너지를 흡수할 수 있는 양은 열량이다.

(2) 비열(Specific Heat) : 어떤 물질 1g의 온도를 1℃ 높이는데 필요한 열량

(3) 잠열(Latent Heat) : 온도는 유지되나 상태가 변화하는 구간으로 물질의 상위상

태로 변화시키는데 요구되는 열에너지로 예로 물을 끓였을 때 수증기로 변하는 경우다.(액체 → 기체)

(4) 현열(Sensible Heat) : 상태는 유지되나 온도가 변화하는 구간으로 일반적인 온도계로 측정된 온도를 현열이라고 한다. 측정방법에 따라 섭씨, 화씨, 켈빈 등으로 구분

(5) 빙점 : 물이 얼기 시작하는 온도(0℃)

기출 핵심문제

❖ 다음 물체의 온도와 열에 관한 용어의 정의 중 틀린 것은?

① 물질의 온도가 증가함에 따라 열에너지를 흡수할 수 있는 양은 열량이다.
② 물질 1g의 온도를 1℃ 올리는데 요구되는 열은 비열이다.
③ 일반적인 온도계에 의해 측정된 온도를 현열이라 한다.
④ 물질의 하위상태로 변화시키는데 요구되는 열에너지를 잠열이라 한다.

해설 **정답 4**

잠열 : 물질의 상위상태로 변화시키는데 필요한 열에너지

7) 기온의 변화

(1) 일일변화

– 기온의 일일변화는 밤낮의 기온차와 지구의 자전현상 때문이다.

(2) 지형에 따른 변화

지구는 물이 70%를 구성하고 있다. 인접해 있는 지역일지라도 지형에 따라 기온은 변하게 되는데, 이는 각 물질의 비열차이로 인하여 발생하게 되는 것이다. 물의 비열이 1.00일 때, 공기는 0.24이고 모래나 흙은 0.19 정도가 된다. 이와 같이 물과 육지는 비열차이가 약 5배 정도 된다. 지표면과 달리 물은 깊고 넓어도

수온이 비슷한 이유가 바로 이러한 비열의 특성 때문이다.

(3) 계절에 따른 변화

지구의 공전(Revolution)이 계절변화의 주원인이다.

지구는 24시간을 기준으로 자전을 한다. 1년을 주기로 공전이라는 것을 하는데 즉, 태양 주위로 돌면서 태양으로 받은 태양열 변화에 따라 온도가 변하는데 사계절을 형성하는 요인이기도 하다. 그리고 지구의 축은 23.5도로 기울어져 있기 때문에 태양의 복사에너지를 받아들이는 각이 계절에 따라 변한다.

(4) 고도차이에 의한 변화(=기온감율)

우리가 산정상으로 올라갈수록 기온이 내려가는 것을 피부로 느낄 수가 있다. 기온감률은 고도가 높아짐에 따라 기온이 감소하는 비율이다. 표준 대기 조건에서의 기온감률은 1000ft당 평균 2℃의 온도가 낮아짐을 말한다.

(5) 위도에 따른 변화

지구는 구면체로 되어 있어 태양 복사열을 받는 각도에 따라 기온의 차이가 크게 난다. 적도지방은 극지방에 비해 상대적으로 많은 태양열을 받아들이므로 덥고, 온도가 많이 올라가는 것이다.

(6) 기상의 7대 요소 : 기압, 기온, 구름, 시정, 바람, 강수, 습도, (기출)

(7) 기온역전 : 기온은 고도가 올라감에 따라 1000ft(306m)당 평균 2℃씩(6.5℃/km)감소한다. 그러나 어느 지역이나 일정하게 기온이 하강하는 것이 아니고 어떤 지역에서는 고도가 상승함에 따라 반대로 기온이 상승하는 기온역전현상이 발생한다.(기출)

기출 핵심문제

❖ **대기온도가 31℃일 때 해수면에서 3,000ft 상공의 기온은 얼마인가?**

① 25도　　② 27도　　③ 29도　　④ 31도

해설 **정답 1**

1000ft당 기온감률이 –2℃이므로 3000ft에는 –6도 기온 하강

(8) 대한민국의 수준원점(水準原點, Original vertical datum)

우리나라의 경우 인천만의 평균해수면 기준으로 1914년부터 약 3년간 인천앞바다의 간만의 차이를 측정한 평균 해수면 값을 0m로 정하였으나 바닷 수면은 항상 출렁이고 변화하므로 수위 측정소에서 얻은 값을 육지로 옮겨와 평균해수면보다 26.6871m 높은 곳에 고정점을 정하였는데 이를 '수준원점'이라고 한다. 대한민국 수준원점은 해발고도를 측정하는데 기준이 되며 현재 인하공업전문대학 교내에 위치한다(수준원점 표고 : 26.6871m). 이러한 기준해수면은 나라별로 상이하며 도로, 건설공사, 국토개발 등에 필요한 높이를 정하는데 활용된다.

☞ 기출문제 등에는 인하대학교라고 되어 있으나 실제 인하공업전문대학 내에 위치하고 있다(인하대학교와 경계에 위치)

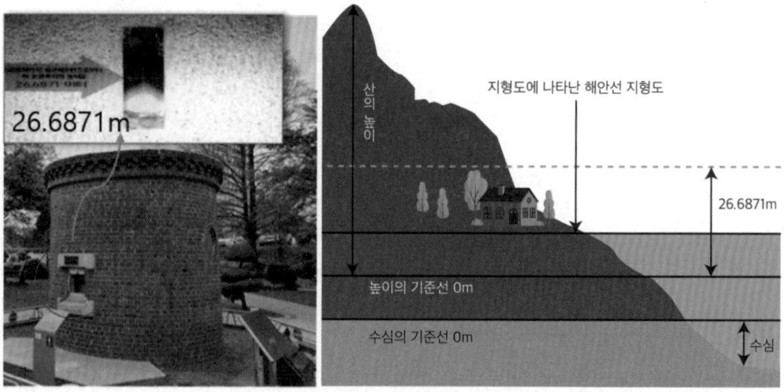

| 인하공업전문대학내에 있는 대한민국 수준원점 |

04 습도(Humidity), 서리

대기 중에 함유된 수증기의 양을 습도(Humidity)라고 하며, 이러한 수증기의 양을 나타내는 정도로는 상대습도와 노점을 사용한다. 수증기는 대기 중에 불과 0~4%밖에 차지하지 않지만, 강수의 구성요소로서 중요한 역할을 하는 기체이다.

습도를 이해하기 쉽게 설명을 해보면 동남아시아 같은 더운 지방은 물의 증발량이 많다. 따라서 수증기의 양이 증가하고 습도 또한 증가하게 되어 덥고 습한 지역임을 알 수 있다.

1) 상대습도(Relative Humidity)

현재 포함하고 있는 수증기의 양과 공기가 최대로 포함할 수 있는 수증기의 양(포화수증기량)의 비를 %로 나타낸 값이다. 보통 습도라고 하면 이 상대습도를 가리킨다.

- 포화상태(Saturated): 상대습도가 100%가 되었을 때 상태
- 불포화상태(Unsaturated): 상대습도가 100%이하의 상태

2) 절대습도(Absolute Humidity)

공기 1㎥ 안에 포함된 수증기의 양을 말하며 단위는 g으로 표현한다. 절대습도는 기온에 따라 최댓값이 정해져 있다.

3) 과냉각수(Supercooled Water)

0℃ 이하의 온도에서 응결되지 않고 액체 상태로 지속되어 남아 있는 물방울이다.

과냉각수가 노출된 표면에 부딪힐 때 충격으로 인하여 결빙될 수 있는데 항공기 착

빙(Icing)현상을 초래하는 원인 중 하나다.

4) 서리(Frost)

수증기가 침착하여 지표나 물체에 얼어붙은 것으로, 늦가을 이슬점 0℃이하일 때 생기고, 서리는 날개의 형태를 변형시키지 않으나 표면을 거칠게 하여 날개 위의 정상적인 공기 흐름을 막아 날개의 양력 발생을 감소시키므로 비행 전 반드시 제거되어야 한다.

기출 핵심문제

❖ 액체의 물방울이 섭씨 0℃이하의 기온에서 응결되거나 액체상태로 지속되어 남아 있으며 항공기 착빙을 초래하는 원인이 되는 물방울을 무엇이라 하는가?

① 과냉각수 ② 빙정 ③ 물방울 ④ 이슬

해설 **정답 1**

습도의 과냉각수 내용 참조

05 기압

기압은 단위면적당 쌓은 공기로 이루어진 공기기둥의 무게이다. 쉽게 말해서 공기의 무게이다. 그러므로 고도가 낮으면 공기가 공기기둥의 커지므로 기압이 높고, 고도가 높으면 공기기둥이 작아지므로 기압이 낮다. 기압의 단위는 hPa(헥토파스칼)이고 소수 첫째 자리까지 측정한다.

1) 기압의 특성

(1) 고도가 높아지면 기압은 감소하고, 고도가 낮아지면 기압은 증가한다.

그래서 풍선이 하늘로 올라갈수록 풍선을 누르는 힘인 기압이 낮아져 부피가 계속 커지다가 결국 터지게 된다.

(2) 대기중에 존재하는 기압은 어느 지역이나 동일한 것은 아니다. 기압의 일변화는 최고 9시, 21시이고 최저는 4시, 16시이다.

(3) 대기압의 변화는 바람을 유발하는 원인이 되며 대기압이 증가하면 양력이 증가하고 항력도 증가한다.

(4) 공기밀도는 기온이 높을수록 낮아지고, 낮을수록 높아진다. 또한 기압이 높으면 공기밀도는 높아지고 기압이 낮아지면 공기밀도는 낮아진다.

즉, 공기밀도는 기압에 비례하고 온도, 습도는 반비례한다. 기온이 높으면 공기분자의 활동이 활발해져 단위면적당 공기밀도는 낮아지고, 반대로 기온이 낮아지면 공기분자의 활동이 위축되어 상대적으로 단위면적당 밀도가 높아지는 것이다. 그래서 기온이 너무 높으면 '밀도고도'(비행이론 참조)는 높아져 비행기 결항이 속출하는 것이다.

(5) 공기밀도는 습도가 높을수록 습도가 공기의 자리를 차지해 밀도는 낮아진다.

기출 핵심문제

❖ 양력과 공기밀도의 관계가 바르게 설명된 것은?

① 입자가 증가하여 공기밀도가 높아지면 양력이 증가한다.
② 입자가 증가하여 공기밀도가 낮아지면 양력이 감소한다.
③ 입자가 감소하여 공기밀도가 높아지면 양력이 증가한다.
④ 입자가 감소하여 공기밀도가 낮아지면 양력이 증가한다.

해설 정답 1

* 입자가 증가하면 공기밀도가 높아지고 양력이 증가한다. 공기밀도 낮은 고공에서는 양력이 감소한다.

❖ **대기압이 높아지면 양력과 항력의 관계는 무엇인가?**

① 양력증가, 항력감소 ② 양력증가, 항력증가
③ 양력감소, 항력감소 ④ 양력감소, 항력증가

해설 **정답 2**

06 기압계의 작동 원리

1) 수은기압계

수은을 가득 채운 길이 1m의 유리관을 수은이 담긴 그릇에 거꾸로 세우면 유리관 속의 수은이 내려오다가 수은 면으로부터 76cm 높이에서 멈춘다. 76cm의 수은기둥이 누르는 압력(A)이 수은 면에 작용하는 기압(B)과 같아졌기 때문이다. 이때 76cm 수은기둥이 누르는 압력을 1기압이라고 정의하고 기압의 단위는 hPa(헥토파스칼)이다. 즉, 수은기둥의 높이 76cm에 해당하는 대기 압력이 1기압(atm)이다.

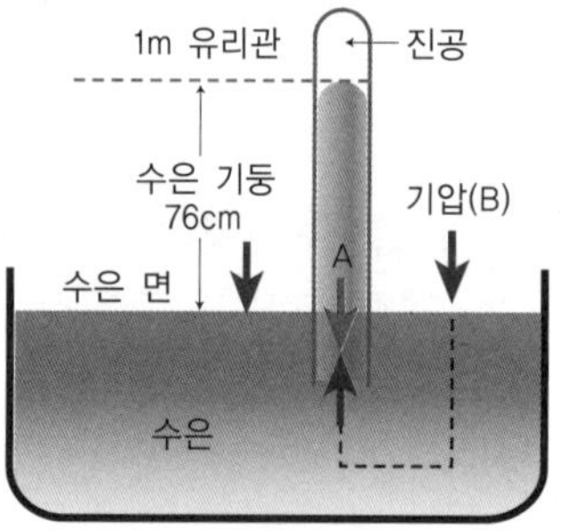

1 atm(기압) = 76cmHg(=760mmHg)
= 29.9213 Hg
= 1.013 bar(1013 mbar)
= 1013 hPa(헥토파스칼)
= 101,300 Pa(=N/㎡)
= 14.7 Psi
= 1.033 kg/㎠

| 수은기둥 높이 |

2) 아네로이드 기압계

고도에 따라 기압이 변한다는 점에 착안하여 만든 기압계로 기압계 내의 진공 금속

용기(아네로이드 셀 : Aneroid cell, 공합)가 기압에 따라 늘었다, 줄었다 하면서 바늘이 기압을 지시한다. 수은기압계보다 정확성은 떨어지나 안전하고 사용하기 편리하다. 현대화된 항공기에서도 고도계는 이 원리를 이용하고 있다. 따라서 항공기는 기압이 높으면 고도가 낮고 기압이 낮으면 고도가 낮다고 판단한다.

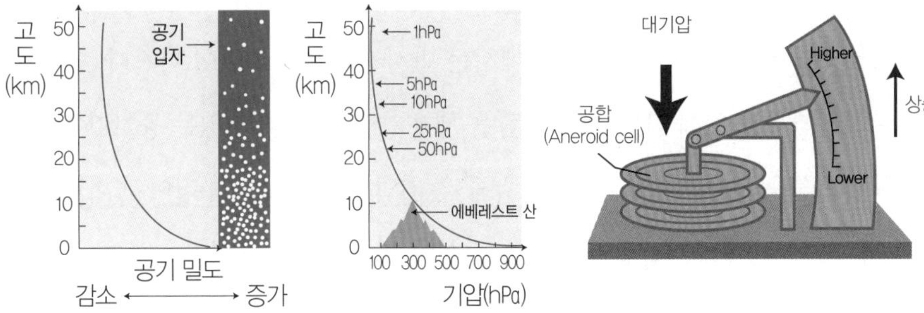

| 고도와 밀도와의 관계 |

예를 들어 기압고도계를 장착한 비행기가 일정한 계기 고도를 유지하면서 기압이 낮은 지역에서 기압이 높은 곳으로 비행할 때 고도는 일정한데 기압이 높은 지역으로 비행기가 지나가므로 실제 고도보다 낮게 지시하는 것이다.

기출 핵심문제

❖ 기압고도계를 장착한 비행기가 일정한 계기 고도를 유지하면서 기압이 낮은 곳에서 높은 곳으로 비행할 때 기압고도계의 지침의 상태는?

① 실제고도와 일치한다.
② 실제고도보다 높게 지시한다.
③ 실제고도보다 낮게 지시한다.
④ 변화가 없다.

해설 **정답 3**

기압고도계의 측정값에 따라 비행기는 기압이 높아지면 고도가 낮아진다고 판단한다.

07 고기압과 저기압

1) 고기압의 종류

주변보다 기압이 상대적으로 높은 지역을 말한다. 우리나라가 속한 북반구에서는 시계방향으로 불어 나가며(발산) 남반구에서는 반시계방향으로 불어 나간다. 중심 부근에 있는 하강기류로 인해 불어 나간 바람을 채우기 위해 상공에 있는 공기가 하강하면서 맑은 날씨를 볼 수 있다. 또한, 중심 부근은 기압경도가 비교적 작아서 바람은 약한 지역이다. 이로 인해 고기압권 내에서는 전선이 형성되기가 어렵다.

가) 온난 고기압

중심 부근이 주변보다 온도가 높은 고기압으로서 하강기류가 있는 곳에서 발생하게 되며 상당 높이로 형성이 된다. 온난 고기압의 대표적인 것으로는 북태평양 고기압이 있다. 이 고기압은 보통 여름철 해상에서 발생하며 습도가 낮은 아열대 고기압도 온난 고기압 중 하나이다.

나) 한랭 고기압

중심 부근이 주변보다 온도가 낮은 고기압으로서 차가운 지면에 의한 공기의 냉각으로 형성이 된다. 고도가 증가할수록 급격하게 기압이 낮아지는 특성으로 인해 작은 고기압이라고도 한다. 대표적인 한랭 고기압으로는 시베리아 고기압이 있으며 차갑고 건조한 날씨가 이어진다.

2) 저기압의 종류

고기압과 반대로 기압이 주변보다 상대적으로 낮은 지역을 말한다. 1기압이라 할지라도 주변 상태에 따라 저기압이 될 수도 있다. 저기압은 '북반구'에서는 반시계방향으로 불어 들어오며(수렴) 남반구에서는 시계방향으로 불어 들어온다. 불어 들어오는 바람에 공기가 밀려 중심 부근에서는 상승기류가 발생되며, 이로 인해 날씨는 흐리며 눈, 비가 내리게 된다. 저기압의 경우 고기압보다 직경이 작으며 전선의 파동에 의해 생기기도 한다. 또한, 상승기류 중 단열 냉각으로 구름이 만들어진다.

(1) 온대 저기압

중위도와 고위도 지방에서 자주 발생하는 저기압으로 차가운 기단의 면과 따뜻한 기단의 면이 만나는 접촉부에서 파동의 형태로 생성이 된다. 온난전선과 한랭전선을 동반하는 저기압을 온대저기압이라고 한다.

(2) 열대성 저기압

적도 부근의 열대 해상에서 발생하는 저기압으로 등압선이 동심원을 그리며 중위도로 이동하는 기압이다. 최대풍속 17m/s임 반지름이 약 500km나 되는 우리가 태풍으로 알고 있는 거대한 바람을 일으키기도 한다.(☞ 태풍이 발생하는 조건)

3) 등압선

고도에 따른 등고선이 있다면 기압에 따른 등압선이 있다. 동일한 기압대를 가진 지역을 연결한 선으로 고기압 지역과 저기압 지역의 위치 정보를 제공한다. 등압선 간격이 좁은 곳은 기압경도가 큰 지역으로 바람이 세다는 것을 알 수 있다.(기출)

| 고기압과 저기압의 특성 정리 |

구분	고기압	저기압
북반구(기준) ※남반구는 반대다.	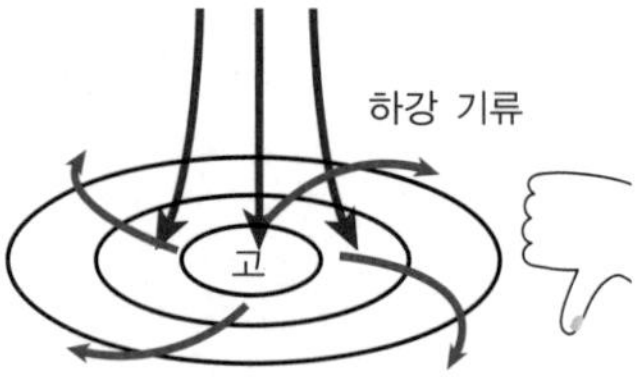	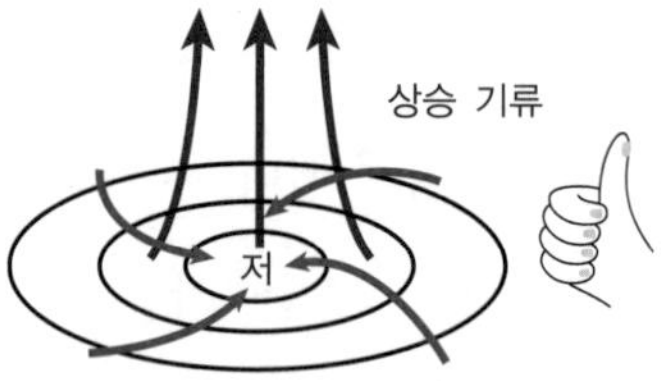
개념	주변보다 기압이 높은 곳	주변보다 기압이 낮은 곳
바람 (북반구)	시계방향으로 불어 나감(발산) (오른손 주먹 쥐고 엄지를 아래로 향하면 손가락 방향은 바람이 불어나가는 방향 엄지는 하강기류)	반시계방향으로 불어 들어옴(수렴) (오른손 주먹 쥐고 엄지를 위로 향하면 손가락 방향은 바람이 불어 들어오는 방향 엄지는 상승기류)
기류와 날씨	중심부 하강기류, 구름이 소멸, 날씨 맑음	중심부 상승기류, 구름 생성, 날씨 흐림

기출 핵심문제

❖ **다음 중 고기압에 대한 설명으로 틀린 것은?**

① 북반구에서 고기압의 공기는 시계 방향으로 불어 나간다.

② 근처에서는 주로 맑은 날씨가 나타난다.

③ 중심에서는 상승기류가 형성된다.

④ 주변보다 기압이 높은 곳은 고기압이다.

해설 **정답 3**

고기압은 주변보다 상대적으로 기압이 높은 지역으로 북반구에서 시계방향으로 불어 나간다. 불어나간 공기를 보충하기 위해 상공에 있는 공기가 하강하여 하강기류가 발생하므로 날씨가 맑아진다.

08 기단과 전선

기단과 전선은 TV 일기예보에서 항상 나오는 익숙한 용어들이며 우리나라에 영향을 끼치는 기단들의 용어와 특징들을 중심으로 학습을 하면 충분하다.

1) 기단(Air mass)

기단이란 공기덩어리로 즉, 기온, 습도 등의 물리적 성질이 비슷한 거대한 공기덩어리이다.

2) 기단의 종류

(1) 시베리아 기단

대륙성 한랭건조한 기단으로 대륙성 고기압으로 나타나기 때문에 '시베리아 고기압'이라고도 한다. 시베리아 지역의 특성이 얼음이나 눈으로 덮여 있는 곳으로 지표면 위의 공기는 매우 차고 건조하다. 겨울철에 한반도에 영향을 끼치는 주요 기단이며 보통 이 기압의 영향을 받으면 날씨가 맑다.

(2) 오호츠크해 기단

북쪽의 오호츠크해의 차가운 해양성 한대기단이다. 오호츠크해 기단도 시베리아 기단처럼 고기압으로 나타나므로 '오호츠크해 고기압'이라고도 한다.

오호츠크해기단의 특징은 푄현상(높새바람)의 주범이고, 초여름 폭염의 원인이 되기도 한다. 또한, 한반도 장마는 이 오호츠크해 기단과 북태평양 기단이 서로 만나 장마가 발생한다.

(3) 양쯔강 기단

중국 남쪽 양쯔강 유역에서 발생하며 봄과 가을에 한반도 및 일본 일대에 영향을 주는 이동성 고기압으로 따뜻하고 건조한 일기가 나타난다.

(4) 적도기단

적도 바다에서 발생하는 고온다습한 해양성 기단으로 인도양, 태평양, 대서양에 띠모양으로 분포한다. 주로 7~8월에 태풍과 함께 한반도로 북상하는 기단이다.

(5) 북태평양 기단

북태평양에서 발생하는 고온다습한 해양성 열대기단으로 오호츠크해 기단과 함께 한반도 장마에 영향을 주는 기단이다. 이 기단도 고기압의 형태로 나타나기 때문에 북태평양 고기압이라고도 한다. 한반도의 여름은 거의 이 기단으로 덮인다.

| 우리나라에 영향을주는 기단 |

3) 기단의 영향

(1) 장마 발생 기단 : 오호츠크해기단 + 북태평양기단

(2) 우리나라 태풍과 함께 북상 기단 : 적도기단

(3) 높새바람(푄현상)과 관련이 있는 기단 : 오호츠크해 기단

기출 핵심문제

❖ 해양의 특성인 많은 습기를 함유하고 비교적 찬 공기 특성을 지니고 늦봄, 초여름에 높새바람과 장마전선을 동반한 기단은?

① 적도기단 ② 오호츠크해 기단
③ 양쯔강 기단 ④ 북태평양기단

해설 **정답 2**

높새바람과 관련된 기단은 오호츠크해 기단이다.

❖ **우리나라 여름기후에 영향을 끼치는 기단으로 옳은 것은?**

① 시베리아 기단
② 양쯔강 기단
③ 북태평양 기단
④ 적도기단

해설 **정답 3**

우리나라 한반도의 여름은 북태평양기단으로 거의 덮힌다.

09 전선(Front)

앞서 설명한 서로 다른 성질의 기단들이 만나면 밀도의 차이로 잘 섞이지 않고 불연속적인 경계면을 이루게 된다 이 불연속적인 경계면이 지표면과 만나는 선이 전선(front)이다. 기단이 발원지를 지나 이동하여 다른 기단과 서로 만나서 이루는 경계면을 전선면이라고 한다.

1) 한랭전선

찬 기단이 따뜻한 기단 아래로 파고들면서 따뜻한 기단을 밀어내는 전선이다. 경사는 온난전선보다 크므로 대기가 불안정한 수직운인 적운 또는 적난운이 대부분이므로 좁은지역에 소나기성 비가 내린다. 뇌우와 동풍을 동반하는 경우가 많고 차가운 한랭전선이 지나가고 나면 그 지역은 기온이 내려간다.

2) 온난전선

따뜻한 기단이 차가운 기단쪽으로 이동하여 찬공기를 타고 올라가면서 전선을 형성하게 된다. 두 기단의 전선면의 경사는 완만한다. 권층운, 고층운 등이 나타나고 그 후 난층운이 나타나 넓은 지역에 지속적으로 비 또는 눈이 내리게 된다. 따뜻한 온난전선이 지나가고나면 그 지역은 기온이 올라간다.

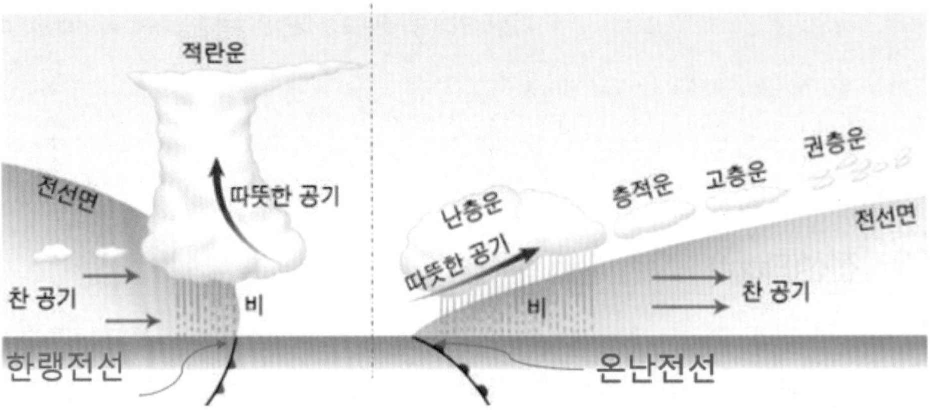

| 한랭전선선과 온난전선 |

| 한랭전선과 온난전선 비교 |

구분	한랭 전선	온난 전선
전선면의 기울기	급하다	완만하다
이동 속도	빠르다	느리다
구름	적운형	층운형
비	소나기(일시적), 뇌우	이슬비(지속적)
강수 지역	좁다	넓다
통과 후 기온	하강	상승
통과 후 기압	상승	하강
통과 후 풍향	남서풍 → 북서풍	남동풍 → 남서풍

3) 폐색전선

온난전선과 한랭전선이 겹쳐진 전선을 말한다. 한랭전선이 온난전선보다 이동 속도

가 빨라서 온난전선을 추월하여 서로 겹쳐지게 된다.(한랭전선>온난전선)

4) 정체전선

온난전선과 한랭전선의 양쪽 세력이 비슷하여 거의 이동하지 않고 '정체'가 되어 일정한 자리에 머물러 있는 전선이다. 정체전선 부근은 날씨가 흐리고 비가 오는 시간도 길어지며 우리나라의 여름 장마전선이 대표적이다. 이 전선은 남북으로 놓이는 경우는 잘 없고 일반적으로 동서로 길게 형성된다.

기출 핵심문제

❖ 한랭기단의 찬공기가 온난기단의 따뜻한 공기쪽으로 파고 들어가 전선 부근에 소나기, 우박, 뇌우 등을 동반하는 전선은?

① 온난전선 ② 한랭전선 ③ 폐색전선 ④ 정체전선

해설 정답 2

❖ 한랭전선의 특징 중 틀린 서술은 어느 것인가?

① 층운형 구름이 발생하고 안개가 형성된다.
② 적운형 구름이 발생한다.
③ 좁은 범위에 소나기성 비가 내리거나 뇌우를 동반한다.
④ 기온이 급격하게 떨어지고 청둥과 번개 그리고 동풍을 동반한 강한 비가 내린다.

해설 정답 1

❖ 다음 중 온난전선이 지나고 난 뒤 일어나는 현상은?

① 기온이 내려간다. ② 기온이 올라간다.
③ 기압이 내려간다. ④ 바람이 강하게 분다.

해설 정답 2

10 뇌우와 난기류

1) 뇌우(thunderstorm)

가) 뇌우의 특징

천둥(Thunder)과 강한 비(폭풍우, storm)을 동반한 기상현상을 말한다. 주로 여름철에 지표면 불균등 가열로 불안정한 대기로 인한 강한 상승기류로 발생한 수직 구름인 적란운이나 한랭전선에서 발생한 적란운, 적운 등에서 나타난다. 항공기는 뇌우를 만나면 반드시 회피해야 한다. 생존주기는 보통 1~2시간 정도로 짧다.

| 뇌우 |

출처 : GettyimagesKorea

나) 뇌우의 단계

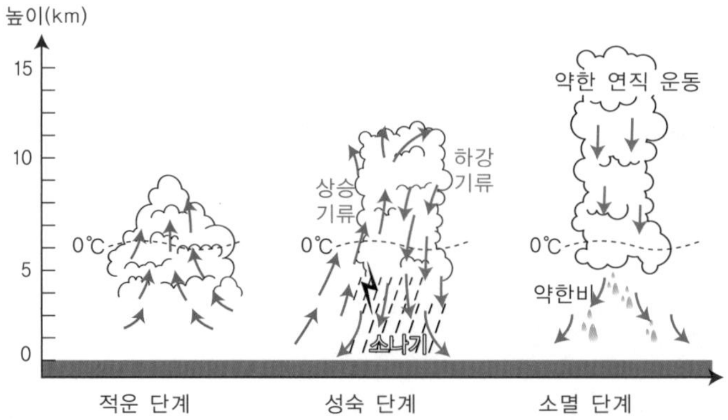

출처: doopedia.co.kr

(1) 적운단계 : 상승기류가 발생하여 적운, 적란운 등 발생, 폭풍우가 발달하기 위한 준비단계

(2) 성숙단계 : 상승기류에 의해 뇌우가 최고강도가 도달했을 때 구름속에서 하강기류가 형성되어 비가 내리기 시작하며 가장 활동적 단계(돌풍, 번개, 폭우, 우박)이다.(상승과 하강기류 동시발생, 차가운 하강풍 발생)

(3) 소멸단계 : 전체가 약한 하강기류로 덮이고 비도 약해진다.

2) 우박(hail)

상승류, 큰 수함량, 큰 물방울을 가지고 높이 발달하는 적란운으로부터 우박은 잘 형성된다. 주로 지름이 5mm 이상인 얼음덩이를 우박으로 분류하며 5mm보다 작은 얼음덩이는 싸락눈으로 분류된다.

3) 난기류

대류권의 공기 흐름이 예측할 수 없는 불규칙한 현상을 말하며 항공기 고도에 따라 윈드시어와 터뷸런스 등이 있다.

기출 핵심문제

❖ 다음 중 뇌우(thunderstorm)의 '성숙단계'에 설명으로 틀린 것은?

① 비가 온다.
② 상승기류가 발생하고 빗방울이 굵어진다.
③ 차가운 하강풍이 발생한다.
④ 상승기류와 하강기류가 동시에 발생한다.

해설 정답 2

11 태풍

중심부근 최대풍속이 17m/s이상이며 폭풍우를 동반한 열대성 저기압을 태풍이라 부른다. 태풍은 발생지역에 따라 다른 이름으로 불리는데 태평양 남서부에서 발생하여 우리나라 쪽으로 불어오는 것을 태풍, 대서양 서부에서 발생하는 것을 '허리케인', 인도양에서 발생하는 것을 '사이클론', 오스트레일리아 북동부에서 발생하는 '윌리윌리'가 있다.

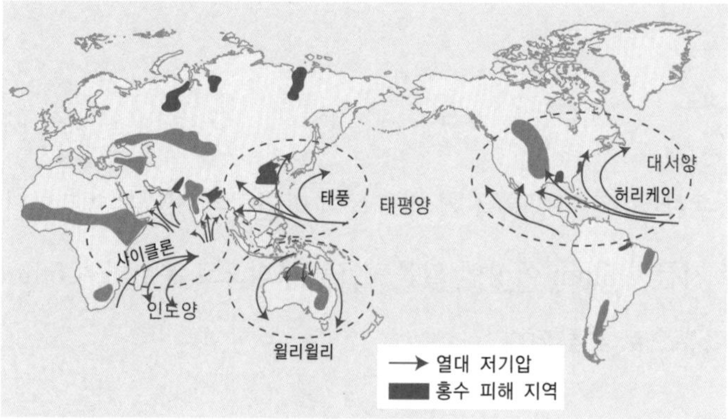

| 태풍의 발생지역 |

〈태풍의 지역별 이름〉

1) 태풍(타이푼, typhoon) : 아시아 연안

2) 사이클론(cyclone) : 인도 벵골만, 아리비아 해

3) 윌리 윌리(willy–willy) : 호주 북동부, 북서부

4) 허리케인(hurricane) : 남중미, 북미 서해안

기출 핵심문제

❖ 다음 중 태풍의 지역별 명칭중 틀린 것은?

① 아시아 연안 : typhoon
② 인도 벵골만 : cyclone
③ 필리핀 : willy–willy
④ 남중미, 북미 서해안 : hurricane

해설 정답 3

12 시정과 시정장애

시정(Visibility)이란 대기의 혼탁정도를 나타내는 기상요소로 정상적인 시각을 가진 사람이 지표면에서 목표를 식별할 수 있는 최대거리를 말한다. 눈으로 보아 물체가 잘 보이면 시정이 좋고 잘 보이지 않으면 시정이 나쁘다고 표현한다. 시정은 항공기 이착륙에 큰 영향을 주며 야간에도 주간과 같이 밝은 상태를 가정하고 관측한다. 시정은 한랭 기단속에서는 시정이 좋고, 온난기단에서는 나쁘다.

1) 시정의 종류

(1) 우시정(Prevailing visibility)

수평원의 반원이상을 차지하는 시정으로, 시정이 방향에 따라 다른 경우에는 각 시정에 해당하는 범위의 각도를 시정값이 큰쪽에서부터(작은 쪽 ×) 순차적으로 합해 180도 이상이 되는 경우의 시정값을 우시정으로 한다. 우리나라는 2004년부터 우시정 제도를 채용하고 있다.

(2) 최단시정 - 방향에 따라서 시정이 다를 때 그중에서 가장 짧은 시정으로, 일반 기상관측에 사용된다.

2) 시정 장애현상 :시정을 나쁘게 하는 현상

– 시정장애물 : 황사(Sand Storm), 연무, 연기, 먼지, 화산재 등

기출 핵심문제

❖ 다음 중 우시정에 대해 옳게 설명으로 틀린 것은?

① 한국은 2004년부터 우시정 제도를 사용하고 있다.
② 최대치의 수평 시정을 말한다.

③ 방향에 따라 보이는 시정이 다를 때 가장 작은 값으로부터 더해 각도의 합계가 180도 이상이 될 때의 값을 말한다.
④ 관측자로부터 수평원의 절반 또는 그 이상의 거리를 식별할 수 있는 시정

해설 정답 3

❖ 다음 중 시정에 직접적인 영향을 미치는 것이 아닌 것은?

① 안개 ② 바람 ③ 연무 ④ 황사

해설 정답 2

❖ 다음 중 시정 장애물의 종류가 아닌 것은?

① 먼지 ② 화산재 ③ 바람 ④ 황사

해설 정답 3

13 안개

작은 물방울이 대기중에 떠 있는 현상이며 수평 시정거리가 1000m(1km)미만이고 습도가 거의 100%인 상태이다. 본질에서 구름과 비슷한 현상이나 구름에는 포함되지 않는다. 구름과 안개를 구별하는 기준은 AGL 고도 50ft다. 즉, 안개는 50ft이하에서 생성되고 구름은 50ft이상에서 생성이 된다.

1) 안개가 발생하기 좋은 조건

(1) 바람이 없고
(2) 대기의 성층이 안정적일 것
(3) 공기중에 수증기와 부유물질이 충분히 포함될 것
(4) 공기가 노점온도 이하로 냉각되어야 할 것

2) 안개의 종류

가) 활승안개(Upslope Fog)

습윤한 공기가 경사면을 따라 상승할 때 단열팽창하여 냉각되면서 발생한다. 사면을 오르는 기류의 속도가 빠르면 빠를수록 잘 발생한다. 산안개(Mountain Fog)는 대부분 활승안개이며 바람이 강해도 형성된다.

※ Upslope : 오르막, 비탈

나) 복사안개(Radiation Fog)

바람이 없거나 미풍, 맑은 하늘, 상대습도가 높을 때, 낮거나 평평한 지형에서 쉽게 형성이 된다. 이 같은 안개는 주로 야간 또는 혹은 새벽에 발생하고 아침에 해가 뜨면 사라진다. 지면 근처 엷은 기층을 형성하기 때문에 땅안개(Ground Frog)라고도 한다.

다) 이류안개(Advection Fog)

차가운 지면이나 수면 위로 따뜻한 공기가 이동해 오면, 이 공기의 밑부분이 냉각되고 포화되어 응결이 일어나므로 이류안개라 한다. 연안이나 해상에서 발생하는 안개는 대부분이 이류안개이며, 이 안개를 연안무, 해무라고 한다. 지속성이 커서 해가 뜨더라도 금방 사라지지 않고 오래 지속되는 특징이 있다.

※ 이류(Advection) : 대기가 수평으로 움직이는 흐름

라) 전선안개(Frontal Fog)

따뜻한 공기와 찬공기 만나는 전선 부근에 특히 온난전선 부근에서 잘 발생한다.

마) 증발안개(증기안개 : Steam fog)

찬공기가 따뜻한 수면위를 지날 때 증발에 의해 형성된 안개이다.

바) 스모그(Smog)

연기(smoke)와 안개(fog)의 합성어로 대기중에 안개와 매연이 뒤섞여 일어나는 오염현상이다.

기출 핵심문제

❖ 다음의 내용은 어떤 종류의 안개인가?

> 땅안개(Ground fog)라고도 하며, 바람이 없거나 미풍, 맑은 하늘, 상대습도가 높을 때, 낮거나 평평한 지형에서 쉽게 형성이 된다. 이 같은 안개는 주로 야간 또는 혹은 새벽에 형성이 된다

① 활승안개　② 이류안개　③ 복사안개　④ 증기안개

해설 정답 3

14 구름

물이나 작은 얼음입자가 모여서 하늘에 떠 있는 것으로 수증기를 포함한 공기가 상공으로 높이 올라가게 되면 기압이 낮아져 그 부피가 커지게 된다. 세계기상관측기구는 구름을 10개의 유형으로 분류하고 있다.

1) 대기중 구름의 발생요소

풍부한 수증기, 냉각작용, 응결핵이다.

2) 구름의 높이에 따른 분류

(1) 하층운 : 수평으로 퍼진 모양이며 안개처럼 보이기도 한다.

– 2km 이하 : 층운, 층적운, 난층운('층'자 구름)

(2) 중층운

– 지상2km ~ 6km : 고층운, 고적운('고'자 구름)

(3) 상층운

– 운저고도가 보통 고도 6km 이상 : 권운, 권층운, 권적운('권'자 구름)

(4) 수직운(적운계)

– 지표 ~ 13km내의 상승기류가 강할때 수직으로 발달한 구름이다.

– 수직운의 종류

① 적운(Cu, 뭉개구름) : 일반적으로 적운은 강수를 동반하지 않는 경우가 많지만, 대기상태가 불안정한 경우에는 적란운으로 크게 발달하여 천둥번개를 동반한 강한 소낙성 강수를 내리기도 한다.

② 적란운(Cb) : 주로 여름철에 천둥, 번개를 동반하여 소나기를 내리는 구름

3) 구름의 안정과 불안정

(1) 층운(status)형 구름 : 수평으로 발달한 형태이고 대기가 안정(하층냉각, 상층가열)

– 권층운, 고층운

(2) 적운(cumulus)형 구름 : 대기가 불안정하여 상승기류로 수직으로 발달한 구름으로 소나기성 강우, 요란한 기상 등 기상변화요인이 많다.(하층가열, 상층냉각)

– 권적운, 고적운, 층적운

4) 비를 포함한 구름 : 난층운, 적란운

☞ 적란운(Cu) : 수직으로 발달한 구름으로 꼭대기의 높이가 12km에 이를 때도 있

고 흔히 소나기를 동반하며 심할때는 우박과 뇌우, 토네이도가 발생

| 구름의 분류 |

출처: 국토교통부 표준교재

기본운형 10가지	부호	기호	특징
상층운 (6km 이상)	권 운	Ci	권운 / 새털구름 (cirrus) 줄무늬 모양의 구름
	권적운	Cc	권적운 / 털쌘구름 (cirrocumulus) 양털모양의 작은 덩어리 구름
	권층운	Cs	권층운 / 털층구름 (cirrostratus) 무리가 나타나는 엷은 층 모양의 구름
중층운 (2 ~ 6km)	고적운	Ac	고적운 / 높쌘구름 (altocumulus) 양 떼가 줄을 지은 모양의 구름
	고층운	As	고층운 / 높층구름 (altostratus) 층 모양의 엷은 흑색 구름
하층운 (2km이하) = 6500ft 이하	난층운	Ns	난층운 / 비층구름 (nimbostratus) 태양을 완전히 가릴 정도로 짙고 어두운 층 구름
	층적운	Sc	층적운 / 층쌘구름 (stratocumulus) 두껍거나 편형한 덩어리 모양의 구름
	층 운	St	층운 / 층구름 (stratus) 층 모양의 구름

기본운형 10가지	부호	기호	특징
수직운 (적운계) (지표~13km)	적 운	Cu	적운 / 쌘구름 (cumulus), 뭉개구름 수직으로 두껍게 발달한 구름
	적란운	Cb	적란운 / 쌘비구름 (cumulonimbus) 수직으로 발달해 탑모양을 이루는 큰 구름

* 수험대비 : 상, 중, 하층운별 해당하는 구름의 종류와 높이를 알아두자.
* 중층운 : A로 시작 ex) 고정운(AC), 고층운(AS)
* 상층운의 최대 높이는 12~15km정도이며 위도별로 높이 차이가 난다.

4) 운량의 구분

운량은 관측자를 기준으로 하늘을 보고 하늘상태를 8등분 또는 10등분하여 판단한다.

☞ 수험대비 : 기출문제는 8등분법 위주로 나왔고, 운량 기호를 보고 분수형태(영어로 표현)로 나타내는 방법도 출제가 되었다.

8등 분법	Symbol	Name	Abbr.	10등 분법	
0	○	Sky Clear	SKC	0	No clouds
1/8	⦶	Few Clouds	FEW	1/10	Less than one-tenth or one-tenths
2/8	◔			2 to 3/10	Two-tenth or three-tenths
3/8	◔	*Scattered	SCT	4/10	Four-tenths
4/8	◑			5/10	Five-tenths
5/8	◕	*Broken	BKN	6/10	Six-tenths
6/8	◕			7 to 8/10	Seven-tenths or eight-tenths
7/8	●			9/10	Nine-tenths
8/8	●	Overcast	OVC	10/10	Completely overcast
9	⊗	Sky Obscured		unknown	Sky obscured
∅	⊜	Not Measured			

* scattered(스캐터) : 산발적인
* broken(브로컨) : 깨진 ☞ 구름이 다 덮인 하늘에서 하늘이 조금 보이는 상태

| 일기도 운량표시 |

5) 운고(실링, Ceiling) : 운고란 해당 비행장 표고에서 하늘의 반 이상(5/8)을 가리는 가장 낮은 구름층까지의 거리이다.

6) 차폐(obscured) : 하늘이 안개, 연기, 먼지, 강우 등으로 인해 우시정이 7마일 이하로 감소시킬 때 차폐로 보고된다.

기출 핵심문제

❖ 하늘의 운량구분시 하늘의 상태가 3/8 ~ 4/8일 때를 무엇이라고 하는가?

① CLR ② SCT ③ OVC ④ BKN

해설 **정답 2**

Clear(CLR) : 1/8, Scattered(SCR) : 3/8 ~ 4/8
Broken(BKN): 5/8 ~ 7/8, Overcast(OVC) : 8/8

❖ 다음 운량을 표시하는 기호 ◑의 운량은?

① two–tenths or three–tenths ② four–tenths
③ tive–tenths ④ six–tenths

해설 **정답 4**

문제의 기호는 6/10이다. 분수를 영어로 표기하는 방법은 기수(숫자 6 → six)/서수(10번째 → tenth)

15 바람

바람이란 공기의 흐름이다. 원인은 태양 복사열의 불균형이다.

즉, 태양에너지에 의해 지표면이 불규칙한 가열에 의해 기압차이가 발생(기압 경도력: Pressure Gradient Force)하고 이로 인해 기압이 높은 곳에서 낮은 곳으로 공기의 흐름이 생겨 발생한 것이 바람이다. 바람은 수평적 성분만 측정했을 때의 공기운동이다. 고도가 높아지면 지표면 마찰이 적어 강해진다.

1) 풍향과 풍속

바람은 백터량이므로 방향을 풍향, 크기를 풍속이라고 한다. 1분간, 2분간 또는 10분간 평균치를 측정하여 지상 풍속을 제공한다.

(1) 풍향

- 바람이 불어오는 방향을 의미하고 일정 시간내의 평균풍향이다.
- 8방위, 16방위, 36방위로 나타내며 진북을 기준한다.
- 풍속이 0.2 m/sec 이하일 때를 무풍이라고 한다.

(2) 풍속

- 평균풍속 : 10분간의 평균치로 공기가 1초동안 움직이는 거리를 m/s, 1시간에 움직인 거리를 mile(마일)로 표시한 kt(노트)를 말한다.
- 순간풍속 : 어느 특정 순간에 측정한 속도를 의미한다.
- 최대풍속 : 관측기간중 10분 간격의 평균 풍속 가운데 최대치를 말한다.
- 풍속의 단위 : 드론에서는 주로m/s(m/sec)를 사용하고, km/hr, mile/hr, knot, kt(kts)를 사용한다.

※ 노트(Knot)는 한 시간에 1 해리(1.85km)의 거리를 움직인 속력의 단위이다. Knot를 표현할 때는 kt, kts, KT, kn, knot, knots, 노트, KTS 등으로 쓴다.

기출 핵심문제

❖ 바람이 존재하는 근본적인 요인은?

① 고도차이　② 기압경도력(태양복사열의 불균형)
③ 공기밀도 차이　④ 지구의 자전과 공전현상

해설 정답 2

바람이란 공기의 흐름이다. 원인은 태양 복사열의 불균형이다. 태양에너지에 의해 지표면이 불규칙한 가열에 의해 기압차이가 발생(기압 경도력이라고 한다)한다.

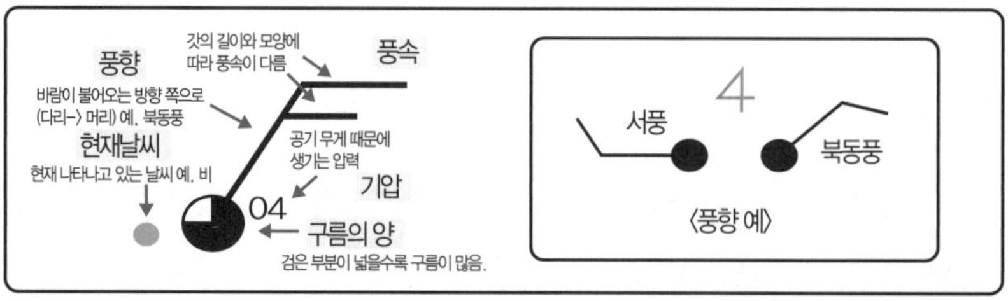

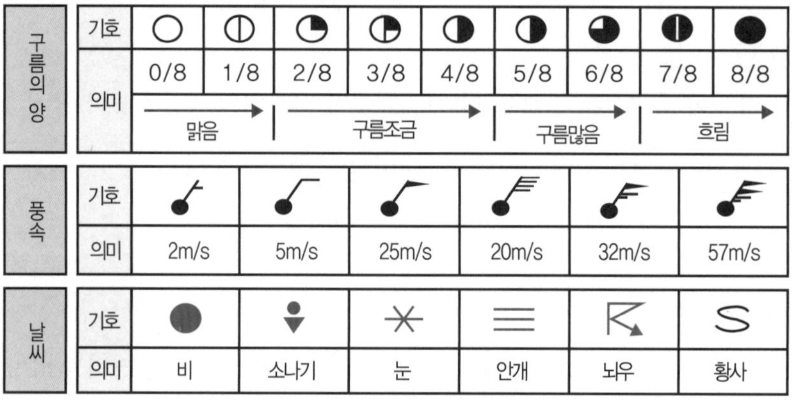

| 일기도 기호 |

2) 풍향, 풍속 측정법(윈속 : 바람자루, Wind sock)

– 윈속이 수평(90도)이 될 경우, 즉 풍속이 5m/s 이상일때는 드론을 날리면 안된다. 드론 실기시험을 보기 전에 윈속을 상태를 먼저 확인한다.

3) 일기도 기호표

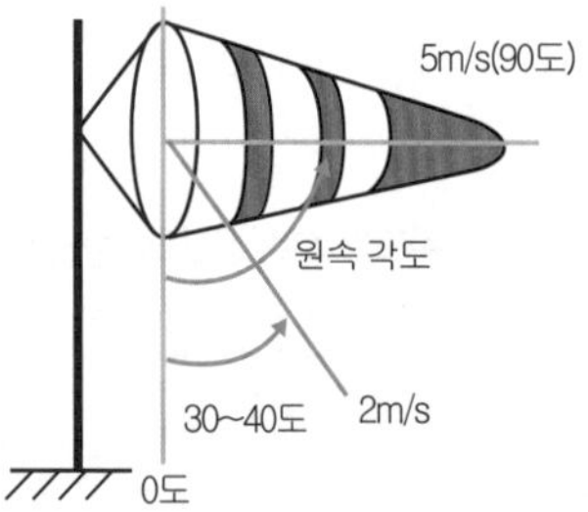

Wind Sock 각도	풍속(m/s = m/sec)
0도	0 (m/s)
15~20도	1 (m/s)
30~40도	2 (m/s)
50~60도	3 (m/s)
70~80도	4 (m/s)
90도	5 (m/s)

2) 보퍼트(Beaufort)의 풍력계급

1805년 풍속측정 장비가 없던 시절 영국의 해군제독인 프랜시스 보퍼트가 제안한 것으로 눈으로 사물을 관측한 사실에서 추정한 풍속에 대한 풍력계급을 말하는데 바람이 강할수록 계급번호가 높아진다.

등급	풍속m/s	명칭	설명
0	0 – 0.2	고요 Calm	연기가 똑바로 올라가고, 바다에서는 수면이 잔잔하다.
1	0.3 – 1.5	실바람 Light air	풍향은 연기가 날리는 모양으로 알 수 있으나 바람개비가 돌지 않는다.
2	1.6 – 3.3	남실바람 Slight breeze	바람이 얼굴에 느껴지고, 나뭇잎이 흔들리고, 깃발이 가볍게 날린다.
3	3.4 – 5.4	산들바람 Gentle breeze	나뭇잎과 가는 가지가 쉴 새 없이 흔들리고 작은 나뭇가지가 흔들린다.
4	5.5 – 7.9	건들바람	먼지가 일고 작은 가지가 흔들린다.
5	8.0 – 10.7	흔들바람	잎이 무성하고 작은 나무 전체가 흔들리고, 강이나 호수에 잔물결이 일어난다.
6	10.8 – 13.8	된바람	큰가지가 흔들리고 바람을 향하여 걸어갈 수 없다.
7	13.9 – 17.1	센바람	나무전체가 흔들리고 바람을 향하여 걸어갈 수 없다
8	17.2 – 20.7	큰바람	가느다란 가지가 부러지고 바람을 향하여 걸어갈 수 없다.
9	20.8 – 24.4	큰센바람	굴뚝이 넘어지고 기와가 벗겨진다.
10	24.5 – 28.4	노대바람	나무가 뿌리채 뽑히고 주택에 큰피해를 입힌다.
11	28.5 – 32.6	왕바람	경험하기 매우 힘들며 광범위하게 파괴된다.
12	32.7 이상	싹쓸바람 Typhoon	육지에서는 보기 드문 엄청난 피해를 일으키고, 바다에서는 산더미 같은 파도를 일으킨다.

☞ 수험대비 : 풍력계급 문제는 주로 등급 2, 3, 12에서 출제가 되었다.

기출 핵심문제

❖ **바람을 느끼고 나뭇잎이 흔들리기 시작할 때의 풍속은 어느 정도인가?**

① 0.3 ~ 1.5 ㎧　　② 1.6 ~ 3.3 ㎧

③ 3.4 ~ 5.4 ㎧　　④ 5.5 ~ 7.9 ㎧

해설 정답2

보퍼트의 풍력계급표 참조

3) 계절풍(Moonsoon)

겨울에는 대륙에서 해양으로, 여름에는 해양에서 대륙으로 불어가는 바람을 계절풍이라고 한다. 원인은 대륙과 해양의 비열차이로 발생한다.

4) 높새바람(푄 현상, 푄바람)

늦봄, 초여름에 걸쳐 동해안의 습하고 찬공기가 지형적 상승과정을 통해 공기가 단열팽창하여 많은 비와 눈을 내리고 건조하게 되고, 서쪽 태백산맥을 넘어 내려오면서 공기는 단열 압축되어 다시 온도가 올라가 고온 건조한 바람으로 바뀌어 부는 북동계열의 바람이다. 예로부터 영서지방의 농민들이 높새바람으로 초목이 말라죽으니 '살곡풍'이라고도 불렀다. (높 : 북쪽, 새 : 동쪽)

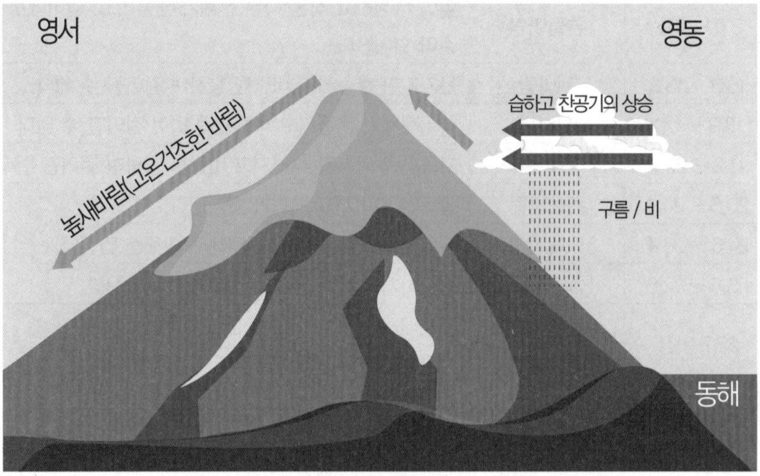

| 높새바람 |

5) 편서풍

1년 내내 서쪽에서 동쪽으로 부는 바람이다. 원인은 지구의 자전에 의한 전향력이다.

6) 곡풍과 산풍(Mountain Breezes, Valley Breezes)

두 바람의 용어 차이가 시험에 자주 출제된다. 시작점(from)이 '곡'과 '산'을 기준을 삼아 기억하면 편리하다. 산정상과 산아래(골짜기)간에 온도차에 의한 기압차로 발생한다.

(1) 곡풍

낮에는 산 정상이 산 아래보다 빨리 가열되므로, 낮에 산아래(골짜기)에서 산정상으로 부는 바람. (산아래 → 산정상)

(2) 산풍

밤에는 산정상이 주변보다 빨리 냉각되므로, 산정상에서 산아래(골짜기)로 불어오는 바람이다(산정상 → 산아래)

곡풍(낮)

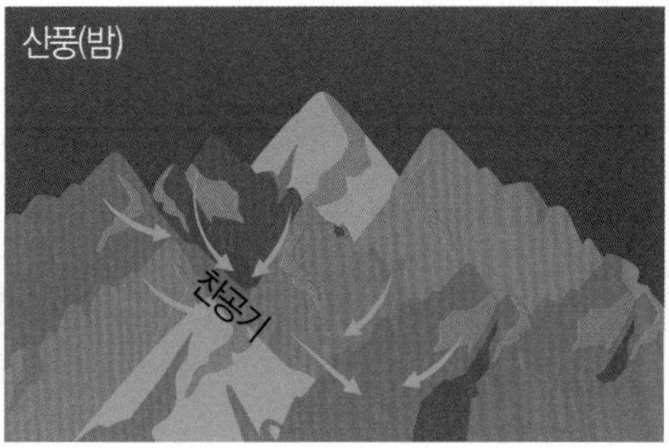

산풍(밤)

7) 해풍과 육풍

(1) 해풍

낮에는 육지가 바다보다 빨리 가열되어서 육지에서 상승기류가 발생하여 기압이 낮고 바다는 상대적으로 기압이 낮아져 바다에서 육지로 부는 바람이다(바다

→육지)

(2) 육풍

밤에는 육지의 공기가 바다보다 빨리 식어 기압이 높아지고 상대적으로 바다는 기압이 낮아져 육지에서 바다로 부는 바람이다. (육지 → 바다)

| 해풍(낮) : 바다에서 육지로 분다 |　　| 육풍(밤) : 육지에서 바다로 분다 |

8) 윈드시어 (Wind sheer)

윈드시어란 짧은 거리내에서 바람의 방향이나 풍속이 급변하는 현상으로 항공기나 드론의 상승력 또는 양력을 상실케 하여 기체를 추락시킬 수도 있다.

윈드시어는 어느 고도층에서나 발생하고, 수평, 수직적인 방향으로도 발생할 수 있다. 또한 저고도 기온 역전층 부근에서도 발생한다. 그 원인은 전선, 뇌우, 온난전선, 깔대기 형태의 바람, 산악파 등이 있으며 착륙 중 윈드시어를 만나면 승객의 안전을 위해 '복행' 또는 '회항'을 하게 된다. 윈드시어는 '급변풍' 또는 '순간돌풍'이라고도 부르며 윈드시어로 연평균 408편의 비행기가 결항되고 있다.

9) 스콜(Squall)

관측하고 있는 10분 동안의 1분 지속 풍속이 10kts 이상일 때 이러한 지속 풍속으로부터 갑작스럽게 15kts 이상 풍속이 증가되어 2분 이상 지속되는 강한 바람을 말함

10) 돌풍(거스트, Gust)

일정시간내(보통 10분간)에 평균 풍속보다 10knot 이상의 차이가 있으며, 순간최대 풍속이 17knot 이상의 강풍이고 지속시간이 초단위일 때를 말한다.

11) 지상풍(Surface wind)

지상 1km 이하에서 지상에서 마찰력의 영향을 받는 바람으로 전향력과 마찰력의 합력이 기압경도력과 평행을 이루어 등압선과의 각을 이루며 저기압쪽으로 부는 바람으로 '마찰풍'이라고도 한다.

12) 경도풍(Gradiendt wind)

지상 1km이상에서 등압선이 곡선일 때 부는 바람으로 기압경도력, 전향력, 원심력이 평행을 이룬다.

13) 지균풍(Geostrophic wind)

지표면의 마찰 영향이 없는 지상 1km이상의 상공에서 기압 경도력과 전향력이 균형을 이루어 부는 바람

14) 전향력(Coriolis force) = 코리올리의 힘 ☞ 방향을 바꾸는 힘

(1) 전향력은 북반구에서는 이동하려는 방향의 오른쪽으로 남반구에서는 왼쪽으로 휘어지면서 이동하는 것처럼 보이게 하는 가상의 힘으로 속력이 빠를수록 위도가 높을수록 전향력이 크게 작용하며 그 크기는 극지방에서 최고이고 적도지방에서는 최소(0)이다.

(2) 공기의 고기압에서 저기압으로의 직접적인 흐름을 방해하는 힘이다. -기출

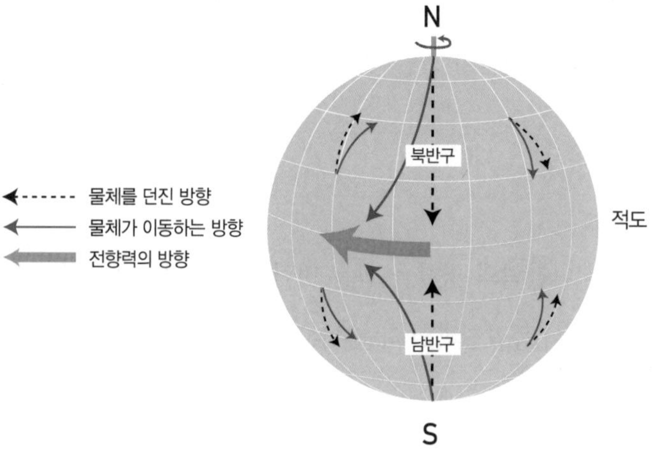

| 전향력 |

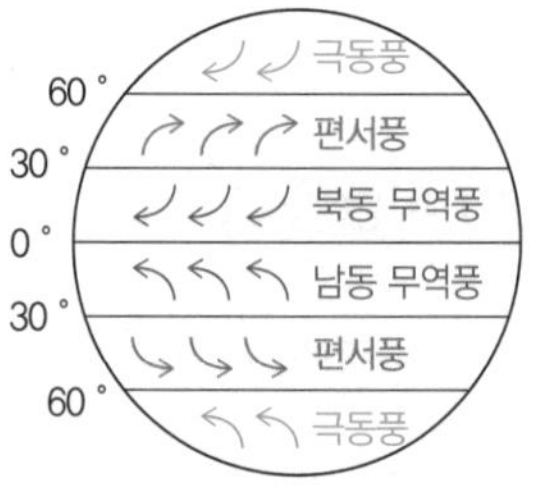

| 전향력에 의한 바람 방향 |

15) 경보와 주의보

(1) 태풍경보 : 태풍으로 인하여 풍속이 17m/s이상, 강우량이 100mm이상 시

※ 태풍 : 중심 최대풍속이 17m/s이상이며 폭풍우를 동반한 열대성 저기압을 태풍이라 부른다.

(2) 대설경보 : 24시간 적설량이 20cm 이상일 때 단, 산지는 30cm이상 예상시

(3) 황사경보 : 황사로 1시간 평균 미세먼지 농도가 800㎍/㎥ 이상으로 2시간 이상 예상시

(4) 홍수주의보 : 12시간 강우량이 80mm이상 될 때

기출 핵심문제

❖ 다음 중 바람의 종류와 그에 대한 설명으로 알맞지 않은 것은?

① 곡풍 : 낮에 빛을 많이 흡수한 산비탈이 산꼭대기보다 공기를 더 일찍 가열시켜 바람이 산꼭대기를 향해 분다.

② 산풍 : 밤에 산꼭대기보다 더 빨리 냉각된 산비탈이 공기를 냉각시켜 바람이 산꼭대기에서 산비탈을 향해 분다.

③ 육풍 : 밤에는 육지의 공기가 빨리 식어 기압이 높아지고 바다의 기압이 상대적으로 낮아져서 육지에서 바다쪽으로 바람이 분다.

④ 거스트(gust) : 낮에는 바다보다 육지의 공기가 빨리 데워져서 기압이 낮아지고 바다의 기압이 상대적으로 높아져서 바다에서 육지로 바람이 분다.

해설 정답 4

지문4는 해풍에 대한 설명임

❖ 다음 중 윈드시어에 관한 설명 중 틀린 것은?

① 윈드시어는 어느 고도층에서나 발생하며, 수평 및 수직으로 일어날 수 있다.

② 윈드시어는 동일 지역내에 바람의 방향이 급변하는 것으로 풍속의 변화는 없다.

③ 저고도 기온 역전층 부근에서 윈드시어가 발생하기도 한다.

④ 착륙 시 양쪽 활주로 끝 모두가 배풍을 지시하면 저고도 윈드시어로 인식하고 복행을 해야 한다.

해설 정답 2

16) 정풍, 배풍, 측풍

항공기는 이착륙은 '정풍(맞바람, Head Wind)'으로 한다. 이륙할 때 3분, 착륙할 때 8분을 '마의 11분(critical eleven minutes)이라고 하는데 이착륙 때 항공기 사고의 대부분을 차지하기 때문이다. 바람이 부는 방향에 따라 항공기의 전면에서 뒤쪽으로 부는 바람을 정풍이라고 부르며, 항공기의 뒤쪽에서 앞으로 부는 바람을 배풍(뒷바람, Tail Wind), 측면에서 부는 바람을 측풍(옆바람, Cross Wind) 라고 부른다.

(1) 항공기는 착륙할 때와 이륙할 때는 맞바람인 '정풍'을 이용하면 이착륙 거리가 가장 짧다.(이착륙거리: 정풍〈무풍〈배풍)

(2) 착륙거리를 짧게 하는 방법

– 착륙 중량을 작게, 정풍으로 착륙, 착륙 마찰계수가 크고, 접지속도를 작게 한다.

(3) 사용하는 활주로는 매일 달라진다?

고속도로 번호와 달리 비행장 활주로의 경우 양방향으로 번호가 다른 이유가 무엇일까? 그것은 활주로의 양방향을 모두 사용하기 때문이다. 관제탑(Tower)에서 정풍으로 비행기를 안내하기 위해 활주로를 사용하는 방향이 하루에도 여러 번 바뀌게 되는 것이다.

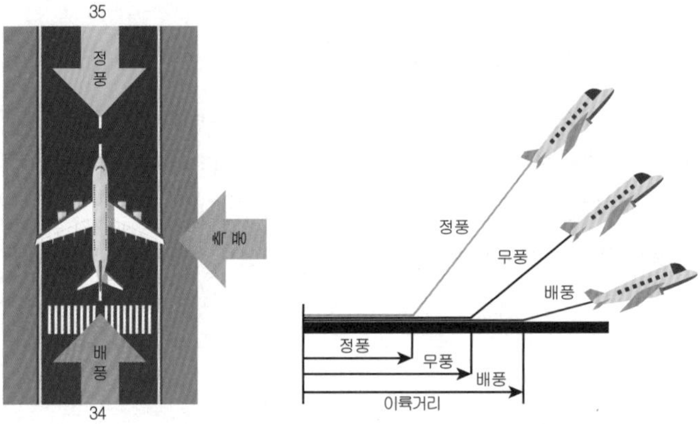

| 정풍, 무풍, 배풍이 '이륙 거리'에 미치는 영향 |

16 기체 착빙(Airframe Icing)

1) 착빙의 정의

항공기의 착빙이란 항공기 표면에 얼음이 달라붙거나 덮이는 현상으로, 항공기 날개주위나 프로펠러 등의 착빙으로 공기흐름을 방해해 양력과 추력은 감소하고 반대로 항력과 무게는 증가하며, 안테나와 엔진 등에 착빙이 되는 경우 통신장애와 엔진성능을 저하시키고 특히, 피토우튜브에 착빙이 되는 경우 속도와 고도 측정이 불가능해져 항공기 사고의 원인이 되므로 매우 주의해야 한다.

착빙의 종류는 항공기구조에 형성되는 '구조착빙'과 항공기의 공기흡입기나 기화기, 피토관 등에 형성되어 동력장치에 영향을 주는 '흡입착빙'이 있다.

| 항공기의 착빙 |

| 항공기 착빙제거, De-icing |

2) 착빙의 발생원인

항공기 기체 착빙은 주변 공기의 온도가 0℃ 이하이고, 과냉각수의 수분함량 정도, 기온, 물방울의 크기에 따라 결정된다. 이런 과냉각수의 수분함량이 많은 적운형 구름일 경우 착빙이 생기기 쉽다.

※ 과냉각수 : 대기중에 정지된 상태로 존재하는 순수한 물은 -40도까지 얼지 않는데 이를 과냉각수라고 한다. 과냉각수는 조금의 진동과 이물질이 생기면 바로 그 상태로 얼음으로 변화되는 성질이 있다.

3) 찬 적시기(Cold Soak)

항공기가 외기온도가 영하인 고도를 비행하던 항공기가 급하게 하강하여 영상의 지역을 내려오더라도 여전히 항공기 표면의 온도가 영하인 상태로 남아 착빙이 발생하기도 하는데 이 경우를 '찬 적시기(Cold Soak)'라고 부른다.(※ soak : 물에 적시다, 담그다)

4) 착빙의 영향

(1) 양력감소, 추력감소, 무게 증가, 항력증가에 영향을 끼쳐 추락의 위험

(2) 앞날과 날개 윗면의 착빙으로 양력은 30% 감소하고, 항력은 40% 증가한다.

(3) 착빙의 85%는 전선면에서 생긴다.

5) 구조착빙의 종류

(1) 맑은 착빙(Clear icing) : 반짝이는 착빙(Glaze Ice)이라고 불리며, 깨끗하고 단단하고 무겁다. 항공기 날개 에어포일 앞에 '뿔(horns)'처럼 불룩하게 튀어나온 모양으로 아이스 혼(Ice horns)이 생길 수 있다. 착빙 중 가장 위험하고 적운형 구름에서 주로 발생한다.

(2) 거친 착빙(Rime icing) : 일명 '상고대 착빙'으로 불리며, 흰색, 다공성 불투명하고 부서지기 쉬운 거친 형태를 가진 서리착빙은 항공기 기체주변이 정상적인 흐름을 방해한다. (Rime : 서리)

(3) 혼합 착빙(mixed icing) : 맑은 착빙과 거친 착빙이 섞인 상태로 매우 밀도가 높아 큰 위협이 된다.

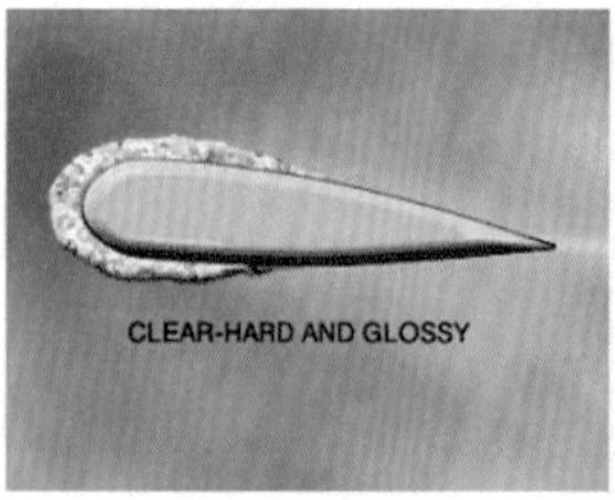

| 맑은 착빙 |

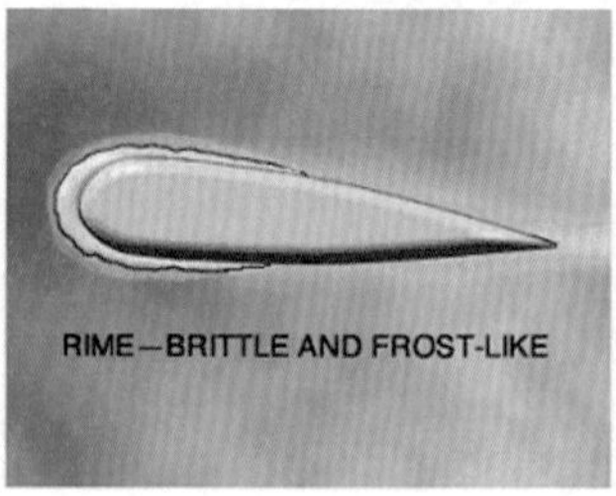

| 거친착빙 |

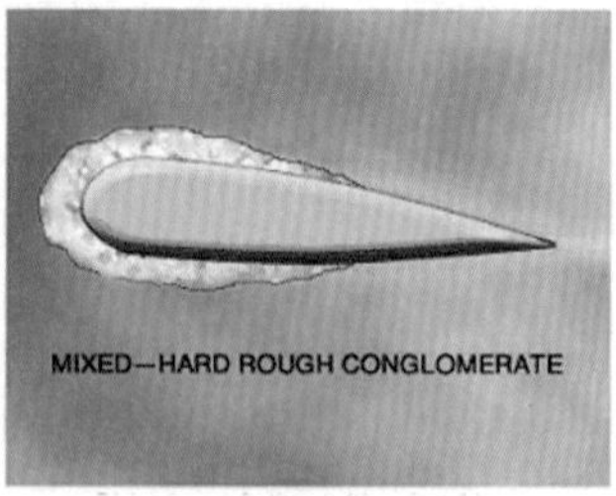

| 혼합착빙 |

출처 : NASA

(4) 비 착빙(Rain Ice) : 아주 특이한 형태의 맑은 착빙으로 울퉁불퉁하고 고르지 못

한 형태를 가진다.

(5) 서리 착빙(Hoar Frost) : 비나 구름이 없는 상태에서 추운 겨울밤에 외부에 주기되어 있거나 '찬 적시기(cold soak)'의 결과로 항공기 외부에 얇은 코팅막을 형성하는 형태로 발생

5) 착빙 방지책

착빙이 발생한 경우 특수한 용액을 기체에 뿌려 기체에 달라붙은 얼음조각을 제거하는 작업을 착빙제거(De-icing)라고하고, 착빙을 미리 예방하는 방법으로 전기적 열선 등을 이용하는 착빙방지(Anti-icing) 장치를 부착한다.

기출 핵심문제

❖ 다음은 어떤 종류의 착빙을 설명하고 있는가?

물방울이 비행장치의 표면에 부딪치면서 표면을 덮은 수막이 천천히 얼어붙고 투명하며 단단한 착빙으로 항공기 날개 에어포일 앞에 '뿔(horns)'모양을 하고 있는 형태를 한 착빙이다.

① 거친 착빙 ② 서리 ③ 맑은 착빙 ④ 싸락눈

해설 **정답 3**

맑고 투명하며 뿔모양을 하고 있는 착빙은 맑은 착빙이다.

17 항공기상보고

1) 정시관측보고(메타, METAR : Meteorological Aerodrome Report)

(1) 정시관측보고(METAR)는 항공기상청에서 정기적으로 발표하는 공항 지역의 기

상 정보로 각 공항의 지상풍, 시정, 활주로 가시거리, 구름, 기온, 이슬점 온도, 기압정보 등을 일정 형태에 따라 제공하는 기상 정보이다 보통 '메타'라고 한다. 일반적으로 1시간 간격으로 매시간 정시 5분전에 관측한다.(인천공항은 매 30분)

☞ 터미널공항예보(TAF)는 6시간마다 예보한다.

(2) 지상 META 보고는 진북을 기준으로 하며 세계기상기구(WMO)의 권고에 따라, 풍향은 진북을 기준으로 360°로 하여 10° 간격인 01~36 부호로 나타낸다.

2) SPECI(Special observations and report)

특별 관측보고로 기상변화가 심각할 경우 발효된다.

3) 터미널공항예보(테프, TAF : Terminal Aerodrome Forecast)

TAF는 현재 날씨가 아닌 특정공항에서의 비행장 예보이다. 비행장 중심 6마일 이내 지역에서 발생되는 기상요소들을 1일 4회 6시간마다 예보로 24시간 유효

4) SIGMET(악기상정보, Significant meterological)

보통 비행정보구역별로 제공되는 심각한 기상상태 예상시 제공

방위각

1. 자북(magnetic north) : 나침판의 N극이 가리키는 북쪽이다.
2. 진북(true north) : 언제나 변하지 않는 북쪽으로 북극성의 방향이다. 진북은 별표(★)로 나타낸다.
3. 도북(grid north) : 지도상의 북쪽으로, 지도의 세로선 위쪽이 도북이다. 지도에 있는 세로선은 모두 도북선이며, 화살표(↑)로 나타낸다.
4. 편각 : 진북과 자북의 사이각

기출 핵심문제

❖ **다음 중 기상에 대한 설명 중 옳지 않은 것은?**

① METAR(메타) : 매 시간 보고

② 고기압 – 기압이 높고 하강기류이며 날씨가 맑음

③ 저기압 – 기압이 낮고 상승기류이며 날씨가 흐림

④ TAF – 매 7시간마다 예보

해설 **정답 4**

TAF는 1일 4회 24시간 유효(매 6시간마다 예보)

❖ **진북과 자북의 사이각을 무엇이라 하는가?**

① 수편분력 ② 상반각 ③ 복각 ④ 편각

해설 **정답 4**

CHAPTER

02 항공기상 / 실력 다지기 문제

01 **항공기의 착륙거리가 가장 길게 만드는 형태의 바람은 어느 것인가?**

① 무풍 ② 측풍 ③ 배풍 ④ 정풍

해설 배풍착륙: 항공기가 착륙할 때 뒤바람으로 착륙하는 것을 말하며 항공기의 이착륙은 항상 정풍(맞바람)을 받아야 안전하다. 하지만 배풍이 불 때에 불가피하게 비행기가 착륙하는 것을 말한다. 배풍으로 착륙을 하면 착륙거리도 길어지지만 위험하기도 하다.

정답: 3

02 **대기권 중 기상 변화가 일어나며 상승할수록 온도가 상승되고 대부분의 전리층이 포함되고 오로라가 발생하며 인공위성의 궤도로 이용되는 것은 다음 어느 것인가?**

① 중간권 ② 대류권계

③ 대류권 ④ 열권

해설 고도상승할수록 온도가 하강하는 층은 대류권과 중간권은 하강, 반대로 상승하는 층은 성층권과 열권이다 열권은 80~500km 사이에 존재한다(하대중/상성열).

정답: 4

03 **대기중 가장 불안정한 층으로 대부분의 기상이 발생하는 대기의 층은?**

① 대류권 ② 성층권

③ 열권 ④ 중간권

해설 대류권은 지구 전체 대기의 3/4이 대류권에 포함된다. 대기 중에서 가장 불안정한 층으로 기상현상의 대부분이 이곳에서 일어난다. 대류권은 대기 질량의 대부분을 차지하며, 고도가 증가함에 따라 기온이 감소하는 층으로 보통 1km에 6.5도씩(1000ft당 2도씩) 하강하며 평균하여 약 11km의 두께를 갖는 층

정답: 1

04 **표준대기의 혼합기체의 비율로 맞는 것은?**

① 산소 50% – 질소 49% – 기타 1% ② 산소 78% – 질소 21% – 기타 1%

③ 산소 21% – 질소 78% – 기타 1% ④ 산소 21% – 질소 1% – 기타 78%

정답: 3

05 **다음 중 대기권에서 가장 많은 것은 무엇인가?**

① 산소 ② 질소 ③ 아르곤 ④ 수증기

해설 대기의 구성성분은 질소 78%, 산소21%, 아르곤 0.93% , 이산화탄소 0.04%, 기타 0.03%

정답: 2

06 **다음 중 물질 1g의 온도를 1℃ 올리는데 필요한 열은?**

① 잠열 ② 비열 ③ 현열 ④ 열량

해설 잠열 : 물질을 상위상태로 변화시키는 데 요구되는 열에너지, 현열 : 일반적으로 온도계에서 측정된 온도, 열량 : 물질의 온도가 증가함에 따라 열에너지를 흡수할 수 있는 양

정답: 2

07 **다음 중 기압의 설명 중 틀린 것은 어느 것인가?**

① 고도가 올라가면 압력은 감소한다.

② 기온이 낮은 곳에서는 공기가 수축되어 평균기온보다 기압고도는 낮아진다.

③ 더운 날씨는 공기를 희박하게 하여 공기밀도를 낮게 한다.

④ 공기밀도는 기압에 반비례하고 온도와 습도에 비례한다.

해설 공기밀도는 기압이 높을수록 공기밀도는 높아진다 즉 기압에 비례하고 온도와 습도에 반비례한다.

정답: 4

08 기온이 상승하여 공기가 위로 향하고 기압이 낮아져 응결될 때 공기가 아래로 향하는 현상은?

① 역전현상 ② 대류현상

③ 이류현상 ④ 푄현상

해설 (1) 대류현상

공기의 온도가 올라가면서 부피가 팽창한다. 차가운 공기는 아래로 내려오고, 따뜻한 공기는 위로 올라간다. 이러한 공기의 순환현상을 대류라고 한다.

(2) 이류현상

기단의 성질이 대기운동으로 변하는 과정으로 수평방향의 변화만 해당. 해무발생이 가장 흔한 이류현상 중 하나이다.

정답: 2

09 다음 대기중 오존층이 있어 자외선을 흡수하여 기온이 상승하고 대류현상이 거의 없는 대기권으로 대형여객기나 군용정찰기의 항로로 쓰이는 것은?

① 열권 ② 대류권

③ 성층권 ④ 중간권

해설 성층권은 대류권계면에서 약 50km의 대기층 대류권계면에서 35km까지 온도변화가 거의 없음, 대류현상이 거의 없다. 대형여객기나 군용정찰기의 항로로 이용된다.

정답: 3

10 다음 기단 중 해양성 기단으로 매우 습하고 더우며 주로 7~8월에 태풍과 함께 한반

도 상공으로 이동하는 기단은?

① 오호츠크해기단 ② 양쯔강기단 ③ 적도기단 ④ 북태평양기단

해설 태풍과 관계된 것은 적도기단이다.

정답: 3

11 기압고도계를 장착한 항공기가 일정한 계기 고도를 유지하면서 기압이 낮은 곳에서 높은 곳으로 비행할 때 기압 고도계의 지침의 변화는?

① 실제고도와 일치한다.

② 실제고도보다 높게 지시한다.

③ 실제고도보다 낮게 지시한다.

④ 실제고도보다 높게 지시한 후에 서서히 일치한다.

해설 비행기는 고도는 기압이 낮으면 고도가 높고, 기압이 높으면 고도가 낮다고 판단한다. 그러므로 일정한 고도를 유지하면서 기압이 낮은 곳에서 높은 곳으로 비행을 하게 되면 실제 고도보다 낮게 지시하게 된다.

정답: 3

12 해수면 고도에서 국제표준대기(ISA)의 표준 기온 및 기압은 얼마인가?

① 15℃, 29.92inHg ② 59℉, 760inHg

③ 15℉, 1013mb ④ 59℃, 1013mb

해설 국제표준대기(International Standard Atmosphere, ISA)

* 해면상 기온 및 기압: 15℃(59℉), 1013.25hPa = 760mmHg = 29.92inHg

* 고도상승에 따른 기온 체감률: 약 2 ℃/1000ft(3.5℉/1000ft)

* 고도상승에 따른 기압 감소률: 약 1 inHg/1000ft

정답: 1

13 평균 해수면에서 온도가 20도일 때 1000ft에서의 온도는 얼마인가?

① 40℃ ② 22℃ ③ 18℃ ④ 0℃

해설 대류권 내에서 1000ft(300m) 상승 할때마다 -2℃씩 감소하므로 20℃-2℃=18℃이다.

정답: 3

14 다음 중 구름의 생성과 관련이 없는 것은?

① 수증기 ② 냉각 ③ 빙정핵(응결핵) ④ 고기압

해설 구름은 대류권에서 상승기류에 의해 발생하지만 고기압은 하강기류이다.

정답: 4

15 비행기 고도 상승에 따른 공기 밀도와 엔진 출력 관계를 설명한 것 중 옳은 것은?

① 공기밀도 감소, 엔진출력 증가

② 공기밀도 감소, 엔진출력 감소

③ 공기밀도 증가, 엔진출력 감소

④ 공기밀도 증가, 엔진출력 증가

해설 고도가 상승함으로써 기압이 내려가서 공기가 팽창하면 대기의 공기의 양이 줄어들게 된다. 즉 고도가 상승함에 따라 공기의 밀도가 감소하게 되는 것이다. 그러므로 밀도는 기압에 비례한다. (기압이 높을수록 공기밀도도 높아진다). 고도가 상승하면 공기밀도가 감소하고 비행기 엔진에 들어가는 공기의 양이 줄어들기 때문에 출력이 감소한다.

정답: 2

16 다음 중 고도 1km당 온도 감소율은 어느 것인가?

① 2℃ ② 2°F ③ 6.5℃ ④ 6.5°F

해설 고도에 따른 기온 감소율은 약 -6.5℃/1km이다.

정답: 3

17 표준대기와 관련하여 적당하지 않은 것은 어느 것인가?

① 해면 기압 1,031.25hPa ② 해면 기압 760mmHg

③ 해수면 온도 섭씨 15도, 화씨 59도 ④ 해면 기압 29.92inHg

해설 국제표준대기(International Standard Atmosphere, ISA)

* 해면상 기온 및 기압: 15℃(59°F), 1013.25hPa = 760mmHg = 29.92inHg
* 고도상승에 따른 기온 체감률: 약 2℃/1000ft(3.5°F/1000ft)
* 고도상승에 따른 기압 감소률: 약 1 inHg/1000ft

정답: 1

18 투명하고 견고하며 착빙 중 가장위험한 착빙은?

① 혼합 착빙 ② 맑은 착빙 ③ 거친 착빙 ④ 서리착빙

해설 맑은 착빙 (Clear) : 특징은 투명하고 견고하고 매끄럽다. 착빙 중 가장 위험하고 적운형 구름에서 주로 발생

정답: 2

19 다음 중 최저 온도를 측정하는 시간은 언제인가?

① 자정 ② 일출 한 시간 전 ③ 일몰 한 시간 후 ④ 일몰 한 시간 전

해설 단순암기문제로 지표면의 온도는 해가 진 이후부터 서서히 식기 시작하는데 시간상으로 보면 열을 가장 오래 방출한 때가 해뜨기 직전이기 때문에 온도가 가장 낮다고 한다.

정답: 2

20 다음 중 항공기 기체의 착빙(icing)에 대한 설명 중 틀린 것은?

① 비행장치 날개, 프로펠러, 방향타, 안테나 등 외기에 착빙이 생겨 중력을 증가시켜 양력을 증가시킨다.

② 공중이나 지상에서 항공기 기체가 얼어붙는 것을 말한다.

③ 기체 착빙이 되면 날개 모양이 변할 수도 있다.

④ 부력이 떨어지거나 무거워져서 추락하는 수도 있다.

해설 기체의 착빙으로 항공기가 얼어붙어 날개모양이 변하여 양력이 감소하고, 비행기 자체무게가 증가하여 양력과 추진력이 감소하며 비행기 부품들이 제대로 동작을 하지 않거나 성능이 감소되어 추락의 위험이 있다.

정답: 1

21 다음 기단 중 동쪽에서 길고 강한 호우를 일으키는 기단은 어느 것인가?

① 양쯔강 기단 ② 적도 기단 ③오호츠크해 기단 ④ 시베리아 기단

해설 〈오호츠크해 기단〉
북쪽의 오호츠크해의 차가운 해양성 한대기단이다. 오호츠크해 기단도 시베리아 기단처럼 고기압으로 나타나므로 '오호츠크해 고기압'이라고도 한다. 오호츠크해기단의 특징은 푄현상(높새바람)의 주범이고, 초여름 폭염의 원인이 되기도 한다. 또한, 한반도 장마는 이 오호츠크해 기단과 북태평양 기단이 서로 만나 장마가 발생한다.

정답: 3

22 항공기 착빙 중에서 물방울이 비행장치의 표면에 부딪치면서 표면을 덮은 수막이 천천히 얼어붙고 투명하고 단단한 착빙은 무엇인가?

① 싸락눈 ② 거친 착빙 ③ 맑은 착빙 ④ 서리 착빙

해설 맑은 착빙 (Clear) : 특징은 투명하고 견고하고 매끄럽다. 착빙 중 가장 위험하고 적운형 구름에서 주로 발생

정답: 3

23 다음 중 기온에 대한 설명 중 옳지 않은 것은?

① 1.25m ~ 2m 높이에서 관측된 온도를 의미한다.

② 태양열을 받아 가열된 공기의 온도이며 햇빛이 잘 비치는 상태에서 얻어진 온도다.

③ 흡수된 복사열에 대한 공기의 온도(대기)의 온도이며 햇빛이 가려진 상태에서 10

분간 통풍을 하여 얻어진 온도이다.

④ 해상에서 측정시는 선박의 높이를 고려하여 약 10m의 높이에서 측정한 온도를 사용한다.

해설 기온은 측정은 지상의 1.25m~2m 높이(평균 1.5m)에 설치된 백엽상에서 측정이 되며 백엽상 설치시에 직사광선은 피하고 통풍이 잘 될수 있도록 설치하여야 한다.

정답: 2

24 공기밀도는 습도와 기압의 변화에 따른 상태로 옳은 것은?

① 온도와 기압의 변화는 공기밀도와는 무관하다.

② 공기밀도는 기압과 습도에 비례하며 온도에 반비례한다.

③ 공기밀도는 온도에 비례하고 기압에 반비례한다.

④ 공기밀도는 기압에 비례하며 습도에 반비례한다.

해설 고도가 상승함으로써 기압이 내려가서 공기가 팽창하면 대기의 공기의 양이 줄어들게 된다. 즉 고도가 상승함에 따라 공기의 밀도가 감소하게 되는 것이다. 그러므로 밀도는 기압에 비례한다. (기압이 높을수록 공기밀도도 높아진다.) 고도가 상승하면 공기밀도가 감소하고 비행기 엔진에 들어가는 공기의 양이 줄어들기 때문에 출력이 감소한다.

정답: 4

25 다음 중 항공기의 착빙(Icing)에 대한 설명 중 틀린 것은?

① 거친 착빙도 항공기 날개의 공기 역학에 심각한 영향을 줄 수 있다.

② 양력과 무게를 증가시켜 추진력을 감소시키고 항력은 증가시킨다.

③ 착빙은 날개뿐만 아니라 Carburetor, Pitot관 등에도 다양한 곳에 발생한다.

④ 습한 공기가 기체 표면에 부딪치면서 결빙이 발생하는 현상이다.

해설 착빙(Icing)은 항공기 운행에 위험요소이므로 항공기 항력 증가, 양력 감소, 중량 증가 등의 다양한 악영향으로 항공기 추락의 위험을 발생시킨다.

정답: 2

26 다음 중 착빙의 종류가 아닌 것은 어느 것인가?

① 맑은 착빙 ② 이슬 착빙 ③ 거친 착빙 ④ 서리 착빙

해설 (1) 맑은 착빙(clear icing): 반짝이는 착빙(Glaze Ice)이라고도 불리는 착빙으로 깨끗하고 단단하며착 달라붙은 형태로 항공기의 전면에 형성되면서 마치 뿔(Horns)이 난 것처럼 앞으로 불룩 튀어나온 형태이다.

(2) 거친 착빙(Rime icing) : 일명 '상고대 착빙'으로 불리며, 흰색, 다공성 불투명하고 부서지기 쉬운 거친 형태를 가진 서리착빙은 항공기 기체주변이 정상적인 흐름을 방해한다.

(3) 서리 착빙: 서리 착빙(Hoar Frost) : 비나 구름이 없는 상태에서 추운 겨울밤에 외부에 주기되어 있거나 '찬 적시기(cold soak)'의 결과로 항공기 외부에 얇은 코팅막을 형성하는 형태로 발생

정답: 2

27 서리가 내릴 때 비행 상태로 적당한 것은 어느 것인가?

① 항력 감소 ② 양력 감소 ③ 실속 증가 ④ 비행과는 상관없다.

해설 서리는 날개의 공기역학적 모양을 변화시키지는 않지만, 유연한 공기흐름을 방해하여 공기속도를 감소시킨다. 따라서 미량의 서리라도 비행 전에는 반드시 제거되어야 한다.

정답: 2

28 다음 중 고기압과 저기압에 설명에 관하여 맞는 것은?

① 고기압 지역 또는 마루에서 공기는 올라간다.

② 고기압 지역 또는 마루에서 공기는 내려간다.

③ 저기압 지역 또는 골에서 공기는 정체한다.

④ 저기압 지역 또는 골에서 공기는 내려간다.

해설 저기압에서 뻗어나온 부분이 기압골에 해당하고 고기압에서 뻗어나온 부분이 기압마루에 해당된다.

정답: 2

29 다음 중 공기밀도에 관한 설명으로 옳지 않은 것은?

① 수증기가 많이 포함될수록 공기밀도는 감소한다.

② 일반적으로 공기밀도가 하층보다 상층이 낮다.

③ 국제표준대기의 밀도는 건조공기로 가정했을 때의 밀도이다.

④ 온도가 높아질수록 공기밀도도 증가한다.

해설 공기 밀도는 온도와 압력에 따라 변한다. 즉 공기가 더워지면 공기가 팽창하여 단위 부피당 밀도가 작아진다.

정답: 4

30 고도 6500ft(2000m) 이하에서 발생하는 구름의 종류는 무엇인가?

① 권층운 ② 고층운 ③ 적운 ④ 층운

해설 〈 구름의 높이에 따른 분류 〉

① 상층운(6km 이상) : 권운, 권층운, 권적운
  – '권'자 들어간 구름

② 중층운(지상 2km~6km) : 고층운, 고적운
  – '고'자가 들어간 구름

③ 하층운(2000m 이하) : 층운, 층적운, 난층운
  – '층'자가 들어간 구름

정답: 4

31 다음 중 뇌운과 같이 동반하지 않는 것은 어느 것인가?

① 하강기류 ② 우박 ③ 번개 ④ 안개

해설 천둥, 번개 즉 뇌방전의 발생원인이 되는 가장 보편적인 구름을 뇌운(雷雲)이라 하고, 안개는 강한 바람이나 난기류가 있을 때에는 생성되지 않는다.

정답: 4

32 다음 중 강우가 예상되는 구름은?

① Cb(적란운) ② St(층운) ③ As(고층운) ④ Ci(권운)

해설 비(Nim–)가 오는 구름은 적란운(Cb, cumulonimbus)와 난층운(Ns, nimbostratus)이다.

정답: 1

33 **다음 구름 중에서 회색 또는 검은색의 먹구름이며 비와 눈을 포함하고 두께가 두껍고 수직으로 발달한 구름은?**

① Altostratus(고층운) ② Stratocumulus(층적운)
③ Nimbostratus(난층운) ④ Cumulonimbus(적란운)

해설 적란운(쌘비구름) : 모양은 적운과 비슷하지만, 수직으로 발달된 구름으로 산이나 탑 모양을 이루고 회색 또는 검은색 먹구름이며 비나 눈을 포함하고 있다.

정답: 4

34 **다음 중 중층운은?**

① Cu ② Ns ③ St ④ Ac

해설 * 중층운: A로 시작한다(Alto–)
예) 고적운(Ac, Altocumulus)과 고층운(As, Altostratus)
〈 구름의 높이에 따른 분류 〉
① 상층운(6km 이상) : 권운, 권층운, 권적운
– '권'자 들어간 구름
② 중층운(2km~6km) : 고층운, 고적운
– '고'자가 들어간 구름

정답: 4

35 **다음 구름 중에서 진한 회색을 띄며 비와 안개를 동반한 구름은 어느 것인가?**

① Ac(고적운) ② Sc(층적운) ③ St(층운) ④ Ns(난층운)

해설 비는 Nimbus 즉, N이나 b를 포함한다. 난층운 Ns(비층구름)이나 적란운 Cb가 있다.

정답: 4

36 **구름중에서 지상 10km이상에서 형성되는 구름은 어느 것인가?**

① 고층운 ② 권층운 ③ 적운 ④ 층운

해설 〈 구름의 높이에 따른 분류 〉
① 상층운(6km 이상) : 권운, 권층운, 권적운
– '권'자 들어간 구름
② 중층운(2km~6km) : 고층운, 고적운
– '고'자가 들어간 구름
③ 하층운(2000m 이하) : 층운, 층적운, 난층운
– '층'자가 들어간 구름

정답: 2

37 **다음 중 5/8 ~7/8인 구름의 운량은 어느 것인가?**

① Clear ② Scattered ③ Broken ④ Overcast

해설 〈운량의 구분(8등분)〉
1. Clear(CLR) : 1/8 (1/10)
2. Scattered(SCR) : 3/8 ~ 4/8 (4/10 ~ 5/10)
3. Broken(BKN) : 5/8 ~ 7/8(6/10 ~ 9/10)
4. Overcast(OVC) : 8/8(10/10)

정답: 3

38 **새벽이나 늦은 밤에 발생하는 안개이며, 아침에 해가 뜨면 사라지는 안개는 무엇인가?**

① 복사안개 ② 증기안개 ③ 이류안개 ④ 활승안개

해설 야간 지면에서 공기가 냉각되어 포화되고 응결이 일어나서 생기므로 복사안개라 한다. 다른 말로 역전층 내에서 일어나서 역전안개라고도 한다. 대부분의 육지 내에서 새벽이나 늦은 밤에 발생하는 안개이며, 아침에 해가 뜨면 사라진다.

정답: 1

39 다음 중 안개가 발생하기 적합한 조건이 아닌 것은?

① 대기의 성층이 안정할 것　② 냉각작용이 있을 것
③ 강한 난류가 존재할 것　④ 바람이 없을 것

해설 〈 안개가 발생하기 좋은 조건 〉
(1) 바람이 없고
(2) 대기의 성층이 안정적일 것
(3) 공기중에 수증기와 부유물질이 충분히 포함될 것
(4) 공기가 노점온도 이하로 냉각되어야 할 것

정답: 3

40 안개의 시정은 (　　)m 미만이다. (　　)안에 들어갈 알맞은 것은?

① 100m　② 150m　③ 2,000m　④ 1,000m

해설 안개는 작은 물방울이 대기중에 떠 있는 현상이며 수평 시정거리가 1000m(1km)미만이고 습도가 거의 100%인 상태이다 본질에서 구름과 비슷한 현상이나 구름에는 포함되지 않는다.
구름과 안개를 구별하는 기준은 AGL 고도 50ft다. 즉, 안개는 50ft이하에서 생성되고 구름은 50ft 이상에서 생성이 된다.

정답: 4

41 다음 안개 설명 중 알맞은 것을 고르면?

차가운 지면이나 수면 위로 따뜻한 공기가 이동해 오면 공기의 밑부분이 냉각되어 응결이 일어나는 안개이다. 연안이나 해상에서 주로 발생하는 안개

① 활승안개　② 복사안개　③ 증기안개　④ 이류안개

해설 〈이류안개〉
차가운 지면이나 수면 위로 따뜻한 공기가 이동해 오면, 공기의 밑 부분이 냉각되고 포화되어 응결이 일어나서 이류안개라 하고 연안이나 해상에서 발생하는 안개는 대부분이 이류안개이다. 연안무, 해무라고 부르기도 한다.

정답: 4

42 다음 중 운량의 표시방법 중 3/8 ~4/8를 올바르게 표시한 것은?

① Clear ② SCT ③ BKN ④ OVC

해설 〈운량의 구분(8등분)〉

(1) Clear(CLR) : 1/8 (1/10)

(2) Scattered(SCR) : 3/8 ~ 4/8 (4/10 ~ 5/10)

(3) Broken(BKN) : 5/8 ~ 7/8(6/10 ~ 9/10)

(4) Overcast(OVC) : 8/8(10/10)

정답: 2

43 다음 중 복사안개 형성 시 맞지 않는 조건은?

① 차가운 공기가 들어오는 경우 ② 흐린날 야간

③ 응결핵이 많이 있을 때 ④ 2~3m/s의 약한 바람

해설 맑은 날 야간에 차가운 공기가 들어오거나 복사냉각이 일어나 지면 부근의 공기 온도가 내려가면서 수증기가 많이 유입되어 응결핵이 많아지고 약한 바람이나 바람이 불지 않을 때 복사안개가 발생한다.

정답: 2

44 태양의 복사에너지의 불균형으로 발생하는 것은 어느 것인가?

① 바람 ② 안개 ③ 구름 ④ 태풍

정답: 1

45 지상 METAR 보고에서 바람 방향, 즉 풍향의 기준은 무엇인가?

① 자북 ② 진북 ③ 자북과 도북 ④ 도북

해설 세계기상기구(WMO)의 권고에 따라, 풍향은 지리상의 진북인 북쪽을 360°로 하여 10° 간격인 01~36 부호로 나타낸다.

정답: 2

46 주로 봄과 가을에 이동성 고기압과 함께 동진해 와서 따뜻하고 건조한 일기를 나타내는 기단은?

① 오호츠크해기단 ② 양쯔강기단 ③ 북태평양기단 ④ 적도기단

해설 중국 남쪽 양쯔강 유역에서 발생하며 봄과 가을에 한반도 및 일본 일대에 영향을 주는 이동성 고기압으로 따뜻하고 건조한 일기가 나타난다.

정답: 2

47 공기가 고기압에서 저기압으로 흐르는 흐름을 무엇이라 하는가?

① 안개 ② 바람 ③ 구름 ④ 기압

해설 같은 고도에서도 장소와 시각에 따라 기압이 높은 곳과 낮은 곳이 생기고 공기는 기압이 높은 곳에서 낮은 곳으로 이동한다. 두 지점의 기압 차이에 의해 수평 방향으로 이동하는 공기의 흐름을 바람이라고 한다.

정답: 2

48 바람이 생성되는 근본적인 원인이 무엇인지 적당한 것을 고르시오

① 지구의 자전 ② 태양의 복사에너지의 불균형
③ 대류와 이류 현상 ④ 구름의 흐름

해설 바람이란 공기의 흐름이다. 원인은 태양 복사열의 불균형이다.
즉, 태양에너지에 의해 지표면이 불규칙한 가열에 의해 기압차이가 발생(기압 경도력이라고 한다)하고 이로인해 기압이 높은 곳에서 낮은 곳으로 공기의 흐름이 생겨 발생한 것이 바람이다. 바람은 수평적 성분만 측정했을 때의 공기운동이다.

정답: 2

49 다음 중 해풍의 특징으로 옳은 것은 무엇인가?

① 주간에 육지에서 바다로 분다. ② 야간에 바다에서 육지로 분다.
③ 주간에 바다에서 육지로 분다. ④ 야간에 육지에서 바다로 분다.

해설 〈 해풍과 육풍 〉

가) 해풍(from 해)

낮에는 육지가 바다보다 빨리 가열되어서 육지에서 상승기류가 발생하여 기압이 낮고 바다는 상대적으로 기압이 낮아져 바다에서 육지로 부는 바람이다.

나) 육풍(from 육)

밤에는 육지의 공기가 바다보다 빨리 식어 기압이 높아지고 상대적으로 바다는 기압이 낮아져 육지에서 바다로 부는 바람이다.

정답: 3

50 북반구 고기압에 대해 옳지 않은 것은 어느 것인가?

① 반시계 방향으로 바람이 분다.　② 전선이 형성되기 어렵다.

③ 하강기류가 있어서 날씨가 맑다.　④ 시계 방향으로 바람이 분다.

해설 고기압은 주위보다 상대적으로 기압이 높은 곳을 말하며 북반구에서는 시계방향으로 바람이 불고 하강기류가 있어 날씨가 맑고 전선이 형성되기 어렵다.

정답: 1

51 고기압 설명 중 틀린 것은?

① 중앙으로 갈수록 기압이 떨어진다.

② 기단, 전선의 형성이 어렵다.

③ 중심부에 하강기류가 발생한다.

④ 북반구에서 시계방향으로 회전한다.

해설 고기압의 특성: 중심부가 주변 부위보다 상대적으로 기압이 높은 지역. 하강기류로 인해 날씨가 맑다. 구름이 있어도 소멸되며 전선 및 기단의 형성되기 어렵다. 쇠약단계의 고기압 또는 고기압 후면에서 하층이 가열되면 대기가 불안정하여 대류성 구름이 발생하고 심하면 소나기, 뇌우를 동반한다. 중앙으로 갈수록 등압간격이 좁아진다.

정답: 1

52 북반구에 존재하는 저기압에 대해 옳지 않은 것은 어느 것인가?

① 비와 악 기상을 동반

② 상승기류가 있다.

③ 시계방향으로 불며 맑은 날씨를 보인다.

④ 반시계 방향으로 바람이 분다.

해설 저기압은 북반구에서는 반시계방향으로 바람이 불고 상승기류가 발생하며, 비나 눈이 내리는 경우가 많다.

정답: 3

53 다음 중 고기압에 대한 설명으로 틀린 것은 어느 것인가?

① 북반구에서 시계방향 회전을 한다.

② 가장 바깥쪽에 있는 닫힌 등압선까지의 거리는 1,000km이상 된다.

③ 중심으로 갈수록 기압경도가 낮아져 바람이 약해진다.

④ 전선이 쉽게 만들어진다.

해설 고기압의 특성-주위보다 상대적으로 기압이 높은 곳을 가리키고 하강기류로 인해 날씨가 맑으며 구름이 있어도 소멸되며 전선이 형성되기 어렵다.

정답: 4

54 북반구 고기압과 저기압에서의 회전방향으로 옳은 것은?

① 고기압-시계방향, 저기압-시계방향

② 고기압-반시계방향, 저기압-시계방향

③ 고기압-시계방향, 저기압-반시계방향

④ 고기압-반시계방향, 저기압-반시계방향

해설 지구의 자전으로 지상에서의 바람은 북반구 고기압권 내의 바람은 시계 방향으로 회전한다(남반구는 반시계 방향). 저기압의 경우는 북반구에서는 저기압 중심을 향하여 반시계방향으로 분다(남반구에서는 시계방향으로 분다.). 기준은 북반구이다.

정답: 3

55 다음 중 저기압에 대한 설명으로 틀린 것은?

① 북반구에서는 반시계방향이다.

② 저기압에서는 비가 내린다.

③ 기압이 낮으면 무조건 저기압이다.

④ 중심으로 갈수록 등압선 간격이 좁아진다.

해설 대기 중에서 주위보다 기압이 낮은 것. 표준 기압보다 높은 곳에서도 주위보다 기압이 낮으면 저기압이라 한다. 저기압이 오면 흐리고 비나 눈이 내리는 경우가 많고 북반구에서는 반시계방향으로 바람이 분다. 중심으로 갈수록 등압선 간격이 좁아진다.

정답: 3

56 난기류(Turbulence)를 발생시키는 주요인이 아닌 것은?

① 안정된 대기 상태

② 바람의 흐름에 대한 장애물

③ 대형 항공기에서 발생하는 후류

④ 기류의 수직 대류현상

해설 난기류는 공기의 흐름에 방해 또는 장애가 발생했을 때 발생한다. 항공기가 지나간 후 생기는 후류에서도 생긴다.

정답: 1

57 태풍이 세력이 약해져서 육지 쪽에서 소멸되기 직전에 무엇으로 변하는가?

① 편서풍 ② 열대성 고기압 ③ 열대성 저기압 ④ 뇌우

해설 태풍이 육지에 상륙하게 되면 바다로부터 공급받던 수증기를 공급받지 못하기 때문에 세력이 급격하게 약해져서 열대성 저기압으로 변하여 소멸된다. 열대성 저기압 중 중심풍속이 17m/s가 될 경우 태풍으로 본다.

정답: 3

58 **바람을 느끼고 나뭇잎이 흔들리기 시작 할 때의 풍속은 어느 정도인가?**

① 0.3 ~ 1.5m/sec ② 1.6 ~ 3.3m/sec

③ 3.4 ~ 5.4m/sec ④ 5.5 ~ 7.9m/sec

해설 〈보퍼트의 풍력계급〉

등급	풍속m/s	명칭	설명
0	0 – 0.2	고요 Calm	연기가 똑바로 올라가고, 바다에서는 수면이 잔잔하다
1	0.3 – 1.5	실바람 Light air	풍향은 연기가 날리는 모양으로 알 수 있으나 바람개비가 돌지 않는다.
2	1.6 – 3.3	남실바람 Slight breeze	바람이 얼굴에 느껴지고, 나뭇잎이 흔들리고, 깃발이 가볍게 날린다.
3	3.4 – 5.4	산들바람 Gentle breeze	나뭇잎과 가는 가지가 쉴 새 없이 흔들리고 작은 나뭇가지가 흔들린다.
		~	
12	32.7 이상	싹쓸바람 Typhoon	육지에서는 보기 드문 엄청난 피해를 일으키고, 바다에서는 산더미 같은 파도를 일으킨다.

※ 수험대비 : 풍력계급 문제는 주로 등급 2, 3, 12에서 출제가 되었다.

정답: 2

59 **나뭇잎과 가는 가지가 부단히 움직이고 엷은 깃발이 휘날릴 때 풍속은 얼마인가?**

① 0.3 ~ 1.5m/sec ② 1.6 ~ 3.3m/sec

③ 3.4 ~ 5.4m/sec ④ 5.5 ~ 7.9m/sec

해설 1.6 ~ 3.3m/sec을 기준풍속으로 삼고, 해당 지문은 기준풍속보다 조금 더 강한 바람이다.

정답: 3

60 **등압선이 좁은 곳은 어떤 현상이 발생하는가?**

① 태풍지역 ② 무풍지역 ③ 강한 바람 ④ 약한 바람

해설 등압선은 기압의 높낮이를 표시하므로 등압선의 간격이 좁으면 기압차가 크고 간격이 넓으면 기압차가 작다. 따라서 따라서 등압선의 간격이 좁을수록 기압차가 크므로 바람이 강하게 분다.

정답: 3

61 다음 중 우시정에 대해 옳게 설명으로 틀린 것은 어느 것인가?

① 한국은 2004년부터 우시정 제도를 사용하고 있다.

② 최대치의 수평 시정을 말한다.

③ 방향에 따라 보이는 시정이 다를 때 가장 작은 값으로부터 더해 각도의 합계가 180도 이상이 될 때의 값을 말한다.

④ 관측자로부터 수평원의 절반 또는 그 이상의 거리를 식별할 수 있는 시정.

해설 우시정이란 방향에 따라 보이는 시정이 다를 때 가장 큰 값으로부터 그 값이 차지하는 부분의 각도를 더해가서 합친 각도의 합계가 180도 이상이 될 때의 가장 낮은 시정 값을 말한다. 적어도 공항 면적의 50% 이상에서 보이는 거리의 최저치를 말하는 것이다. 이를 측정을 위해 공항 곳곳에 관측 장비가 설치되어 있다. 우리나라에서는 2004년부터 우시정 제도를 채용하고 있다.

정답: 3

62 물질의 상위상태로 변화시키는데 요구되는 열에너지는?

① 현열 ② 잠열 ③ 비열 ④ 편서풍

정답: 2

63 다음 기단 중 해양의 특성인 많은 습기와 비교적 찬 공기 특성을 지니고 늦봄, 초여름에 높새바람과 장마전선을 동반한 기단은?

① 양쯔강기단 ② 오호츠크해기단 ③ 북태평양기단 ④ 적도기단

해설 북쪽의 오호츠크해의 차가운 해양성 한대기단이다. 오호츠크해 기단도 시베리아 기단처럼 고기압으로 나타나므로 '오호츠크해 고기압'이라고도 한다.
오호츠기단의 특징은 푄현상(높새바람)의 주범이고, 초여름 폭염의 원인이 되기도 한다. 또한, 한반도 장마는 이 오호츠크해 기단과 북태평양 기단이 서로 만나 장마가 발생한다.

정답: 2

64 대기권 중 가장 추운 곳이며 상승할수록 기온이 하강하고, 수증기가 없어 기상현상은 없으며 유성이 관찰되는 지구의 보호막이라 할 수 있는 권역은 다음 어느 것인가?

① 대류권계　　② 열권　　③ 대류권　　④ 중간권

해설 고도상승할수록 온도가 하강하는 층은 대류권과 중간권은 하강, 반대로 상승하는 층은 성층권과 열권이다. 중간권은 성층권 위에 있고 50km~80km 사이에 존재한다.(하대중 상성열)

정답: 4

65 뇌우(thunderstorm)의 성숙 단계에서 나타나는 현상이 아닌 것은?

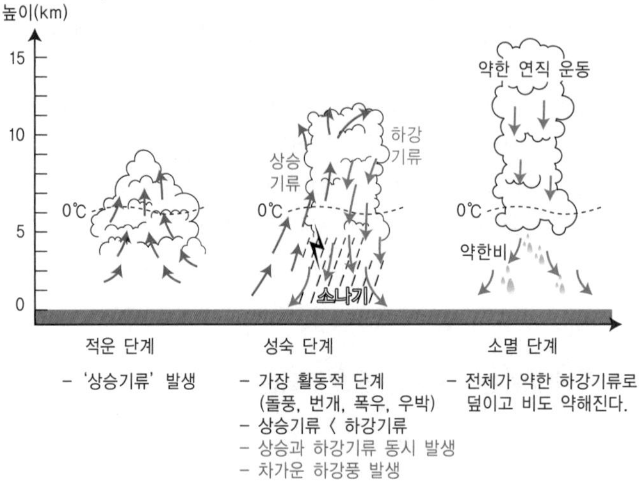

① 물방울이 형성된다.　　② 차가운 하강바람이 있다.

③ 비가 내린다.　　④ 적운이 형성된다.

해설 뇌우 성숙단계에는 따뜻한 공기의 상승기류와 찬 공기의 하강기류가 공존하고 찬 공기의 하강기류는 물방울이 형성이 되어 강한 돌풍과 함께 소나기, 번개, 천둥, 우박 등을 동반한다.

정답: 4

66 구름과 안개를 구분하는 설명으로 옳은 것은?

① 구름의 발생이 AGL 30ft 이상시 구름, 30ft이하에서 발생시 안개

② 구름의 발생이 AGL 40ft 이상시 구름, 40ft이하에서 발생시 안개

③ 구름의 발생이 AGL 50ft 이상시 구름, 50ft이하에서 발생시 안개

④ 구름의 발생이 AGL 60ft 이상시 구름, 60ft이하에서 발생시 안개

정답: 3

67 다음 기단 중 우리나라에 여름철에 영향을 주는 기단은?

① 시베리아 기단

② 오호츠크해기단

③ 양쯔강 기단

④ 북태평양 기단

해설 북태평양 기단은 아열대의 해양 상에서 발원하기 때문에 매우 고온 다습하여 그 영향하에 있을 때는 마치 열대 기후를 연상하게 할 정도로 무덥다.

정답: 4

68 난기류의 종류가 아닌 것은?

① 청천난기류　　② 대류성 난기류

③ 계절풍　　④ 산악파

해설 난기류의 종류는 청천난기류, 대류성 난기류, 역학적 난기류, 산악파가 있다.

정답: 3

69 다음 기단 중 두 기단이 만나서 정체되는 전선은 어느 것인가?

① 온난전선　　② 한냉전선

③ 정체전선　　④ 폐색전선

해설 정체전선 : 거의 이동하지 않고 일정한 자리에 머물러 있거나 움직여도 매우 느리게 움직이는 전선(정체되어 있는 전선) 양쪽 기단의 세력이 서로 평형을 이룰 때 생기며, 전선이 동서로 길게 생긴다. 여름철 발생하는 장마전선도 정체전선의 일종이다.

정답: 3

70 국제민간항공기구(ICAO)에서 발행한 난기류의 계급표의 설명으로 옳은 것?

① 약한난기류– 요동은 있지만 쉽게 조종을 할 수 있다.

② 심한난기류– 비행체가 급격히 튀어오름, 실질적 조종 불가능, 구조적 파손

③ 보통난기류– 요동이 심하고 조종을 할 수 없을 정도로 심하다.

④ 극심한난기류– 강한 요동을 느끼며 허리가 뜬다.

해설

난기류의 계급	난기류의 정도	체감 정도
없음(None)	0	아무런 동요도 느끼지 못함
약(Light)	1	요동은 있지만 쉽게 조종을 할 수 있다.
	2	요동은 있지만 허리가 뜰 정도는 아니다.
보통(Moderate)	3	강한 요동을 느끼며 허리가 뜬다.
심함(Severe)	4	요동이 심하고 몸이 떠서 조종이 곤란하다.
	5	요동이 아주 심하고 조종이 곤란하다.
극심함(Extreme)	6	비행체가 급격히 튀어오름, 실질적 조종 불가능, 구조적 파손

* 난기류의 강도를 표시하는 계급표는 세계민간항공기구(ICAO)에서 발행한 것이 널리 사용된다.

정답: 1

71 고도 1000ft당 온도 감소율은 변화는 얼마인가?

① 2℃ ② 2°F ③ 6.5℃ ④ 6.5°F

해설 고도에 따른 기온 체감률 : 약 –2℃/1000ft, 약 -6.5℃/1km

정답: 1

72 뇌우의 형성 조건으로 틀린 것은 어느 것인가?

① 대기의 불안정 ② 풍부한 수증기

③ 강한 하강기류 ④ 강한 상승기류

해설 뇌우는 번개와 천둥을 동반한 비, 바람 등의 기상현상이다. 상승기류에 의하여 적란운이 형성되어 비가 올 때, 구름 내부에서 양전하와 음전하의 심한 전하분리(電荷分離)가 일어나, 대규모의 불꽃 방전을 일으켜 천둥, 번개가 치고 단시간에 강한 비가 내리는 등 악 기상을 동반한다.

정답: 3

73 뇌우가 생성되는 조건이 아닌 것은?

① 구름이 많이 모여든다.
② 고기압에서 상승기류가 발생한다.
③ 수증기가 많이 모여든다.
④ 저기압에서 상승기류가 발생한다.

해설 〈뇌우(thunderstorm)〉
천둥(Thunder)과 강한 비(폭풍우, storm)을 동반한 기상현상을 말한다. 주로 여름철의 지표면 불균등 가열로 불안정한 대기로 강한 상승기류로 발생한 수직 구름인 적란운이나 한랭전선에서 발생한 적란운, 적운 등에서 나타난다.

정답: 2

74 다음 중 우리나라의 날씨에 영향을 끼치는 기단의 설명 중 틀린 것은?

① 정체전선은 양쪽 전선의 세력이 비슷하여 일정장소에 머물러 있는 전선이다.
② 정체전선의 부근은 날씨가 흐리고 비가 온다.
③ 우리나라의 여름 장마전선이 대표적이다.
④ 이 전선은 일반적으로 남북으로 길게 형성된다.

해설 정체전선은 주로 '동서'로 길게 형성이 된다.

정답: 4

75 다음 중 기단에 대한 설명 중 잘못된 것은?

① 폐색전선은 온난전선과 한랭전선이 겹쳐진 전선이다.
② 온난전선의 이동속도는 한랭전선보다 빠르므로 추월해 서로 겹친 전선을 이룬다.
③ 정체전선은 양쪽세력이 서로 비슷하여 정체되어 있는 전선이다.
④ 정체전선은 주로 동서로 길게 형성된다.

해설 한랭전선이 온난전선보다 이동 속도가 빠르다.

정답: 2

76 다음 중 구름의 형성조건이 아닌 것은?

① 풍부한 수증기 ② 응결핵 ③ 냉각작용 ④ 정체전선

정답: 4

77 **하층운에 속하는 구름은?**

① 권운 ② 권적운 ③ 고층운 ④ 층적운

해설 하층운은 층운, 층적운, 난층운이 있다.

정답: 4

78 **METAR(항공정기상보고)에서 +RA FG의 의미는 무엇인가?**

① 보통 비와 안개가 낌

② 강한 비와 강한 안개

③ 강한 비 이후 안개

④ 보통 비와 강한 안개

해설 현재기상 : 첫째 강수의 강도 (강함은 +, 약함은 –, 중간은 없음), 둘째 근접도, 셋째 서술자 (Descriptor)
RA : 비(Rain), FG(Frog 안개)

정답: 3

79 **다음 중 온난전선이 지나가고 난후 일어나는 현상으로 옳은 것은?**

① 기온이 내려간다. ② 기온이 올라간다.

③ 기압이 내려간다. ④ 바람이 강해진다.

해설 온난전선이 지나간후 기온이 올라가고 바람은 약해지며 기압은 일정하다.

정답: 2

80 **온난전선의 특징으로 틀린 것은?**

① 천둥과 번개 돌풍을 동반한 강한 비가 내린다.

② 층운형 구름이 생긴다.

③ 넓은 지역에 걸쳐 적은 양의 따뜻한 비가 오랫동안 내린다.

④ 찬공기가 밀리는 방향으로 기상변화가 진행한다.

정답: 1

81 다음 중 시정 장애물의 종류가 아닌 것은 무엇인가?

① 강한 비 ② 황사

③ 스모그 ④ 안개

정답: 1

82 다음 중 안개에 대한 설명 중 틀린 것은?

① 적당한 바람이 있으면 높은 층으로 발달한다.

② 공중에 떠돌아다니는 작은 물방울의 집단으로 지표면 가까이에서 발생한다.

③ 수평 가시거리가 2km이하가 되었을 때 안개라 부른다.

④ 공기가 냉각되고 포화상태에 도달하고 응결하기 위한 핵이 필요하다.

해설 안개 : 수평가시거리가 1km이하가 되었을 때 안개

정답: 3

83 바람에 대한 설명 중 옳지 않은 것은?

① 바람은 공기의 흐름이다.

② 바람은 수평방향의 흐름을 말하며, 고도가 높아지면 지표면과 마찰이 적어 세진다.

③ 풍향은 관측자를 기준으로 불어오는 방향이다.

④ 풍향은 관측자를 기준으로 불어가는 방향이다.

정답: 4

84 고기압에 대한 설명으로 틀린 것은?

① 중심으로 갈수록 기압강도가 낮아져 바람이 약해진다.

② 북반구에서는 시계방향으로 회전한다.

③ 전선이 쉽게 만들어진다.

④ 가장 바깥쪽에 있는 등압선까지의 거리는 1,000km 이상된다.

해설 안개 : 수평가시거리가 1km이하가 되었을 때 안개중심 부근은 기압경도가 비교적 작아서 바람은 약한 지역이다. 이로 인해 고기압권 내에서는 전선이 형성되기가 어렵다.

정답: **정답 3**

85 공기의 고기압에서 저기압으로 직접적인 흐름을 방해하는 힘은?

① 구심력 ② 원심력 ③ 전향력 ④ 마찰력

해설 전향력(=코이올리의 힘) : 물체를 던진 방향에 대해 북반구에서는 오른쪽으로 남반구에서는 왼쪽으로 힘이 작용하는 것처럼 운동하게 되는데 이때의 가상의 힘

정답: 3

86 푄현상에 대한 설명으로 옳지 않은 것은?

① 동쪽에서 서쪽으로 산을 타고 공기가 올라갈 때 수증기가 응결되어 비나 눈이 내리면서 상승한다.

② 우리나라 푄현상은 늦봄에서 초여름에 걸쳐 동해안에서 태백산맥을 넘어 서쪽 사면을 부는 북 동계열의 바람이다.

③ 지형적 상승과 습한 공기의 이동과 건조단열팽창 및 습윤단열팽창

④ 습하고 찬공기가 지형적 상승과정을 통해서 저온습한 바람으로 변화되는 현상

정답: 4

87 한랭전선의 특징이 아닌 것은?

① 적운형 구름

② 온난전선에 비해 이동속도가 빠르다.

③ 좁은 지역에 소나기성 비가 내린다.

④ 따뜻한 기단에서 형성된다.

해설 찬 기단이 따뜻한 기단아래로 파고들어 따뜻한 기단을 밀어낸다.

정답: 4

88 **평균풍속보다 10kts 이상의 차이가 있으며 순간 최대풍속이 17knot 이상의 강풍이며 지속시간이 초단위로 순간적으로 급변하는 바람을 무엇이라 하는가?**

① 스콜 ② 돌풍 ③ 윈드시어 ④ 난류

정답: 2

89 **짧은 거리에서 순간적으로 풍향과 풍속이 변하는 현상으로 전선, 깔때기 형태의 바람, 산악파 등에 의해 형성이 되는 바람은?**

① 스콜 ② 돌풍 ③ 윈드시어 ④ 난류

해설 윈드시어는 짧은 거리내에서 갑작스럽게 바람의 방향과 세기가 변하는 현상이다.

정답: 3

90 **불안정한 공기가 존재하여 수직으로 발달한 구름이 아닌 것은?**

① 층적운 ② 고적운 ③ 권적운 ④ 권층운

해설 적운계 구름으로 적운, 적란운, 층적운 등이 있다.

정답: 4

91 **다음 구름의 종류 중 비를 내리는 구름은?**

① Sc(층적운) ② St(층운) ③ Ns(난층운) ④ AC(고적운)

정답: 3

PART

04

복원 기출 모의고사

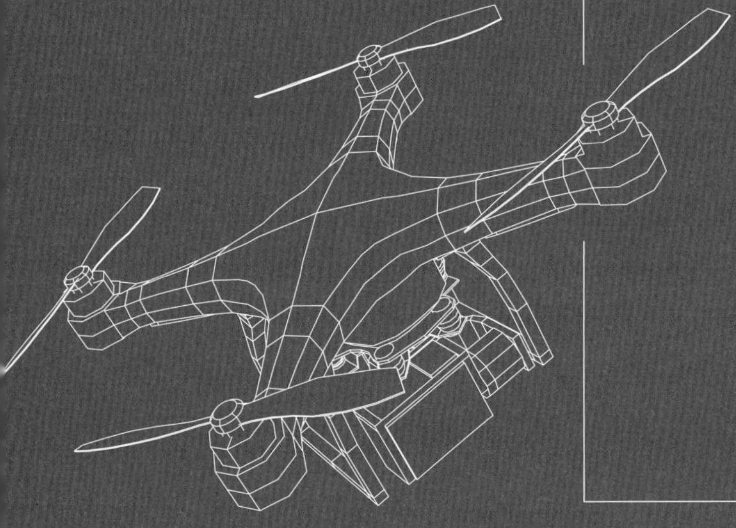

CHAPTER

01 제1회 실전 모의고사

01 국제민간항공기구 ICAO에서 부르는 드론의 공식명칭으로 주로 대형무인기를 칭하는 것은 무엇인가?

① UAV(Unmanned Aerial Vehicle)

② UAS(Unmanned Aircraft System)

③ RPAS(Remote Piloted Aircraft System)

④ MAV(Micro Aerial Vehicle)

해설 * RPAS(Remotely Piloted Aviation Systems)

- 최근 국제민간항공기구(ICAO)에서 새롭게 정의한 항공기급 대형 무인기
- 최근 부속서 1, 2에 무인항공기(RPAS) 조종자격 기준 마련 중이다.(마련×)
- 항공조종사 신체검사 3종(관제사에 적용하는 기준)의 신체기준 요구

정답: 3

02 다음 중 고정익과 다른 회전익의 가장 큰 특징 무엇인가?

① 지면효과 ② 받음각 ③ 양력 ④ 제자리 및 후진비행

해설 제자리비행(호버링)

회전익(헬리콥터 등)만이 제자리 및 후진비행이 가능하다.

정답: 4

03 **다음 중 지면효과를 받을 수 있는 가장 효율적인 고도는?**

① 회전날개의 지름의 1/2 ② 회전날개의 지름의 1배

③ 전날개의 지름 2배 ④ 전날개의 지름 3배

정답: 1

04 **초경량비행장치의 멸실 등의 사유로 신고를 말소할 경우에 그 사유가 발생한 날부터 며칠 이내에 지방항공청장에게 말소신고서를 제출하여야 하는가?**

① 5일 ② 10일 ③ 15일 ④ 30 일

해설 *말소는 15일, 변경은 30일이다.

정답: 3

05 **다음 중 항공기의 비행금지 공역에 대한 설명으로 틀린 것은?**

① 12kg 미만의 레저용 초경량비행장치도 비행금지구역에서는 비행승인이 필요하다.

② 용산집무실 인근 P73 공역 중 A공역은 2해리(3.7km)반경이고, 수도방위사령부 화력과에서 담당한다.

③ 원자력발전소 및 원자력연구소 인근 P61~P65공역 중 B공역은 반경 10해리(18.6km)이고 해당 지방항공청 항공운항과에서 비행승인을 담당한다.

④ 휴전선 인근 P518 공역의 비행승인 담당부서는 서울지방항공청이다.

해설 P61~P65(원자력발전소)의 A공역은 반경 2해리(3.7km)이며 합동참모본부(공중종심작전과)에서 비행승인을, P518은 합동참모본부(항공작전과)에서 비행승인 한다.

정답: 4

06 **다음 중 항공안전법상 항공기에 해당하는 것으로 옳은 것은?**

① 길이 21m의 비행선

② 자체중량 115kg, 좌석1개의 동력비행장치

③ 최대이륙중량 500kg 헬리콥터

④ 자체중량 150kg의 무인동력비행장치

해설 항공기에는 비행기, 헬리콥터, 비행선, 활공기, 항공우주선이 있고, 비행선이 항공기가 되는 기준은 자체중량 180kg 또는 길이 20m 초과하는 경우이다.

정답: 1

07 **법령, 규정, 절차 및 시설 등의 변경이 장기간 예상되는 설명과 조언 정보를 통지하는 것은 무엇인가?**

① 항공정보 회람(AIC) ② 항공정보 간행물(AIP)

③ 항공고시보(NOTAM) ④ AIRAC

해설 항공정보회람(AIC: Aeroautical information circular)은 비행안전, 항행, 기술,행 정, 규정 개정 등에 관한 내용으로서 항공정보간행물(AIP) 또는 항공고시보(NOTAM)에 의한 전파의 대상이 되지 않는 사항을 수록하고 있는 공고문이다.

정답: 1

08 **다음의 내용을 보고 어떤 종류의 안개인지 옳은 것을 고르시오.**

바람이 없거나 미풍, 맑은 하늘, 상대 습도가 높을 때, 낮거나 평평한 지형에서 쉽게 형성된다. 이 같은 안개는 주로 야간 혹은 새벽에 형성된다.

① 활승안개 ② 이류안개 ③ 증기안개 ④ 복사안개

해설 야간 지면에서 공기가 냉각되어 포화되고 응결이 일어나서 생기므로 복사안개라 한다. 다른 말로 역전층 내에서 일어나서 역전안개라고도 한다. 대부분의 육지 내에서 새벽이나 늦은 밤에 발생하는 안개이며, 아침에 해가 뜨면 사라진다.

정답: 4

09 **주변보다 기압이 높은 곳으로 북반구에서는 시계방향으로 바람이 불어 나가고, 중심부에 하강기류가 있으며, 구름이 소멸하고 날씨 맑은 것은?**

① 저기압　② 폐색전선　③ 기압골　④ 고기압

해설 이 문항은 고기압에 대한 설명이다. 저기압은 주변보다 기압이 낮은 곳으로 북반구에서는 바람이 반시계방향으로 중심을 향해 불어들어오고, 중심부에는 상승기류가 있고, 구름이 생성되어 날씨가 흐리다.

정답: 4

10 초경량비행장치의 사용사업 범위가 아닌 것은 어느 것인가?

① 항공 촬영　② 조종 교육　③ 농약 살포　④ 야간 정찰

해설 사업범위에 관한 문제는 틀린 답이 야간비행, 시범비행, 비가시권비행 등이 나온다.

정답: 4

11 다음 중 공역의 사용목적 구분중 관제공역이 아닌 것은?

① 관제권　② 관제구　③ 정보구역　④ 비행장교통구역

해설 정보구역은 비관제공역이다.

정답: 3

12 다음 중 뇌우(thunderstorm)의 성숙 단계 시 나타나는 현상으로 옳지 않은 것은?

① 상승기류와 하강기류가 교차한다.

② 강한 상승기류가 존재하며 대기가 불안정하며 적운이 형성된다.

③ 대류세포 상부의 차가운 부분에선 눈이 내리고 하부에는 비가 내린다.

④ 강한 바람과 천둥을 동반한 번개가 발생한다.

해설 ②은 적운단계의 설명이다. 뇌우의 성숙 단계에서는 상승 기류와 하강 기류가 함께 나타나며 천둥, 번개, 소나기, 우박 등이 나타나고 대류세포 상부의 차가운 부분에선 눈이 내리고 하부에는 비가 내린다.

정답: 2

13 **무인멀티콥터의 프로펠러가 이상이 있을 때 가장 먼저 나타나는 현상은?**

① 배터리가 과열된다. ② 프로펠러의 진동이 느껴진다.
③ 기체가 좌우로 흔들린다. ④ 모터의 속력이 불안해진다.

해설 프로펠러 진동이 먼저 느껴지게 된다.

정답: 2

14 **항공기의 착빙(Icing)의 효과로 맞지 않는 것은?**

① 중력증가 ② 양력증가 ③ 프로펠러의 떨림 ④ 항력증가

해설 착빙 효과: 양력과 추력 감소 / 항력과 중력은 증가하여 항공기 운항에 큰 영향을 미치게 된다. 회전익은 프로펠러의 균형을 무너뜨려 심한 떨림을 발생시키므로 위험하다.

정답: 2

15 **초경량 비행장치의 비행계획승인과 기체 신고는 누구에게 신청하여야 하는가?**

① 한국교통공단 이사장 ② 한국교통안전공단 이사장
③ 경찰청장 ④ 항공안전기술원장

해설 한국교통안전공단 이사장에게 기체신고를 한다.

정답: 2

16 **초경량비행장치 무인멀티콥터 4종의 자격을 취득할 수 있는 최소 나이는?**

① 만 10세 ② 만 14세 ③ 만 18세 ④ 만 20세

해설 4종은 만 10세부터 취득 가능,1~3종 조정자는 만14세부터 취득가능(지도 조종자는 만 18세부터)

정답: 1

17 **이 전선은 이동속도가 빨라 양쪽전선의 거리가 가까운 저기압의 중심 부근부터 온난 전선을 추월하여 겹쳐지고, 윈드시어를 동반하는 것은?**

① 온난전선 ② 한랭전선 ③ 정체전선 ④ 폐색전선

해설 윈드시어는 서로 다른 공기 덩어리의 경계에서 생기는 기단 전선면 전후 또는 해풍과 육풍이 바뀌는 시점에서 발생하고, 장애물이나 지형에 의한 풍향, 풍속 변환지점에 심한 기온역전으로 인해 발생하기도 한다.

정답: 2

18 **다음 중 강수현상이 아닌 것은 무엇인가?**

① 빙정 ② 가랑비 ③ 눈 ④ 안개

해설 고도 50ft 이하의 구름을 안개라고 한다.

정답: 4

19 **하늘 전체를 눈으로 측정하여 운량이 3/8 ~ 5/8인 경우를 무엇이라 하는가?**

① Clear ② Few ③ Scattered ④ broken

해설 Clear: 1/8(1/10) 이하
Few(Few Clouds): 1/8(1/10) ~ 2/8(3/10)
SCT(Scattered): 3/8(4/10) ~ 4/8(5/10)
BKN(Broken): 5/8~(6/10) ~ 7/8(9/10)
OVC(Overcast): 8/8(10/10)

정답: 3

20 **조종기의 에일러론을 좌측으로 하여 좌로 수평비행할 때 드론의 움직임으로 옳은 것은?**

① 우측 프로펠러들의 속도가 증가하고, 좌측 프로펠러들의 속도가 감소한다.

② 우측 프로펠러들의 속도가 감소하고, 좌측 프로펠러들의 속도가 증가한다.

③ 오른쪽으로 도는 프로펠러의 속도가 감소하고, 왼쪽으로 도는 프로펠러의 속도가 증가한다.

④ 오른쪽으로 도는 프로펠러의 속도가 증가하고, 왼쪽으로 도는 프로펠러의 속

도가 감소한다.

해설 진행하는 쪽의 프로펠러 속도가 감소하고, 기체 반대편 쪽의 프로펠러 속도가 증가

정답: 1

21 조종기 관리법으로 적당하지 않은 것은 어느 것인가?

① 조종기 점검은 비행 전 시행을 한다.

② 조종기는 하루에 한번 씩 체크를 한다.

③ 조종기는 22~28℃ 상온에서 보관한다.

④ 조종기 장기 보관 시 배터리 연결 커넥터를 분리한다.

해설 조종기는 매 비행 시마다 점검을 한다.

정답: 2

22 비행 중 떨림 현상이 발견되었을 때, 착륙 후 올바른 조치사항을 모두 고르시오.

가. rpm과 고도를 낮춰어 비행한다.
나. 프로펠러와 모터의 파손 여부를 확인한다.
다. 조임 상태와 볼트의 풀림 상태를 확인한다.
라. 기체의 무량을 줄여 비행한다.

① 가, 나　② 나, 다　③ 나, 라　④ 다, 라

해설 비행 중 떨림 현상이 발견되면 바로 착륙하여 프로펠러와 모터의 파손여부를 확인하고 각 부위의 볼트와 너트의 조임 상태를 확인한다.

정답: 2

23 고도 1000ft당 온도 감소율은 어느 것인가?

① 2℃　② 2°F　③ 6.5℃　④ 6.5°F

해설 〈 고도에 따른 기온 체감률 〉

– 약 2℃ /1000ft(DewPoint : 0.5℃/1000ft), 약 -6.5℃/1km

정답: 1

24 항공기 착빙중에서 물방울이 비행장치의 표면에 부딪치면서 표면을 덮은 수막이 천천히 얼어붙고 투명하고 단단한 착빙은 무엇인가?

① 싸락눈 ② 거친 착빙 ③ 맑은 착빙 ④ 서리 착빙

해설 맑은 착빙 (Clear) : 특징은 투명하고 견고하고 매끄럽다. 착빙 중 가장 위험하고 적운형 구름에서 주로 발생

정답: 3

25 서리가 내릴 때 비행 상태로 적당한 것은 어느 것인가?

① 항력 감소 ② 양력 감소 ③ 실속 증가 ④ 비행과는 상관없다.

해설 서리는 날개의 공기역학적 모양을 변화시키지는 않지만, 유연한 공기흐름을 방해하여 양력을 감소시킨다. 따라서 미량의 서리라도 비행 전에는 반드시 제거되어야 한다.

정답: 2

26 다음 중 중층운은?

① Cu ② Ns ③ St ④ Ac

해설 중층운: A로 시작한다(Alto–)

예) 고적운(Ac, Altocumulus)과 고층운(As, Altostratus)

〈 구름의 높이에 따른 분류 〉

① 상층운(지상 6Km 이상) : 권운, 권층운, 권적운
– '권'자 들어간 구름

② 중층운(지상 2km~6km) : 고층운(As), 고적운(Ac)
– '고'자가 들어간 구름

③ 하층운(2000m 이하) : 층운, 층적운, 난층운
– '층'자가 들어간 구름

정답: 4

27 **다음 중 초경량비행장치 조종자 실기평가에 관한 기준으로 옳은 것은?**

① 실기비행이 부족해도 구술에서 만회할 수 있다.

② 기체를 좌우기동시 몸을 좌우로 움직여도 무방하다.

③ 상하고도 0.5m이상 벗어나면 실격이다.

④ 채점표에 1개의 항목만 U를 받으면 합격이다.

해설 조종자 실기평가 채점표에 23개항목(구술5개 항목포함) 모두 S(Satisfactory, 만족)를 맞아야 합격한다. 1개 항목이라도 U(Unsatisfactory, 불만족)를 받으면 불합격이 된다.

정답: 3

28 **다음 중 항공기의 피토우(pitot)튜브에서 정압을 이용하는 계기가 아닌 것은?**

① 속도계 ② 고도계 ③ 승강계 ④ 선회계

해설 선회계는 항공기가 좌우 방향으로 선회하는 속도를 나타내는 항공 계기로 유리관속의 강철구에 작용하는 원심력, 구심력, 중력을 이용한다.
승강계는 정압을 이용하여 항공기가 얼마나 급하게 상승 또는 하강하는지를 알려준다.

정답: 4

29 **등압선이 좁은 곳은 어떤 현상이 발생하는가?**

① 무풍지역 ② 태풍지역 ③ 강한 바람 ④ 약한 바람

해설 등압선의 간격이 좁으면 기압차가 크고 기압차가 더 크므로 바람이 강하게 분다.

정답: 3

30 **바람을 느끼고 나뭇잎이 흔들리기 시작 할 때의 풍속은 어느 정도인가?**

① 0.3 ~ 1.5m/sec ② 1.6 ~ 3.3m/sec

③ 3.4 ~ 5.4m/sec ④ 5.5 ~ 7.9m/sec

해설 〈보퍼트의 풍력계급〉

등급	풍속m/s	명칭	설명
0	0 – 0.2	고요 Calm	연기가 똑바로 올라가고, 바다에서는 수면이 잔잔하다.
1	0.3 – 1.5	실바람 Light air	풍향은 연기가 날리는 모양으로 알 수 있으나 바람개비가 돌지 않는다.
2	1.6 – 3.3	남실바람 Slight breeze	바람이 얼굴에 느껴지고, 나뭇잎이 흔들리고, 깃발이 가볍게 날린다.
3	3.4 – 5.4	산들바람 Gentle breeze	나뭇잎과 가는 가지가 쉴 새 없이 흔들리고 작은 나뭇가지가 흔들린다.
~			
12	32.7 이상	싹쓸바람 Typhoon	육지에서는 보기 드문 엄청난 피해를 일으키고, 바다에서는 산더미 같은 파도를 일으킨다.

※ 수험대비 : 풍력계급 문제는 주로 등급 2, 3, 12 등급에서 출제가 되었다.

정답: 2

31 헥사콥터 등 멀티콥터의 무게 중심의 위치는 어디인가?

① 프로펠러의 모터 부분 ② 배터리 위치 부근

③ GPS 안테나 부분 ④ 기체의 중심 부분

해설 무게중심의 이동에 따라 기체가 움직이므로 평상시 기체의 무게중심은 기체 중심에 있다.

정답: 4

32 다음 중 우시정에 대해 옳게 설명으로 틀린 것은?

① 한국은 2004년부터 우시정 제도를 사용하고 있다.

② 최대치의 수평 시정을 말한다.

③ 방향에 따라 보이는 시정이 다를 때 가장 작은 값으로부터 더해 각도의 합계가 180도 이상이 될 때의 값을 말한다.

④ 관측자로부터 수평원의 절반 또는 그 이상의 거리를 식별할 수 있는 시정.

해설 우시정이란 방향에 따라 보이는 시정이 다를 때 가장 큰 값으로부터 그 값이 차지하는 부분의 각도를 더해가서 합친 각도의 합계가 180도 이상이 될 때의 가장 낮은 시정 값을 말한다. 적어도 공항 면적의 50% 이상에서 보이는 거리의 최저치를 말하는 것이다. 이의 측정을 위해 공항 곳곳에 관측 장비를 설치되어 있다. 우리나라에서는 2004년부터 우시정 제도를 채용하고 있다.

정답: 3

33 지상 METAR 보고에서 바람 방향, 즉 풍향의 기준은 무엇인가?

① 자북　② 진북　③ 자북과 도북　④ 도북

해설 세계기상기구(WMO)의 권고에 따라, 풍향은 지리상의 진북인 북쪽을 360°로 하여 10° 간격인 01~36 부호로 나타낸다.

정답: 2

34 다음 중 대류권에 대한 설명 중 틀린 것은?

① 대기 질량의 대부분을 차지한다.

② 공기의 대류가 일어나게 되고 이때 각종 기상현상이 일어난다.

③ 하강온도는 대체로 일정하다.

④ 대류권 계면의 높이는 여름에는 낮아지고, 겨울에는 높아진다.

해설 대류권 계면의 높이는 여름에는 높아지고, 겨울에는 낮아진다.

정답: 4

35 R75 공역에 대한 설명은 다음 어느 것인가?

① 서울지역 비행금지구역

② 초경량비행장치 비행구역

③ 원자력발전소 인근 비행제한구역

④ 서울지역 비행제한구역

해설 R은 비행제한구역을 의미한다.

정답: 4

36 다음 중 윤활유의 작용이 아닌 것은?

① 마찰 감소　② 방빙 작용　③ 밀봉 작용　④ 방청, 냉각작용

해설 왕복엔진의 윤활유의 작용은 마찰감소 및 마멸방지, 방청(부식) 방지, 냉각작용, 밀봉(기밀)작용, 응용 분산 작용이다. 방빙작용(×) → 항공기 결빙을 막는것

정답: 2

37 대기권을 고도가 낮은 곳부터 높은 곳의 순서대로 나열한 것으로 맞는 것은?

① 열권 → 중간권 → 성층권 → 대류권

② 대류권 → 성층권 → 중간권 → 열권

③ 중간권 → 성층권 → 대류권 → 열권

④ 성층권 → 중간권 → 열권 → 대류권

해설 고도에 따른 대기권 순서는 대류권 → 성층권 → 중간권 → 열권이다(대성중열).
대류권과 중간권은 고도가 올라갈수록 온도가 하강하고, 성층권과 열권은 어느 정도 온도가 유지되다가 상승한다.

정답: 2

38 베르누이 정리에 대한 바른 설명으로 적당한 것은 어느 것인가?

① 정압이 일정하다. ② 동압이 일정하다.

③ 전압이 일정하다. ④ 동압과 전압의 합이 일정하다.

해설 〈베르누이 원리 핵심〉

1. 속도가 빠르면 압력이 작아진다('빠작'으로 외워라.)
2. 정압+동압=전압이고, 전압은 항상 일정하다.
3. 접압이 일정하므로 동압이 증가하면 정압이 감소하고, 동압이 감소하면 정압이 증가한다(반비례 관계이다.)

정답: 3

39 초경량비행장치의 종류중 자이로플레인은 어디에 속하는 가?

① 동력비행장치 ② 회전익 비행장치

③ 무인비행장치 ④ 기구류

해설 회전익비행장치의 종류 : 초경량비행장치, 초경량자이로플레인

정답: 2

40 다음 중 초경량비행장치 비행승인 제외범위는?

① P61 ~ 64 : 18.6km 밖

② P73 B공역 : 4.5km 밖

③ 공항주변 : 5NM 밖

④ 공항중심 반지름 3km, 고도 500ft 이내 범위

해설 초경량비행장치 비행승인 제외 범위(시행령 제25조)

법 제127조제2항 단서에서 "비행장 및 이착륙장의 주변 등 대통령령으로 정하는 제한된 범위"란 다음 각 호의 어느 하나에 해당하는 범위를 말한다.

(1) 비행장(군 비행장은 제외한다)의 중심으로부터 반지름 3킬로미터 이내의 지역의 고도 500피트 이내의 범위(해당 비행장에서 법 제83조에 따른 항공교통업무를 수행하는 자와 사전에 협의가 된 경우에 한정한다.)

(2) 이착륙장의 중심으로부터 반지름 3킬로미터 이내의 지역의 고도 500피트 이내의 범위(해당 이착륙장을 관리하는 자와 사전에 협의가 된 경우에 한정한다.)

정답: 4

CHAPTER

02 제2회 실전 모의고사

01 다음 중 비행승인을 받지 않아도 되은 경우는 어느것인가?

① 비행금지구역에서 비행하고자 하는 경우

② 비행장 주변 관제권에서 비행하고자 하는 경우

③ 지상고도 150m 이상에서 비행하고자 하는 겨우

④ 최대이륙중량이 25kg이하의 무인멀티콥터를 비행하고자 하는 경우

정답: 4

02 다음 중 4행정 왕복엔진의 행정순서가 맞는 것은?

① 배기, 폭발, 압력, 흡입　　② 흡입, 압축, 폭발, 배기

③ 압축, 흡입, 배기, 폭발　　④ 흡입, 폭발, 압축, 배기

해설 배터리가 아닌 엔진을 사용하는 초경량비행장치의 경우 4행정 왕복엔진은 크랭크축이 2회전 하는동안 흡입–압축–폭발–배기의 4행정을 하여 1사이클을 완성하는 엔진이다. 참고로 4행정 엔진이 1사이클을 완료하면 크랭크축이 2회전, 캠축이 1회전, 각 실린더의 흡기밸브와 배기밸브는 각 1회 열리고 닫힌다.

정답: 2

03 초경량비행장치로 과태료 처분을 받은 자가 이에 대한 이의를 제기할 수 있는 기간은?

① 고지를 받은 날로부터 10일 이내 ② 고지를 받은 날로부터 15일 이내
③ 고지를 받은 날로부터 20일 이내 ④ 고지를 받은 날로부터 30일 이내

해설 고지를 받은 날로부터 30일 이내에 이의신청을 해야 한다.

정답: 4

04 **항공기 사고를 국토교통부장관 또는 지방항공청장에게 보고할 의무가 있는 자가 아닌 것은?**

① 기장 ② 항공기 소유자 ③ 승객 ④ 항공정비사

해설 사고 보고를 하여야 할 항공종사자 등 관계인의 범위에 승객은 불포함

정답: 3

05 **회전익 비행장치의 등속도 수평 비행을 하고 있을 때 작용하는 힘의 조건은?**

① 추력=항력, 양력=무게 ② 추력=양력, 항력 = 무게
③ 추력=양력+중력 ④ 추력=양력+항력+중력

해설 항공기에 작용하는 양력, 중력, 추력, 항력의 4가지 힘이 균형을 이룰 때 즉, 추력과 항력이 서로 같고 무게와 양력이 서로 같은 상태에서는 등속도 수평비행을 한다.

정답: 1

06 **지표면 또는 수면으로부터 200m 이상 높이의 공역으로서 국토교통부장관이 지정한 공역으로서 관제공역에서 시계 및 계기비행을 하는 항공기에 대하여 항공교통관제 업무를 제공하는 공역은?**

① 관제권 ② 관제구 ③ 비행정보구역 ④ 항공로

해설 관제공역은 관제권과 관제구로 나누어 진다. 본 지문은 관제구에 대한 설명이며 관제권은 비행장과 그 주변의 공역으로서 항공교통의 안전을 위하여 국토교통부장관이 지정한 공역

정답: 2

07 항공기 신고(등록) 기호표의 크기는?

① 가로 15㎝, 세로 10㎝

② 가로 7㎝, 세로 5

③ 가로 5㎝, 세로 7㎝

④ 가로 10㎝, 세로 15㎝

정답: 2

08 초경량비행장치의 신고시 사진의 크기는?

① 가로 15㎝, 세로 10㎝ 측면사진

② 가로 7㎝, 세로 5㎝ 정면사진

③ 가로 5㎝, 세로 7㎝ 측면사진

④ 가로 10㎝, 세로 15㎝ 정면사진

정답: 1

09 초경량비행장치 조종자 자격 취소 사유가 아닌 것은?

① 고의 또는 중대한 과실로 초경량비행장치사고를 일으켜 사망자가 발생한 경우

② 항공안전법 위반으로 벌금 200만원 이상의 형을 받은 경우

③ 거짓이나 그 밖의 부정한 방법으로 자격증명등을 받은 경우

④ 자격증 분실 후 1년 이상 신고를 하지 않은 경우

해설 분실 미신고는 자격 취소사항에 해당되지 않는다. 운전면허처럼 조종자 증명의 효력정지기간에 초경량비행장치를 사용하여 비행한 경우에도 취소된다.

정답: 4

10 초경량 비행장치 중 프로펠러가 8개인 무인멀티콥터를 무엇이라 부르는가?

① 옥토콥터

② 헥사콥터

③ 쿼드콥터

④ 트라이콥터

해설 프로펠러 개수에 따라 3개 트라이, 4개 쿼드, 5개 펜타, 6개 헥사, 8개 옥토, 12개 도데카로 나눈다. (문어를 영어로 옥토퍼스, 이때 옥토는 다리가 8개라는 의미다.)

정답: 1

11 다음 중 비행장치에 작용하는 4가지 힘과 속도와의 관계 설명 중 맞는 것은?

① 양력은 속도의 제곱에 비례한다.

② 양력은 받음각이 증가하면 지속 증가한다.

③ 중력은 속도에 비례한다.

④ 추력은 양력에 비례한다.

해설 〈양력의 성질〉

받음각이 커지면 처음에는 양력도 커지고 항력은 감소하나 임계각(보통 받음각이 18.4도 이상) 이상으로 커지면 날개로 흐르는 기류의 박리현상이 발생해 양력이 크게 감소되고 항력이 급격하게 증가하여 실속(Stall)으로 추락할 수 있다. 추력과 항력은 서로 반대로 작용하여 속력과 관계가 있다.

1) 양력공식

$$L = W = \frac{1}{2} \rho V^2 S C_L$$

* L(Lift : 양력), ρ(공기밀도), S(날개면적), V(속도), CL(양력계수)

2) 양력은 공식에서 알 수 있듯이 양력은 공기밀도(ρ), 속도의 제곱, 날개의 면적, 양력계수에 비례한다.

3) 대기압이 높아지면 양력증가, 항력감소(공기 밀도가 높아진다.)

4) 양력은 상대풍에 수직(수평X)으로 작용하는 항공역학적인 힘이다.

정답: 1

12 드론에 작용하는 힘의 순서는?

① 양력 >중력 >추력 >항력 ② 양력 >중력 >항력 >추력

③ 중력 >양력 >항력 >추력 ④ 중력 >항력 >양력 >추력

해설 드론에 작용하는 힘의 순서 : 양력 >중력 >추력 >항력 이다. 즉 드론이 제자리에서 뜨면 양력과 중력이 발생하고 전진시 추력과 항력이 발생한다.

양력은 프롭 4개를, 추력은 특정 프롭 2개를 고속회전한다. 중력 이기기 위해 양력이 발생하고 항력을 이기기 위해 추력을 발생시키게 된다.

정답: 1

13 **조종자 준수사항을 따르지 않고 비행한 경우 1차 과태료는 얼마인가?**

① 200만원 ② 300만원 ③ 150만원 ④ 150만원

해설 조종자 준수사항 3차 이상 위반은 300만원, 1차 위반 1/2, 2차 위반 3/4의 금액
즉 1차 150만원, 2차 225만원 3차 300만원이다.

정답: 3

14 **대류성 기류에 의해 형성되는 구름은 무엇인가?**

① 적운 ② 층운 ③ 권운 ④ 고층운

해설 적운은 대기 불안정으로 수직으로 발달한 구름이다.

정답: 1

15 **브러시 직류모터와 브러시리스 직류모터의 특징으로 맞는 것은?**

① 브러시 직류모터는 브러시리스 직류모터보다 수명이 길다.

② 브러시리스 모터는 변속기가 필요 없다.

③ 브러시리스 직류모터는 브러시 직류모터보다 속도가 느리다.

④ 브러시리스 직류모터가 브러시 직류모터보다 고효율이다.

해설 변속기가 필요한 브러시리스(brushless) 직류모터가 베어링의 수명만큼 반영구적으로 사용 가능하고, 고효율이다.
변속기가 없고 브러시(brush)가 있는 간단한 구조인 브러시드(brushed) 직류모터의 수명은 브러시의 수명이 모터의 수명이다.

정답: 4

16 **무인 멀티콥터에 대한 설명으로 틀린 것은 어느 것인가?**

① 모터는 BLDC모터를 주로 사용한다.

② 지자계센서와 자이로 센스는 드론비행에 중요하다.

③ 프로펠러는 양력과 추력을 높이기 위해 금속으로 만들면 좋다.

④ 비행전에 배터리는 완전 충전해서 비행을 실시한다.

해설 프로펠러의 소재는 카본, 우드, 플라스틱 등을 주로 사용하고 금속은 무겁고 매우 위험하기 때문에 사용하지 않는다.

정답: 3

17 **다음 중 날개의 받음각에 대한 설명 중 틀린 것은?**

① 받음각이 증가하면 일정한 각까지 양력과 항력이 증가한다.

② 공기흐름의 속도방향과 날개골의 시위선이 이루는 각이다.

③ 기체의 중심선과 날개의 시위선이 이루는 각이다.

④ 비행 중 받음각은 변할 수 있다.

해설 ③은 취부각(붙임각)의 설명이다. 즉 비행기 제작시 비행기에 붙이 있는 '기계적인' 날개의 각도이다.

정답: 3

18 **BLDC모터가 이상징후를 보일 때 점검사항이 아닌 것은?**

① 베어링 ② 모터의 고정상태 ③ 브러시 ④ 모터의 균열

해설 BLDC모터는 브러시를 사용하지 않는다.

정답: 3

19 **초경량비행장치의 안전성 인증은 어느 기관에서 담당하는가?**

① 지방항공청 ② 항공안전기술원

③ 항공철도사고조사위원회 ④ 교통안전공단

해설 안전성 인증은 항공안전기술원에서 담당한다.

정답: 2

20 초경량비행장치의 신고서류가 아닌 것은?

① 초경량비행장치의 안전성 인증서

② 초경량비행장치의 제원 및 성능표

③ 초경량비행장치의 사진

④ 초경량비행장치를 소유하거나 사용할 수 있는 권리가 있음을 증명하는 서류

해설 기체 신고서류는 안전성 인증서를 요구하지 않는다.

정답: 1

21 비행 중 조종기의 배터리 경고음이 울렸을 때 취해야 할 행동은?

① 경고음이 꺼질 때까지 기다려 본다.

② 즉시 기체를 착륙시키고 엔진 시동을 정지시킨다.

③ 재빨리 송신기의 배터리를 예비 배터리로 교환한다.

④ 기체를 원거리로 이동시켜 호버링으로 대기한다.

해설 즉시 기체를 착륙시켜 배터리를 교체한 후 재비행한다.

정답: 2

22 초경량비행장치 무인멀티콥터 지도 조종자 자격 기준 나이로 옳은 것은?

① 만 11세 이상 ② 만 14세 이상 ③ 만 18세 이상 ④ 만 20세 이상

해설 지도 조종자는 만 18세부터, 조종자는(1종~3종) 만 14세부터 취득 가능

정답: 3

23 항공안전법상 행글라이더가 초경량비행장치가 되기 위해서는 몇 킬로그램 이하여야 하는가?

① 70kg ② 115kg ③ 150kg ④ 180kg

해설 * 행글라이더와 패러글라이더는 탑승자 및 비상용 장비 제외한 자체중량 70kg 이하일 때 초경량비행장치로 분류된다.
* 115kg 이하는 고정익비행장치 및 회전익비행장치 등 동력비행장치
* 150kg 이하는 무인비행기, 무인헬리콥터, 무인멀티콥터 등 무인동력비행장치
* 180kg 이하 및 길이 20m 이하는 무인비행선의 기준이 된다.

정답: 1

24 한국의 사계절 중 봄과 가을에 영향을 미치고 온난 건조한 기단은 무엇인가?

① 오호츠크해 기단 ② 북태평양 기단 ③ 양쯔강 기단 ④ 시베리아 기단

정답: 3

25 초경량비행장치 비행 전 송신거리 테스트로 옳은 것은?

① 기체 바로 옆에서 테스트한다.

② 기체와 30m 떨어져서 레인지모드로 테스트한다.

③ 기체와 100m 떨어져서 일반모드로 테스트한다.

④ 기체를 이륙해서 조정기를 테스트한다.

정답: 2

26 초경량비행장치의 비행승인 신청시 필요한 것이 아닌 것은?

① 비행일시 ② 비행경로 ③ 비행고도/방식 및 목적 ④ 비행사진

해설 〈비행승인 신청서 내용〉

1) 신청인 : 성명, 생년월일 등
2) 비행장치 : 종류/형식, 용도, 소유자, 신고번호, 안전성인증번호
3) 비행계획 : 일시 또는 기간(최대6개월), 구역, 비행목적/방식, 보험, 경로/고도
4) 조종자 : 성명, 생년월일, 자격번호 등
5) 동승자 : 성명, 생년월일, 주소 (3가지 만) ☞ 동승자의 자격번호 (×)
6) 탑재장비

〈기출문제 내용〉

☞ 동승자의 자격번호 (×), 기체 격납시설(X), 비행사진 등

정답: 4

27 **다음 중 항공관련법에서 정한 용어의 정의로 올바른 것은?**

① 관제구라 함은 평균해수면으로부터 150미터 이상 높이의 공역으로서 항공교통의 통제를 위하여 지정된 공역을 말한다.

② 항공등화라 함은 전파, 불빛, 색채 등으로 항공기 항행을 돕기 위한 시설을 말한다.

③ 항행안전시설이라 함은 전파에 의해서만 항공기 항행을 돕기 위한 시설을 말한다.

④ 관제권이라 함은 비행장 및 그 주변의 공역으로서 항공교통의 안전을 위하여 지정된 공역을 말한다.

해설
* 관제구: 지표면 또는 수면으로부터 200m 이상 높이의 공역으로서 항공교통의 안전을 위하여 국토교통부장관이 지정한 공역
* 관제권: 비행장과 그 주변의 공역으로서 항공교통의 안전을 위하여 국토교통부장관이 지정한 공역
* 항공등화:불빛, 색채 또는 형상(形象)을 이용하여 항공기의 항행을 돕기 위한 항행안전시설로서 국토교통부령으로 정하는 시설을 말한다.
* 항행안전시설:유선통신, 무선통신, 인공위성, 불빛 또는 전파를 이용하여 항공기의 항행을 돕기 위한 시설로서 국토교통부령으로 정하는 시설을 말한다.(전파만을 이용하여 ×)
* 항행안전무선시설 : 전파를 이용하여 항공기의 항행을 돕기 위한 시설로서 국토교통부령으로 정하는 시설을 말한다.
* 활주로 경계등(Runway guared lights) : 활주로에 진입하기 진입하기 전에 멈추어야 하는 위치를 알려주기 위해 설치하는 등화

정답: 4

28 **무인멀티콥터를 조종하다가 비행중 기체에 문제가 생겼을 때 가장먼저 해야 하는 행동으로 올바른 것은?**

① 최단거리로 비상착륙을 한다.

② 조종이 되지 않을 때는 배터리가 소진될 때 까지 비행한다.

③ 즉시 자세제어(Atti) 모드로 전환하여 조종을 한다.

④ 주위 사람에게 큰소리로 외친다.

해설 비행 중 기체에 이상이 생기면 먼저 큰 소리로 주위에 위험을 알리고 자세모드로 전환 하여 최단거리로 비상착륙을 한다.

정답: 4

29 피로(Fatigue)에 대한 설명 중 맞는 것은?

① 반복하중에 의한 파괴현상 ② 구조설계를 위한 한계

③ 큰하중으로 파괴될 때의 현상 ④ 반복하중에 의한 재료의 저항력 감소현상

정답: 2

30 비행 후 착륙 장소로 옳지 않은 것은?

① 사람이나 차량의 이동이 드문 곳

② 바람의 영향이 작고 장애물이 없는 곳

③ 송전탑, 전선 등이 없는 평탄한 곳

④ 장애물이 없는 경사면

해설 경사면에 착륙하면 기체가 전도되어 파손될 수 있으니, 평평한 곳에 착륙시켜야 한다.

정답: 4

31 초경량 동력비행장치의 통행후선 순위로 틀린 것은?

① 비행선에 대해 진로를 양보하여야 한다.

② 행글라이더보다는 통행에 우선순위이다.

③ 자이로플레인에 대해 진로를 양보하여야 한다.

④ 활공기가 접근하면 육안으로 식별하여 미리 피할 수 있도록 주의하여 비행하여야 한다.

해설 초경량비행장치 조종자는 항공기 또는 경량항공기를 육안으로 식별하여 미리 피할 수 있도록 주의하여 비행하여야 한다.

* 동력을 이용하는 초경량비행장치 조종자는

1. 모든 항공기(비행선, 활공기 등)
2. 경량항공기(자이로 플레인 등)
3. 동력을 이용하지 아니하는 초경량비행장치에 대하여 진로를 양보하여야 한다.
* 항공기 – 비행선, 활공기, 경량항공기 – 자이로 플레인

정답: 2

32 항공종사자의 음주 위반 수치는?

① 0.01%　② 0.02%　③ 0.03%　④ 0.05%

해설 도로교통법의 면허정지 수치인 0.03% 보다 더 엄격하다.

정답: 2

33 오존층이 있어 자외선을 흡수하여 기온이 상승하고 대류현상이 거의 없는 대기권으로 대형여객기나 군용정찰기의 항로로 쓰이는 것은?

① 대류권　② 성층권　③ 중간권　④ 열권

해설 성층권은 대류권계면에서 약 50km의 대기층 대류권계면에서 35km까지 온도변화가 거의 없음, 대류현상이 거의 없고 대형여객기나 군용정찰기의 항로로 이용된다.

정답: 2

34 난기류(Turbulence)를 발생시키는 주요인이 아닌 것은?

① 안정된 대기 상태　② 바람의 흐름에 대한 장애물
③ 대형 항공기에서 발생하는 후류　④ 기류의 수직 대류현상

해설 난기류는 공기의 흐름에 방해 또는 장애가 발생했을 때 발생한다. 항공기가 지나간후 생기는 후류에서도 생긴다.

정답: 1

35 우리나라 항공기의 국적기호는 어느 것인가?

① KR　② KAL　③ HL　④ K

해설 한국은 HL, 북한은 P, 미국은 N, 영국은 G, 중국은 B, 일본은 JA, 러시아는 RA

정답: 3

36 다음 중 베르누이 정의로 옳지 않는 것은 어느 것인가?

① 동압은 충돌하는 면적에 비례한다.

② 동압은 공기 흐름 속도의 제곱에 비례한다.

③ 동압은 공기의 밀도와 비례한다.

④ 동압은 정압의 크기에 비례한다.

해설 〈베르누이 원리 핵심〉

(1) 속도가 빠르면 압력이 작아진다('빠작'으로 외워라.)

(2) 정압+동압=전압이고, 전압은 항상 일정하다.

(3) 접압이 일정하므로 동압이 증가하면 정압이 감소하고, 동압이 감소하면 정압이 증가한다(반비례 관계이다.)

(4) 동압은 유체의 속도의 제곱에 비례한다.

(5) 공기의 밀도는 온도에 반비례하고, 밀도는 압력에 비례한다.

(6) 동압은 부딪치는 면적에 비례한다

정답: 4

37 다음 중 비행경력증명서 작성시 틀린 것은?

① 일자는 년, 월, 일 순으로 기재한다.

② 비행시간은 분단위로 작성한다.

③ 비행장소는 해당 비행장치로 비행한 비행장소를 기재한다.

④ 최대이륙중량은 지방항공청에 신고할때의 중량을 기재한다.

해설 비행경력증명서의 비행시간은 시간(hour)단위로 작성한다.

정답: 2

38 에어포일의 피칭 모멘트 값이 받음각의 변화에도 거의 변하지 않는 가상의 점을 무엇이라 하는가?

① 공력중심 ② 압력중심 ③ 무게중심 ④ 평균 공력시위

해설 공력중심: 에어포일의 피칭 모멘트 값이 받음각의 변화에도 거의 변하지 않는 가상의 점인 공기력의 중심

압력중심: 에어포일 표면에 분포된 압력(힘)의 중심점 즉 힘의 작용점

무게중심: 중력에 의해 알짜토크가 0인 지점

평균 공력시위: 날개 각 부분의 시위선의 평균치를 말하며, 항공기의 무게중심을 구할 때 필요한 중요한 데이터

정답: 1

39 다음 중 지방항공청 관할지역이 다른 한 곳은?

① 대구광역시 ② 전라북도 ③ 광주광역시 ④ 전라남도

해설 전라북도는 서울지방항공청 관할, 나머지는 부산지방항공청

정답: 2

40 멀티콥터의 모터 발열의 원인으로 옳지 않은 것은?

① 트림값 설정 시 ② 고온에서의 장시간 운용

③ 비행 바로 직후 ④ 과도한 탑재물

해설 트림은 조종기의 미세조정을 하는 것으로 모터에 무리를 주지 않는다.

정답: 1

CHAPTER

03 제3회 실전 모의고사

01 다음 중 안전성 인증의 대상이 되지 않는 초경량비행장치는 어느 것인가?

① 회전익비행장치

② 동력비행장치

③ 최대이륙중량 30kg 무인멀티콥터

④ 무인기구류

해설 〈안전성 인증의 대상〉

(1) 최대이륙중량 25kg 초과 무인동력비행장치, 자체중량 12kg 초과 또는 길이 7m 초과 무인비행선

(2) 항공레저스포츠사업에 사용하는 행글라이더, 패러글라이더, 낙하산류

(3) 동력비행장치, 회전익비행장치, 동력패러글라이더, 유인기구류

정답: 4

02 다음 중 GPS로 알수 있는 데이터가 아닌 것은?

① 위치 ② 속도 ③ 시간 ④ 고도

해설 GPS로 알수 있는 데이터는 위치, 속도, 시간 이다.

정답: 4

03 강한 강우를 볼 수 있는 구름은 어떤 것인가?

① Cb ② Cc ③ St ④ As

해설 비는 Nimbus로 N이나 b가 들어간 Ns(난층운, nimbostratus)과 Cb(적란운, cumulonimbus)이다.

정답: 1

04 드론이 일정한 방향과 자세를 유지하게 하는 역할을 하는 부품은?

① 자이로스코프 ② 비전 센서 ③ GPS ④ 가속도계

해설 자이로 팽이의 원리를 이용한 자이로스코프는 수평자세를 유지하게 한다.

정답: 1

05 대기권 중 가장 추운 곳이며 상승할수록 기온이 하강하고, 수증기가 없어 기상현상은 없으며 유성이 관찰되는 지구의 보호막이라 할 수 있는 권역은?

① 대류권계 ② 열권 ③ 대류권 ④ 중간권

해설 고도가 상승할수록 온도가 하강하는 층은 대류권과 중간권이고 , 반대로 상승하는 층은 성층권과 열권이다. 중간권은 성층권 위에 있고 50km~80km 사이에 존재하는 지구의 보호막이다.

정답: 4

06 다음 중 초경량비행장치 비행공역은 어느것인가?

① R-35 ② P-73B ③ UA-17 ④ P-73A

해설 UA: Ultralight vehicle flight areas(초경량비행장치 비행구역)
R(Restrict, 제한하다) : 비행제한구역 / P(Prohibit,금지하다): 비행금지구역

정답: 3

07 다음 중 관제공역은 어느 것인가?

① A등급 공역 ② G등급 공역 ③ F등급 공역 ④ H등급 공역

해설 관제공역: A, B, C, D, E 공역 / 비관제공역: F, G 공역

정답: 1

08 항공고시보 NOTAM의 유효기간으로 맞는 것은?

① 28일 ② 1개월 ③ 3개월 ④ 6개월

해설 유효기간은 3개월이고, 28일마다 갱신한다.

정답: 3

09 평균해면에서의 온도가 20℃일 때 4km의 고도의 온도는 약 몇 도씨가 되는가?

① 10℃ ② 0℃ ③ −6℃ ④ −10℃

해설 1km당 6.5℃씩 하강하므로 4km이면 26도가 하강하여 20−26 = −6, 영하 6도씨가 된다.

정답: 3

10 기온이 상승하여 공기가 위로 향하고 기압이 낮아져 응결될 때 공기가 아래로 향하는 현상은?

① 역전현상 ② 대류현상 ③ 푄현상 ④ 이류현상

해설 공기의 온도가 올라가면서 부피가 팽창한다. 차가운 공기는 아래로 내려오고, 따뜻한 공기는 위로 올라간다. 이러한 공기의 순환현상을 대류라고 한다.

정답: 2

11 섭씨(celsius) 0℃ 는 화씨(fahrenheit) 몇도인가?

① 0°F ② 32°F ③ 100°F ④ 212°F

해설

구분	활용	끓는 점	어는 점	절대온도
섭씨	대부분 국가	100 ℃	0 ℃	– 273
화씨	미국	212 ℉	32 ℉	460

정답: 2

12 **리튬폴리머 배터리의 장점으로 틀린 것은?**

① 같은 크기에 비해 더 큰 용량

② 높은 전압

③ 메모리 효과가 있다.

④ 다양한 형상의 설계가 가능하다.

해설 리튬은 원소기호 3번으로 상온 상태에서는 가장 가벼운 고체다.

정답: 3

13 **초경량비행장치의 비행가능 고도와 단위를 나타낸 것이다. 지면과의 실측 높이와 단위는?**

① 고도 500미터 AGL ② 고도 500피트 MSL

③ 고도 500피트 AGL ④ 고도 500미터 MSL

해설 500피트는 약 150미터이다(150m = 500ft)
AGL(Above Ground Level)은 지표면으로부터의 고도, MSL(Mean Sea Level)은 평균해수면으로부터의 고도를 나타낸다.

정답: 3

14 **기온은 직사광선을 피해서 백엽상에서 측정을 하게 되는데 몇m의 높이에서 측정하는가?**

① 3m ② 2.5m ③ 2.2m ④ 1.5m

해설 백엽상은 직사광선 피하고 통풍이 되도록 설치하고 지상 1.5m(5ft) 높이에 설치된 표준기온 측정

대인 백엽상에서 측정한다.

정답: 4

15 다음 중 이착륙시 활주로가 필요한 비행기는?

① 고정익 비행기 ② VTOL
③ 무인멀티콥터 ④ 무인비행선

해설 * 고정익은 일정 속도 이상으로 앞으로 나아가야 충분한 양력이 생겨 뜰 수 있기 때문에 활주로가 필요하다.
* 회전익이 있는 비행체(헬리콥터 등)는 수직이착륙이 가능하기 때문에 활주로가 필요없다.
* VTOL은 수직이착륙기이다.

정답: 1

16 경량항공기에 속하는 것은?

① 동력패러글라이더 ② 행글라이더
③ 패러글라이더 ④ 동력패러슈트

해설 경량항공기 - 경량비행기, 자이로플레인, 경량헬리콥터, 동력패러슈트가 있다.
(최중600kg 이하, 자체중량 115kg 초과, 좌석2개 이하)

정답: 4

17 다음 중 초경량비행장치의 분류 기준이 잘못된 것은?

① 동력비행장치는 1인석, 115kg 이하
② 행글라이더 및 패러글라이더는 중량 70kg 이하
③ 무인동력비행장치는 연료 제외 자체중량 115kg 이하
④ 무인비행선은 연료 제외 자체중량 180kg 이하

해설 무인동력비행장치 즉 무인비행기, 무인헬리콥터, 무인멀티콥터 등은 자체중량 150kg 이하이나 사람이 타는 동력비행장치는 115kg이하이다.

정답: 3

18 초경량비행장치의 비행승인 제외 범위에 해당하는 것은?

① 비행장의 중심으로부터 3km(군비행장 포함) 이내 지역이고 고도 400ft 이내의 범위

② 비행장의 중심으로부터 3km(군비행장 포함) 이내 지역이고 고도 500ft 이내의 범위

③ 비행장의 중심으로부터 3km(군 비행장은 제외) 이내 지역이고 고도 400ft 이내의 범위

④ 비행장의 중심으로부터 3km(군 비행장은 제외) 이내 지역이고 고도 500ft 이내의 범위

해설 〈초경량비행장치 비행승인 제외 범위(시행령 제25조)〉
비행장(군 비행장은 제외한다)의 중심으로부터 반지름 3킬로미터 이내의 지역의 고도 500피트 이내의 범위(해당 비행장에서 법 제83조에 따른 항공교통업무를 수행하는 자와 사전에 협의가 된 경우에 한정한다)

정답: 4

19 다음 중 2021년 개정된 초경량비행장치 신고 구분 내용으로 틀린 것은?

① 신규신고 – 비행장치의 소유 또는 권리가 있는 자가 최초로 하는 신고

② 변경신고 – 용도, 성명, 주소 또는 보관장소 등이 변경된 경우 신고

③ 이전신고 – 비행장치의 소유권이 이전된 경우 행하는 신고

④ 말소신고 – 멸실 또는 해체(정비, 수송 해체 포함) 사유가 발생한 경우 신고

해설 정비 등, 수송 또는 보관하기 위한 해체는 제외

정답: 4

20 국토교통부령으로 정하는 초경량비행장치의 안전성 인증대상이 아닌 것은?

① 동력비행장치

② 자체중량 12kg인 무인비행선

③ 회전익 비행장치

④ 착륙장치가 없는 동력패러글라이더

해설 〈안전성인증검사 대상 초경량비행장치〉

① 최대이륙중량 25kg 초과 무인동력비행장치, 자체중량 12kg '초과' 또는 길이 7m 초과 무인비행선

② 항공레저스포츠사업에 사용하는 행글라이더, 패러글라이더, 낙하산류

③ 동력비행장치, 회전익비행장치, 동력패러글라이더, 유인기구류

정답: 2

21 다음 중 비행승인 제외범외로 맞는 것은?

① 비행장(군비행장은 제외) 중심으로부터 반지름 9.3km이내, 고도 500ft이내

② 비행장(군비행장은 포함) 중심으로부터 반지름 3km이내, 고도 500ft이내

③ 이착륙장 중심으로부터 반지름 3km 이내의 지역의 고도 500ft 이내

④ 이착륙장 중심으로부터 반지름 9.3km 이내의 지역의 고도 500ft 이내

해설 *초경량비행장치 비행승인 제외 범위(시행령 제25조)

법 제127조제2항 단서에서 "비행장 및 이착륙장의 주변 등 대통령령으로 정하는 제한된 범위" 란 다음 각 호의 어느 하나에 해당하는 범위를 말한다.

(1) 비행장(군 비행장은 제외한다)의 중심으로부터 반지름 3킬로미터 이내의 지역의 고도 500피트 이내의 범위(해당 비행장에서 법 제83조에 따른 항공교통업무를 수행하는 자와 사전에 협의가 된 경우에 한정한다.)

(2) 이착륙장의 중심으로부터 반지름 3킬로미터 이내의 지역의 고도 500피트 이내의 범위(해당 이착륙장을 관리하는 자와 사전에 협의가 된 경우에 한정한다.)

정답: 3

22 초경량비행장치 무인멀티콥터 조종자 실기평가에 관한 기준으로 옳지 않은 것은?

① 상하고도 0.5m이상 벗어나면 실격이다.

② 비상착륙시 랜딩기어가 착륙장에 걸쳐 있지 않으면 실격이다.

③ 기체중심으로부터 반경 1m이상 벗어나면 실격이다.

④ 정상접근 착륙시 랜딩기어가 착륙장에서 벗어나면 실격이다.

해설 실기평가기준에서 정상접근 착륙시 기체의 무게중심이 착륙장에서 벗어나면 실격이 된다.

정답: 4

23 **다음 중 초경량비행장치사용사업의 사업범위에 포함되지 않는 것은?**

① 사진촬영 ② 비료 또는 농약살포

③ 경관조망, 체험 ④ 조종교육

해설 초경량비행장치사용사업의 사업범위 등(항공사업법 시행규칙 6조)의 사업범위에 경관조망, 체험은 포함되지 않는다.

정답: 3

24 **다음 중 안전성인증 검사 대상이 아닌 초경량비행장치는 어느 것인가?**

① 무인자유기구

② 최대중량 25kg초과 무인동력비행장치

③ 초경량 동력비행장치

④ 초경량 회전익비행장치

해설 〈안전성인증검사 대상 초경량비행장치〉

(1) 최대이륙중량 25kg 초과 무인동력비행장치, 자체중량 12kg 초과 또는 길이 7m 초과 무인비행선

(2) 항공레저스포츠사업에 사용하는 행글라이더, 패러글라이더, 낙하산류

(3) ①동력비행장치, ②회전익비행장치, ③동력패러글라이더, 유인 기구류

정답: 1

25 **초경량비행장치의 비행안전에 영향을 미치는 대수리 또는 대개조 후 기술기준에 적합한지를 확인하기 위하여 실시하는 안전성인증 검사는?**

① 재인증 ② 수시인증 ③ 초도인증 ④ 정기인증

해설 〈안전성인증 검사의 종류〉

(1) 초도인증: 국내에서 설계.제작하거나 외국에서 국내로 도입한 초경량비행장치의 안전성인증을 받기 위하여 최초로 실시하는 인증

(2) 정기인증: 안전성인증의 유효기간 만료일이 도래되어 새로운 안전성인증을 받기 위하여 실시하는 인증

(3) 수시인증: 초경량비행장치의 비행안전에 영향을 미치는 대수리 또는 대개조 후 기술기준에 적합한지를 확인하기 위하여 실시하는 인증

(4) 재인증 : 초도, 정기 또는 수시인증에서 기술기준에 부적합한 사항에 대하여 정비한 후 다시 실시하는 인증

정답: 2

26 초경량비행장치의 신고를 받은 날로부터 며칠이내에 신고수리여부를 신고인에게 통지하여야 하는가?

① 7일 ② 10일 ③ 15일 ④ 30일

해설 국토부장관은 신고를 받은 날부터 7일 이내에 신고수리 여부를 신고인에게 통지하여야 한다.(지방항공청장에게 위임)

정답: 1

27 초경량비행장치 무인비행장치의 조종자 준수사항과 관계없는 것은?

① 인명이나 재산에 위험을 초래할 우려가 있는 낙하물을 투하하는 행위 금지

② 사람 또는 건축물이 밀집된 지역의 상공에서 건축물과 충돌할 우려가 있는 방법으로 근접하여 비행하는 행위 금지

③ 안개 등으로 인하여 지상목표물을 육안으로 식별할 수 없는 상태에서 비행하는 행위 금지

④ 해당 무인비행장치를 육안으로 확인할 수 있는 범위에서 조종하여야 한다.

해설 무인비행장치의 조종자에 대해서는 다음 2가지를 적용하지 아니한다(경량항공기에 해당)

1. 안개 등으로 인하여 지상목표물을 육안으로 식별할 수 없는 상태에서 비행하는 행위

2. 비행시정 및 구름으로부터의 거리기준을 위반하여 비행하는 행위

정답: 3

28 초경량비행장치 관련 다음 위반 행위 중 법정형이 가장 큰 위반은?

① 신고대상 초경량비행장치의 기체신고하지 않은 자

② 안전성인증검사를 받지 않고 조종자 증명 없이 비행

③ 음주, 환각상태에서의 비행

④ 초경량비행장치의 말소신고를 하지 않은 자

해설 * 초경량 비행장치를 신고, 변경신고를 하지 않은 자 ☞ 징역 6월 이하, 벌금 500만원 이하
안전성인증검사 + 조종자증명 동시 위반 ☞ 징역 1년 이하, 벌금 1천만원 이하
음주, 환각상태에서의 비행 ☞ 징역 3년 이하, 벌금 3천만원 이하

정답: 3

29 다음 중 푄현상의 설명으로 거리가 먼 것은?

① 동쪽에서 서쪽으로 공기가 불어 올라갈때에 수증기가 응결되어 비나 눈이 내리면서 상승한다.

② 우리나라의 푄현상은 늦봄에서 초여름에 걸쳐 동해안에서 태백산맥을 넘어 서쪽 사면으로 부는 북동 계열의 바람이다.

③ 지형적 상승과 습한 공기의 이동 그리고 건조단열 기온감률 및 습윤단열기온율이다.

④ 습하고 찬공기가 지형적 상승과정을 통해서 저온습한바람으로 변화되는 현상이다.

해설 푄 현상은 높새바람이라고도 부르며 찬공기가 산맥을 넘어갈 때 고온건조한 바람으로 바뀌어 영서지방의 농작물에 피해를 주므로 '살곡풍'이라고도 부른다.

정답: 4

30 **다음 중 무인비행장치(드론)의 비상램프가 점등시 조치로서 틀린 것은?**

① 노콘시 이륙전 설정된 RH내용을 확인하고 그에 따라 대비한다.

② 배터리 저전압경고시 비행을 중지하고 착륙해서 배터리를 교체한다.

③ GPS 에러 경고시 비행자세(ATTI) 모드로 전환하여 즉시 비상착륙을 한다.

④ IMU센서 경고시 자세모드로 전환하여 비상착륙을 실시한다.

해설 비행중 GPS경고등이 점등시 즉시 착륙하지 않고 자세제어모드로 전환하여 수동으로 복귀한다.

정답: 3

31 **리튬 폴리머 배터리에 대한 설명 중 옳지 않은 것은?**

① 6S, 12S 등은 배터리 팩의 셀수를 의미한다.

② 20C, 25C는 배터리 방전율을 의미한다.

③ 손상된 배터리나 전력 수준이 50% 이상인 상태에서 배송하지 말 것

④ 6셀중 한 셀만 3.3V이고 나머지는 4.0일 경우 정상비행에 사용할 수 있다.

해설 한셀당 정격전압은 3.7V이므로 특정셀이 너무 낮은 경우 배터리 보호를 위해 전체 배터리 전원이 차단될 수 있다.(BMS 동작)

정답: 4

32 **현재 잘 사용하지 않는 배터리의 종류는 어는 것인가?**

① Li-Po ② Li-Ch ③ Ni-MH ④ Ni-Cd

해설 기출문제로 배터리의 종류로 Ch 들어간 것이 현재 잘 안쓰는 것으로 정답을 고르면 된다.

정답: 2

33 **다음 중 뉴턴의 법칙 중 토크(torque)와 직접 관련 있는 법칙은 무엇인가?**

① 작용과 반작용법칙 ② 관성의 법칙

③ 질량보존의 법칙 ④ 베르누이정리

해설 〈 토크와 반토크 〉

(1) 토크(Torque)

무인헬리콥터의 중추인 메인 로터가 시계방향으로 회전을 하고 있다면 동체(몸체)는 반시계 방향으로 돌아가려는 성질이 있는데 이를 토크(torque)라고 한다.

(2) 반 토크(Anti-torque)

메인로터와 동체가 서로반대방향으로 회전하려 하기 때문에 이를 상쇄하기 위해서는 조종자는 적절히 조종 패달을 밟아 테일 로터(tail rotor)의 회전수를 조절하거나 동축반전의 형태로 토크에 의해서 동체가 돌아가는 힘을 막아주는 반대방향의 힘을 반토크라고 하며 헬리콥터의 기수의 회전을 막는다.

〈뉴턴의 운동 제3법칙 : 작용 반작용의 법칙〉

운동하는 모든 물체는 그 방향의 반대방향으로 같은 크기의 반작용을 한다는 것을 말한다.

정답: 1

34 다음 중 지면효과를 받을 때의 현상으로 맞지 않는 것은?

① 유도기류의 속도가 감소한다. ② 유도항력이 감소한다.

③ 수직양력이 감소한다. ④ 영각(받음각)이 증가한다.

해설 항공기가 지면가까이에서 지면효과를 받을시 추가적인 양력이 발생하여 수직양력 증가

정답: 3

35 박리현상에 의한 상황이 아닌 것은 무엇인가?

① 양력증가 ② 조종능력 상실

③ 기체손상 ④ 유도항력증가

해설 박리현상이란 받음각이 지나치게 커지는 경우 항공기(날개)가 유체를 가르고 비행하는데 위쪽공기가 날개표면을 따라 정상적으로 흐르지 않고 경계층에서 떨어져 나가 양력을 잃는 현상으로 추락위험 발생한다 지금의 항공기들은 이러한 박리현상을 제거하기 위해 새로운 경계층을 생성하는 슬롯이나 슬랫을 설치한다.

정답: 1

36 **법령, 규정, 절차 및 시설 등의 변경이 장기간 예상되는 설명과 조언 정보를 통지하는 것은 무엇인가?**

① 항공고시보(NOTAM) ② 항공정보 간행물(AIP)
③ 항공정보 회람(AIC) ④ AIRAC

해설 항공정보회람(Aeroautical information circular)은 비행안전,항행,기술,행정,규정 개정 등에 관한 내용으로서 항공정보간행물(AIP) 또는 항공고시보(NOTAM)에 의한 전파의 대상이 되지 않는 사항을 수록하고 있는 공고문이다.

정답: 3

37 **국제민간항공기구(ICAO)에 대한 설명 중 옳지 않은 것은?**

① 우리나라는 1952년에 가입하였다.
② 현재 ANNEX에 DRONE 비행관련 규범을 제정하여 운영중이다.
③ ICAO는 부속서(ANNEX) 19로 구성되어 있다.
④ 1944년 12월에 시카고조약에서 서명되었다.

해설 현재 ANNEX에 DRONE 비행관련 규범을 마련단계에 있다.

정답: 2

38 **항공기의 비행 시 조종사의 특별한 주의 · 경계 · 식별 등이 필요한 공역은 어느 것인가?**

① 관제공역 ② 통제공역 ③ 주의공역 ④ 비관제공역

해설 질문에 '주의'라는 단어가 있으므로 주의공역이다
주의공력의 종류로는 군작전구역, 훈련구역, 위험구역, 경계구역 4가지가 있다.

정답: 3

39 **다음 중 통제 공역에 포함되지 않은 것은 어느 것인가?**

① 비행금지구역　　② 비행제한구역

③ 초경량비행장치 비행제한구역　　④ 군작전지역

해설 주의공력의 종류는 군작전구역, 훈련구역, 위험구역, 경계구역 4가지가 있다.

정답: 4

40 국제 표준대기를 기준으로 해수면 1000ft 상공에 기온은 얼마인가?

① 10℃　　② 11℃　　③ 12℃　　④ 13℃

해설 국제표준대기 기준은 대기의 온도는 15℃ 이므로 15 – 2(–2℃/1000ft 기온강하)

정답: 4

CHAPTER

04 제4회 실전 모의고사

01 **다음 중 메모리효과가 있는 배터리는 어느 것인가?**

① 리튬폴리머(Li-Po) 배터리

② 납축전지(연축전지) (Pb)

③ 리튬인산철(Li-Fe) 배터리

④ 니켈카드뮴(Ni-Cd) 배터리

해설 니켈카드뮴(니카드, Ni-Cd) 배터리가 드론에도 사용되고 소형화 가능성을 보여줬지만 비싼 가격과 독성으로 인한 환경오염, 메모리 효과 등의 문제를 야기시켜 점차 시장에서 퇴출되고 있다.

정답: 4

02 **초경량비행장치 비행승인 신청 시 포함되지 않는 것은 무엇인가?**

① 조종자의 비행경력 ② 비행계획

③ 신청인의 성명 ④ 기체 설계도면

해설 기체의 설계도면까지 요구하지 않는다.

정답: 4

03 **항공기의 진로 우선순위로 맞는 것은?**

A. 지상에서 운행 중인 항공기 B. 비행 중인 항공기 C. 착륙 조작을 하고 있는 항공기 D. 착륙을 위해 최종진입의 진로에 있는 항공기

① A – B – C – D ② C – D – A – B

③ B – A – C – D ② D – A – C – B

해설 착륙하고 있는 항공기가 위험한 상태에 있으므로 가장 우선순위를 차지한다.

정답: 2

04 항공기 날개에 작용하는 양력에 대한 설명으로 옳은 것은?

① 양력은 날개의 시위선 방향의 수직 아래 방향으로 작용한다.

② 양력은 날개의 상대풍이 흐르는 방향의 수직 위 방향으로 작용한다.

③ 양력은 날개의 상대풍이 흐르는 방향의 수직 아래 방향으로 작용한다.

④ 양력은 날개의 받음각 방향의 수직 아래 방향으로 작용한다.

해설 양력(Lift)은 비행체 날개를 향해 오는 바람(상대풍)의 수직 위쪽으로 작용하는 힘으로 즉, 위로 떠오르는 힘이다.

정답: 2

05 초경량 동력비행장치를 사용함에 있어서 보험을 가입하여야 하는 경우는?

① 개인의 취미생활로 사용하는 낙하산

② 동호인이 공동으로 사용하는 패러글라이더

③ 개인의 취미로 사용하고자 하는 행글라이더

④ 영리목적으로 사용하는 동력비행장치

해설 사업용의 경우 보험가입 의무가 있다.

정답: 4

06 비행경력증명서 기재요령에 대한 설명으로 틀린 것은?

① '형식'은 제조사에서 정한 고유모델명을 기재한다.

② '지도조종자란'의 경우 조종자 증명을 받지 않은 경우 비행교육을 실시한 지도조종자의 성명, 자격번호 및 서명을 기재한다.

③ 비행시간은 시간 단위(Hour)로 기재한다.

④ '임무별 비행시간'중의 기장은 조종자증명을 받지 않은 사람은 단독 또는 지도조종자와 함께 비행한 시간을 기재한다.

해설 〈비행경력증명서의 임무별 비행시간 기재 요령〉

가) 기장시간 : 12시간 이상

(1) 조종자증명을 받은 사람은 단독 또는 지도조종자와 함께 비행한 시간을 기재하고

(2) 조종자 증명을 받지 않은 사람은 지도조종자의 교육하에 단독으로 비행한 시간을 시간(HOUR)단위로 기재

정답: 4

07 뇌우의 활동 단계 중 그 강도가 최대이고 밑면에서는 강수현상이 나타나는 단계는 어느 단계인가?

① 생성단계

② 적운단계

③ 성숙단계

④ 소멸단계

해설 1) 적운단계: 지표면 하부의 가열로 상승기류를 형성하고 많은 구름이 형성된다.

2) 성숙단계: 상승기류로 최고조에 달했을 때 구름 속에서 상승 및 하강기류가 교차하여 함께 나타나고, 상부에는 눈, 하부에는 비가 내리며 강한 바람과 천둥을 동반한 번개가 발생한다.

3) 소멸단계: 하강기류 지속 발달로, 수평 또는 수직으로 분산되면서 급격히 소멸되어, 비도 그치고 하강기류도 감소한다.

정답: 3

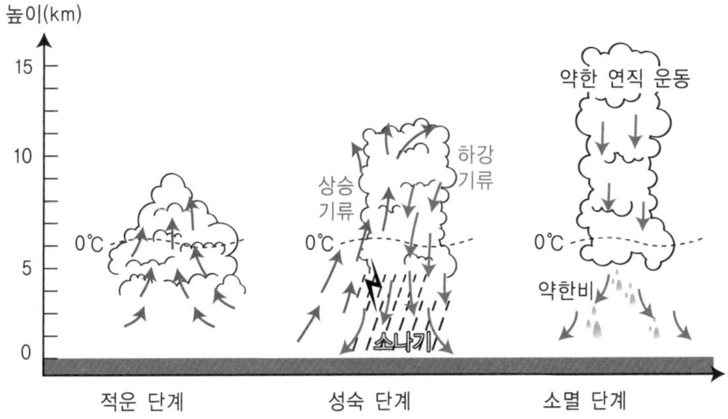

08 SHELL 모델 중 E(Environment)에 대한 설명 중 틀린 것은?

①시설 ② 기상 ③ 온도 ④ 조명

해설 Environment(물리적 환경) : 날씨, 기온, 습도, 조명 등 물리적 환경
Hardware(하드웨어) : 항공기, 장비, 공구, 각종시설 등
Software(소프트웨어) : 법, 규정, 절차, 각종 매뉴얼, 점검표 등

정답: 1

09 다음 중 항공기의 착륙거리를 짧게 하는 방법으로 옳지 않은 것은?

① 착륙 마찰계수가 커야 한다.

② 접지속도를 크게 한다.

③ 착륙중량을 작게 한다.

④ 정풍으로 착륙한다.

해설 착륙에서의 활주거리를 짧게 하기 위해서는 정풍으로 착륙하고, 비행기가 활주로에 닿는 접지속도를 작게 하고 진행과 반대 방향의 힘(마찰계수)을 크게 해야 한다.

정답: 2

10 초경량비행장치가 정면으로 서로 접근할 경우 각 조종자는 운항 경로를 어느 쪽으로

변경하는가?

① 위 ② 아래 ③ 오른쪽 ④ 왼쪽

해설 우측으로 회피, 우측으로 추월, 우측 초경량 비행장치에 우선권 등 모두 우측이다.
즉, 서로 우측으로 회피하는 약속을 하여 기동하면 공중 충동하는 일이 없다.

정답: 3

11 기압 고도계가 설치된 항공기가 일정한 계기 고도를 유지하면서 기압이 낮은 곳에서 높은 곳으로 비행할 때 기압 고도계의 변화 상태는?

① 실제고도 보다 낮게 지시한다. ② 실제고도와 일치한다.
③ 실제고도 보다 높게 지시한다. ④ 변화가 없다.

해설 비행기는 고도는 기압이 낮으면 고도가 높고, 기압이 높으면 고도가 낮다고 판단한다. 그러므로 일정한 고도를 유지하면서 기압이 낮은곳에서 높은 곳으로 비행을 하게 되면 실제 고도보다 낮게 지시하게 된다.

정답: 1

12 안개가 발생하기 적합한 조건이 아닌 것은?

① 대기의 성층이 안정할 것 ② 냉각작용이 있을 것
③ 강한 난류가 존재할 것 ④ 바람이 없을 것

해설 〈 안개가 발생하기 좋은 조건 〉
(1) 바람이 없고
(2) 대기의 성층이 안정적일 것
(3) 공기중에 수증기와 부유물질이 충분히 포함될 것
(4) 공기가 노점온도 이하로 냉각되어야 할 것

정답: 3

13 드론(쿼드콥터)이 왼쪽으로 회전하고 할 때 모터의 상태는?(단 모터의 번호 순서는 1

시 방향 모터부터 반시계방향으로 매긴다)

① 2, 3번 모터를 빨리 돌게 하고, 1, 4번 모터를 천천히 돌게 한다.

② 1, 2번 모터를 빨리 돌게 하고, 3, 4번 모터를 천천히 돌게 한다.

③ 2, 4번 모터를 빨리 돌게 하고, 1, 3번 모터를 천천히 돌게 한다.

② 1, 3번 모터를 빨리 돌게 하고, 2, 4번 모터를 천천히 돌게 한다.

해설 이동 또는 회전하려고 하는 방향과 반대방향의 모터를 빨리 돌게 조작한다. 즉 좌회전의 경우, 시계방향 즉 우회전하는 2, 4번 모터를 빨리 돌게 하고 나머지 모터를 천천히 돌게 한다. 1번과 3번은 반시계방향으로 회전하는 모터이고, 2번과 4번은 시계방향으로 회전하는 모터이다.

정답: 3

14 베르누이 정리를 적용할 수 있는 전제 조건끼리 묶은 것은 어느 것인가?

① 비압축성, 비유동성, 무점성 ② 압축성, 유동성, 유점성

③ 비압축성, 유동성, 무점성 ④ 압축성, 비유동성, 유점성

해설 〈베르누이의 정리를 적용하기 위한 전제 조건〉

1. 비압축성 유동(incompressible flow)
2. 비유동성(정상상태, steady flow)
3. 마찰 또는 점성이 없는 유동(frictionless or inviscid flow) = 무점성
4. 유선에 따라 움직이는 유동(유선을 가로지르지 않음, flow along a streamline)

정답: 1

15 드론(멀티콥터)의 부품중 모터의 회전수를 제어하는 장치는?

① IMU ② ESC ③ 제이로 센서 ④ GPS

해설 드론에 장착된 모터의 회전수를 조절하는 장치는 ESC(Electric Speed Controller)이다.

정답: 2

16 다음 중 항공기를 공중에 뜨게 하는 양력에 대한 설명 옳은 것은?

① 양력은 항상 중력의 반대방향으로 작용한다.

② 양력은 속도의 제곱에 비례하고 받음각의 영향을 받는다.

③ 양력은 유체의 흐름 방향에 대한 수평으로 작용하는 힘이다.

④ 속도의 변화가 없으면 양력의 변화가 없다.

정답: 2

해설 〈양력의 성질〉

받음각이 커지면 처음에는 양력도 커지고 항력은 감소하나 임계각(보통 받음각이 18.4도 이상) 이상으로 커지면 날개로 흐르는 기류의 박리현상이 발생해 양력이 크게 감소되고 항력이 급격하게 증가하여 실속(Stall)으로 추락할 수 있다. 추력과 항력은 서로 반대로 작용하여 속력과 관계가 있다.

1) 양력공식

$$L = W = \frac{1}{2}\rho V^2 S C_L$$

* L(Lift : 양력), ρ(공기밀도), S(날개면적), V(속도), CL(양력계수)

2) 양력은 공식에서 알 수 있듯이 양력은 공기밀도(ρ), 속도의 제곱, 날개의 면적, 양력계수에 비례한다.

3) 대기압이 높아지면 양력증가, 항력감소(공기 밀도가 높아진다)

4) 양력은 상대풍에 수직(수평X)으로 작용하는 항공역학적인 힘이다.

17 **회전익 항공기에만 발생하며 마찰항력이라고 불리는 항력으로, 블레이드가 공기를 지날 때 표면마찰(점성마찰)로 인해 발생하는 마찰성 저항은?**

① 총 항력 ② 유해항력 ③ 형상항력 ④ 유도항력

해설 형상항력은 유해항력의 일종으로 회전익 항공기의 회전 깃(blade)이 회전할 때 마찰성 저항으로부터 발생하는 항력으로 회전익 항공기에서만 발생한다.

정답: 3

18 **다음 중 멀티콥터 프로펠러 제원 22×5에서 측정할 수 있는 것은 무엇인가?**

① 속도 ② 거리 ③ 압력 ④ 온도

해설 멀티콥터 프로펠러 제원이 22×5인 경우 프로펠러의 직경이 22인치이고, 피치가 5인 프로펠러이다 이때 5 피치는 1회전 했을 때 이동 거리를 나타낸다.

정답: 2

19 다음 고정익 비행장치에 대한 설명이다 아래에서 설명하는 용어의 정의는?

날개골의 임의 지점에 중심을 잡고 받음각의 변화를 주면 기수를 올리고 내리는 피칭모멘트가 발생하는데 이 모멘트의 값이 받음각에 관계없이 일정한 지점을 말한다.

① 평균공력시위 ② 압력중심 ③ 무게중심 ④ 공력중심

해설 공력중심(Aerodynamic Center ; AC): 에어포일에는 받음각이 변하더라도 피칭모멘트의 값이 변하지 않는 점박리현상

정답: 4

20 항공기의 비행특성인 역편요(adverse yaw)에 대한 설명으로 틀린 것은?

① 비행기가 보조익을 조작하지 않더라도 어떤 원인에 의해서 rolling 운동을 시작하며 올라간 날개의 방향으로 yaw하는 특성을 말한다.

② 비행기가 선회시 보조익을 조작해서 경사하게 되면 선회방향과 반대방향으로 yaw 하는 것을 말한다.

③ 비행기가 선회하는 경우 옆 미끄럼이 생기면 옆미끄럼한 방향으로 롤링하는 것을 말한다.

④ 비행기가 오른쪽으로 경사하여 선회하는 경우 비행기의 기수가 왼쪽으로 yaw 하려는 운동을 말한다.

해설 〈 역편요 : Adverse yaw 〉

역편요는 라이트 형제가 비행기를 만들 때부터 있었던 현상으로 기본적인 항공기의 비행 특성이다. 역편요는 글자 그대로 내가 원하는 반대방향으로 Yaw가 생기는 것이다. 즉, 비행기가 선회시 보조익을 조작해서 경사하게 되면 선회하고자 하는 방향과 반대방향으로 Yaw하는 것을 말한다. 롤링(rolling) 할 때 올라간 날개의 방향으로 Yaw하는 특성이 있고, 저속에서 뚜렷하게 나타난다.

정답: 3

21 초경량비행장치 관련 다음 과태료 중 금액이 가장 작은 것은?

① 조종자 준수사항 2차 위반시

② 조종자 증명 없이 비행 2차 위반시

③ 안전성인증 받지 않고 비행 1차 위반시

④ 미승인 야간비행 3차 위반

해설 ① 조종자 준수사항 300만원 → 2차 위반시 225만원
② 조종자 증명 없이 비행 400만원 → 2차 위반시 300만원
③ 안전성인증 받지 않고 비행 500만원 → 1차 위반시 250만원
④ 미승인 야간비행 3차 위반 → 200만원

정답: 4

22 초경량비행장치를 소유한 자가 초경량비행장치를 영리목적으로 사용할 경우 보험 또는 공제에 가입하여야 하는 경우가 아닌 것은?

① 항공기운송사업 ② 항공기대여업에 사용

③ 초경량비행장치사용사업에 사용 ④ 항공레저스포츠사업에 사용

해설 〈항공보험 등의 가입의무〉
초경량비행장치를 초경량비행장치사용사업, 항공기대여업 및 항공레저스포츠사업에 사용하려는 자는 국토교통부령으로 정하는 보험 또는 공제에 가입하여야 한다.

정답: 1

23 다음 중 항공기 성능과 직접적인 고도와 관계가 있는 고도는?

① 지시고도 ② 진고도 ③ 절대고도 ④ 밀도고도

해설 밀도고도가 높을수록 공기 밀도가 낮아져 항공기 성능에 지대한 영향을 끼치므로 밀도고도는 항공기 성능 지표로 활용되는 수치이다.

정답: 4

24 초경량비행장치 운항할 때 거리등을 계산해서 운항하는 항법은 무엇인가?

① 지문항법 ② 위성항법 ③ 추측항법 ④ 무선항법

해설 추측항법 : 시간, 속도, 거리, 방향 등의 정보를 계산(추정)하여 항행하는 항법이다.

정답: 3

25 항공정보 간행물은 무엇인가?

① NOTAM ② AIC ③ AIP ④ AIRAC

해설 항공기 비행 및 운항에 필요한 지속적인 항공정보를 수록하고 공지하기 위해 각국 정부가 발행하는 항공정보 간행물(Aeronautical Information Publication)이다.

정답: 3

26 항공기 날개에 흐르는 공기의 흐름에 대한 설명 중 옳은 것은?

① 날개의 윗부분 속도가 빠르고 압력은 낮다.

② 날개의 윗부분 속도가 빠르고 압력이 높다.

③ 날개의 아랫부분 속도가 빠르고 압력이 낮다.

④ 날개의 아랫부분 속도가 느리고 압력이 낮다.

해설 날개의 윗부분은 속도가 빠른반면 압력은 낮다.

정답: 1

27 다음 중 기상에 대한 설명 중 옳지 않은 것은?

① METAR(메타) : 매 시간 보고

② 고기압 – 기압이 높고 하강기류이며 날씨가 맑음

③ 저기압 – 기압이 낮고 상승기류이며 날씨가 흐리다.

④ TAF – 매 7시간마다 예보

해설 TAF는 1일 4회 24시간 유효(매 6시간마다 예보)

정답: 4

28 대기권에서 가장 많은 것은 무엇인가?

① 산소 ② 질소 ③ 아르곤 ④ 수증기

해설 대기의 구성성분은 질소 78%, 산소21%, 아르곤 0.93% , 이산화탄소 0.04%, 기타 0.03%

정답: 2

29 해수면 고도에서 국제표준대기(ISA)의 표준 기온 및 기압은 얼마인가?

① 15℃, 29.92inHg ② 59℉, 760inHg

③ 15℉, 1013mb ④ 59℃, 1013mb

해설 해면상 기온 및 기압: 15℃, 1013.25hPa = 760mmHg = 29.92inHg
고도에 따른 기온 체감률: 약 2℃/1000ft(DewPoint :0.5℃/1000ft)
고도에 따른 기압 감소률: 약 1inHg/1000ft

정답: 1

30 다음 중 항공기로부터 지표면 사이의 거리로 지표면 높이에 따라 그 고도가 시시각각 변하는 고도는?

① 지시고도 ② 진고도 ③ 절대고도 ④ 밀도고도

해설 항공기로부터 지표면 사이의 높이를 절대고도라고 한다.

정답: 3

31 다음 중 공기밀도에 관한 설명으로 옳지 않은 것은?

① 수증기가 많이 포함될수록 공기밀도는 감소한다.

② 일반적으로 공기밀도가 하층보다 상층이 낮다.

③ 국제표준대기의 밀도는 건조공기로 가정했을 때의 밀도이다.

④ 온도가 높아질수록 공기밀도도 증가한다.

해설 공기 밀도는 온도와 압력에 따라 변한다. 즉 공기가 더워지면 공기가 팽창하여 단위 부피당 밀도가 작아진다.

정답: 4

32 **다음 중 구름중에서 진한 회색을 띄며 비와 안개를 동반한 구름은 어느것인가?**

① Ac(고적운) ② Sc(층적운) ③ St(층운) ④ Ns(난층운)

해설 비는 Nimbus 즉, N이나 b를 포함한다. 난층운 Ns(비층구름)이나 적란운 Cb가 있다.

정답: 4

33 **다음 중 구름의 생성과 관련이 없는 것은?**

① 수증기 ② 냉각 ③ 빙정핵(응결핵) ④ 고기압

해설 구름은 대류권에서 상승기류에 의해 발생하지만 고기압은 하강기류이다.

정답: 4

34 **구름 중에서 지상 10km이상에서 형성되는 구름은 어느 것인가?**

① 고층운 ② 권층운 ③ 적운 ④ 층운

해설 〈 구름의 높이에 따른 분류 〉

① 상층운(지상 6km 이상) : 권운, 권층운, 권적운
- '권'자 들어간 구름

② 중층운(지상 2km~6km) : 고층운, 고적운
- '고'자가 들어간 구름

③ 하층운(2000m 이하) : 층운, 층적운, 난층운
- '층'자가 들어간 구름

정답: 2

35 다음 안개 설명 중 알맞은 것을 고르시오.

차가운 지면이나 수면 위로 따뜻한 공기가 이동해 오면 공기의 밑부분이 냉각되어 응결이 일어나는 안개이다. 연안이나 해상에서 주로 발생하는 안개

① 활승안개 ② 복사안개 ③ 증기안개 ④ 이류안개

해설 〈이류안개〉

차가운 지면이나 수면 위로 따뜻한 공기가 이동해 오면, 공기의 밑 부분이 냉각되고 포화되어 응결이 일어나서 이류안개라 하고 연안이나 해상에서 발생하는 안개는 대부분이 이류안개이다. 연안무, 해무라고 부르기도 한다.

정답: 4

36 나뭇잎과 가는 가지가 부단히 움직이고 엷은 깃발이 휘날릴 때 풍속은 얼마인가?

① 0.3 ~ 1.5m/sec ② 1.6 ~ 3.3m/sec

③ 3.4 ~ 5.4m/sec ④ 5.5 ~ 7.9m/sec

해설 1.6 ~ 3.3m/sec을 기준풍속으로 삼고, 해당 지문은 기준풍속보다 조금 더 강한 바람이다.

정답: 3

37 해풍의 특징으로 적당한 것은 무엇인가?

① 주간에 바다에서 육지로 분다. ② 야간에 바다에서 육지로 분다.

③ 주간에 육지에서 바다로 분다. ④ 야간에 육지에서 바다로 분다.

해설 〈 해풍과 육풍 〉

(1) 해풍(from 해)

낮에는 육지가 바다보다 빨리 가열되어서 육지에서 상승기류가 발생하여 기압이 낮고 바다는 상대적으로 기압이 낮아져 바다에서 육지로 부는 바람이다.

(2) 육풍(from 육)

밤에는 육지의 공기가 바다보다 빨리 식어 기압이 높아지고 상대적으로 바다는 기압이 낮아져 육지에서 바다로 부는 바람이다

정답: 1

38 다음 기단 중 해양성 기단으로 매우 습하고 더우며 주로 7~8월에 태풍과 함께 한반도 상공으로 이동하는 기단은?

① 오호츠크해기단　② 양쯔강기단　③ 적도기단　④ 북태평양기단

해설 태풍과 관계된 것은 적도기단이다.

정답: 3

39 다음 기단 중 두 기단이 만나서 정체되는 전선은 어느 것인가?

① 온난전선　② 한냉전선　③ 정체전선　④ 폐색전선

해설 정체전선 : 거의 이동하지 않고 일정한 자리에 머물러 있거나 움직여도 매우 느리게 움직이는 전선(정체되어 있는 전선) 양쪽 기단의 세력이 서로 평형을 이룰 때 생기며, 전선이 동서로 길게 생긴다. 여름철 발생하는 장마전선도 정체전선의 일종이다.

정답: 3

40. 다음 중 난기류의 종류가 아닌 것은?

① 청천난기류　② 대류성 난기류　③ 계절풍　④ 산악파

해설 난기류의 종류는 청천난기류, 대류성 난기류, 역학적 난기류, 산악파가 있다.

정답: 3

CHAPTER

05 제5회 실전 모의고사

01 항공시설 업무 절차 또는 위험요소의 시설 운영상태 및 그 변경에 관한 정보를 수록하여 전기통신수단으로 항공종사자들에게 배포하는 공고문은?

① AIC ② AIP ③ AIRAC ④ NOTAM

해설 NOTAM(노탐, 항공고시보) : Notice to Airman, 유효기간은 3개월이다.

정답: 4

02 다음 중 초경량비행장치 범위에 포함되지 않는 것은?

① 좌석이 1개이고 자체중량이 150kg이하의 동력비행장치

② 자체중량이 180kg 이하이고 길이가 20m 이하인 무인비행선

③ 자체중량이 70kg 이하인 행글라이더

④ 계류식 기구

해설 동력비행장치는 자체중량 115kg 이하이고 좌석이 1개인 경우에 초경량비행장치이다.

정답: 1

03 다음 기단 중 해양의 특성인 많은 습기와 비교적 찬 공기 특성을 지니고 늦봄, 초여름에 높새바람과 장마전선을 동반한 기단은?

① 양쯔강기단　　② 오호츠크해기단　　③ 북태평양기단　　④ 적도기단

해설 북쪽의 오호츠크해의 차가운 해양성 한 대기단이다. 오호츠해기단의 특징은 핀현상(높새바람)의 주범이고, 초여름 폭염의 원인이 되기도 한다. 또한, 한반도 장마는 이 오호츠크해 기단과 북태평양 기단이 서로 만나 장마가 발생한다.

정답: 2

04 **태풍이 세력이 약해져서 육지 쪽에서 소멸되기 직전에 무엇으로 변하는가?**

① 편서풍　　② 열대성 고기압　　③ 열대성 저기압　　④ 뇌우

해설 태풍이 육지에 상륙하게 되면 바다로부터 공급받던 수증기를 공급받지 못하기 때문에 세력이 급격하게 약해져서 열대성 저기압으로 변하여 소멸된다. 열대성 저기압 중 중심풍속이 17m/s가 될 경우 태풍으로 본다.

정답: 3

05 **다음 중 멀티콥터의 APM Copter 제어기반 시스템에서 가장 많이 관여하는 센서부터 올바르게 나열한 것은?**

① GPS 〉 Compass 〉 Gyroscope 〉 Barometer 〉 Accelerometer

② Gyroscope 〉 Accelerometer 〉 Barometer 〉 GPS 〉 Compass

③ Accelerometer 〉 Gyroscope 〉 Compass 〉 GPS 〉 Barometer

④ Gyroscope 〉 Accelerometer 〉 Compass 〉 GPS 〉 Barometer

해설 이런 문제는 앞글자만 따서 GACGB로 간단히 외우면 좋겠다.

* Gyroscope(자이로스코프)센서= 각속도센서, Accelerometer(엑셀러로미터)=가속도센서, Barometer(바로미터) = 기압센서, Compass(콤파스) = Magnetometer(마그네토미터) = 지자계센서
* 아두파일럿(ArduPilot)은 세계 최대 아마추어 자작 드론 커뮤니티 'DIY Drones' (http://diydrones.com/)에서 2007년부터 시작된 오픈 소스 드론 프로젝트이다. 하드웨어로는 APM(ArduPilot Mega)이라 하여 아두이노 기반의 하드웨어를 자체 개발하여 사용하고 있다.

정답: 4

06 북반구 고기압에서의 바람은 어떻게 되는가?

① 시계방향으로 불며 중심부에서 발산한다.

② 반시계방향으로 불며 중심부에서 수렴한다.

③ 시계방향으로 불며 중심부에서 수렴한다.

④ 반시계방향으로 불며 중심부에서 발산한다.

해설 이런 문제를 풀때는 기준을 '북반구'로 두고 암기를 해야 한다.(남반구는 반대)

* 북반구에서 고기압 중심부에서의 바람은 '시계방향'으로 불어 나가며, 중심부에 하강기류가 형성되기 때문에 날씨가 좋고 저기압 쪽으로 바람이 발산한다. 북반구 저기압은 '반시계방향'으로 바람이 불며 중심부에서 수렴한다.

정답: 1

07 평균 해수면에서 온도가 20도일 때 고도 2000ft에서의 온도는 얼마인가?

① 40℃ ② 16℃ ③ 18℃ ④ 0℃

해설 대류권 내에서 1000ft(300m) 상승할 때마다 −2℃씩 감소하므로 20℃−4℃=16℃이다.

정답: 2

08 표준대기와 관련하여 적당하지 않은 것은 어느 것인가?

① 해면 기압 1,031.25hPa ② 해면 기압 760mmHg

③ 해수면 온도 섭씨 15도, 화씨 59도 ④ 해면 기압 29.92inHg

해설 국제표준대기(International Standard Atmosphore, ISA)

대기의 기상조건은 지역과 시간에 따라 수시로 변하므로 항공기의 성능을 계산하거나 비교하기 위해서 참조해야할 표준대기조건을 설정할 필요가 있다.

고도가 상승함에 따라

* 해면상 기온 및 기압: 15℃(59°F), 1013.25hPa = 760mmHg = 29.92inHg

고도상승에 따른 기온 체감률: 약 2℃/1000ft(3.5°F/1000ft) 감소

고도상승에 따른 기압 감소률: 약 1 inHg/1000ft 감소

정답: 1

09 기상의 7대 요소는 어느 것인가?

① 습도, 구름, 강우, 바람, 기압, 안개, 전선

② 난기류, 뇌우, 습도, 구름, 강우, 바람, 시정

③ 기압, 기온, 습도, 구름, 안개, 전선, 난기류

④ 기압, 기온, 습도, 구름, 강우, 바람, 시정

해설 '구시바 기기 강습'으로 외워보자.

정답: 4

10 바람이 존재하는 근본적인 이유로 맞지 않는 것은?

① 태양복사열의 불균형 ② 온도 차이

③ 기압의 차이 ④ 고도 차이

해설 * 바람이 부는 주요 원인: 태양 복사열의 불균형 → 온도차 → 기압차(기압경도력)

☞ 기압 높은 곳에서 낮은 곳으로 공기 이동

정답: 4

11 대기중 가장 불안정한 층으로 대부분의 기상이 발생하는 대기의 층은?

① 대류권 ② 성층권 ③ 열권 ④ 중간권

해설 대류권은 지구 전체 대기의 3/4이 대류권에 포함된다. 대기 중에서 가장 불안정한 층으로 기상 현상의 대부분이 이곳에서 일어난다. 대류권은 대기 질량의 대부분을 차지하며, 고도가 증가함에 따라 기온이 감소하는 층으로 보통 1km에 6.5도씩(1000ft당 2도씩)하강하며 평균하여 약 11km의 두께를 갖는 층이다.

정답: 1

12 프로펠러 블레이드에 대한 설명으로 옳지 않은 것은?

① 길이에 따라 익근의 속도는 느리고 익단의 속도는 빠르게 회전한다.

② 익근의 꼬임각이 익단의 꼬임각보다 작게 한다.

③ 익근과 익단의 꼬임각이 서로 다른 이유는 양력의 불균형을 해소하기 위함이다.

④ 익근의 꼬임각이 익단의 꼬임각보다 크게 한다.

해설 꼬임각 : 익근 〉 익단
익근의 꼬임각이 익단의 꼬임각보다 크게 하여 양력의 불균형을 해소한다.

정답: 2

13 기체신고가 필요한 비행장치는 어느 것인가?

① 무인 계류식 기구

② 군사목적 초경량비행장치

③ 자체중량 13kg의 무인비행선

④ 판매되지 않고 비행에 사용되지 않는 초경량비행장치

해설 자체무게가 12kg이하이고, 길이가 7미터 이하인 무인비행선은 신고의무가 없다.

정답: 3

14 다음 중 2021년 개정된 초경량비행장치 신고 구분으로 옳지 않은 것은?

① 신규신고 ② 변경신고

③ 정기신고 ④ 말소신고

해설 신고의 구분은 신규신고, 변경신고, 이전신고, 말소신고가 있다.

정답: 3

15 안개의 수평시정 거리는 어느 것인가?

① 500m미만 ② 1km 미만 ③ 1mile 미만 ④1NM 미만

해설 1km 미만이면 안개, 그 이상으로 느껴질 수 있는 것은 박무(mist)이다.

정답: 2

16 불포화상태의 공기가 냉각되어 포화상태가 되는 기온은 무엇인가?

① 결빙 기온　　② 절대 기온　　③ 표준대기 기온　　④ 이슬점 기온

해설 공기가 이슬점(노점) 온도 이하로 냉각되면 안개가 형성되는 조건이 된다.

정답: 4

17 **항공기가 착륙중에 안전에 문제가 있다고 판단되어 접지전에 다시 이륙하는 것을 무엇이라고 하는가?**

① 하이랜딩　　② 복행　　③ 바운싱　　④ 프로팅

해설 〈 항공기의 착륙 〉

(1) 하이랜딩은 수직 속도가 남아 있어 강한 충격으로 착지하는 현상이다.

(2) 바운싱은 부적절한 착륙자세나 과도한 침하률로 인해 착지후 공중으로 다시 떠오르는 형상

(3) 플로팅은 접근속도가 정상 접근 속도보다 빨라 침하하지 않고 떠 있는 현상이다.

정답: 2

18 **우리나라 항공 관련 법규의 기본이 되는 국제법은?**

① 일본 동경협약

② 국제민간항공협약 및 같은 조약의 부속서

③ 미국의 항공법

④ 중국의 항공법

해설 1944년 국제민간항공기구(ICAO, International Civil Aviation Organization) 설립, 시카고에서 1944년 조약 제정/ 한국은 1952년 시카고에서 서명 가입

정답: 2

19 **비행 후 기체 점검 사항 중 옳지 않은 것은?**

① 배터리 배부름 및 파손상태 확인하고 점검한다.

② 프로펠러의 파손여부/결합여부 등을 점검한다.

③ 송수신기의 배터리 잔량을 확인하고 부족한 경우 충전한다.

④ 남은 배터리가 있을 경우 호버링 비행하여 모두 소모시킨다.

해설 비행 후에는 남은 배터리가 있어도 배터리 배부름 및 파손상태 확인하고 추후 사용을 위해 만충한다. 배터리를 과도하게 방전시키면 배터리가 손상이 될 수 있으므로 30~40%정도 남았을 때 기체를 내리는 것이 좋다.
비행 후 기체점검은 프로펠러 파손여부/결합여부 점검, 동력계통 모터, 변속기 이상상태 점검, 암대, 메인프레임, GPS안테나, 랜딩 스키드 파손상태 조임상태 연결상태 점검, 배터리 배부름 및 파손상태 확인, 조종기 배터리 잔량 등을 확인한다.

정답: 4

20 초경량비행장치의 교육 관련 요령과 거리가 먼 것은?

① 스스로 하고자 하는 동기를 유발하여야 한다.

② 일대일 교육으로 교관과의 인간관계를 원활하게 하는 개별적 접근이 효과를 증대시킨다.

③ 잘못된 조작을 과도하고 충분한 시범으로 예시를 보여주는 등 건설적인 강평을 실시하여야 한다.

④ 교관의 잘못된 가르침은 과감하게 시인하고 정확한 자료를 통해 가르친다.

해설 잘못된 조작을 적정하고 충분한 시범으로 예시를 보여주는 등 건설적인 강평을 실시하여야 한다.

정답: 3

21 특별비행승인과 관련된 내용중 틀린 것은?

① 야간에 비행을 하고자 할 때

② 비가시권에서 비행을 하려고 할 때

③ 관제권내에서 초경량비행장치를 비행하려고 할 때

④ 일몰 후 비행을 하려고 할 때

해설 2017년부터 그동안 금지되었던 야간시간대, 육안거리밖 비행을 허용하는 제도이다.

정답: 3

22 다음 중 멀티콥터에 사용하는 2차 전지에 속하지 않는 배터리는?

① 니켈카드뮴(Ni-Cd)배터리　② 니켈수소(Ni-MH)배터리
③ 리튬폴리머(Li-Po)배터리　④ 알카라인 전지

정답: 4

23 양력과 공기밀도의 관계가 바르게 설명된 것은?

① 입자가 증가하여 공기밀도가 높아지면 양력이 증가한다.
② 입자가 증가하여 공기밀도가 낮아지면 양력이 감소한다.
③ 입자가 감소하여 공기밀도가 높아지면 양력이 증가한다.
④ 입자가 감소하여 공기밀도가 낮아지면 양력이 증가한다.

해설 입자가 증가하면 공기밀도가 높아지고 양력이 증가한다. 공기밀도 낮은 고공에서는 양력이 감소한다.

정답: 1

24 다음 중 항공기 날개의 받음각에 대한 설명 중 틀린 것은?

① 받음각이 증가하면 일정한 각까지 양력과 항력이 증가한다.
② 상대풍과 날개골의 시위선이 이루는 각이다.
③ 기체의 중심선과 날개의 시위선이 이루는 각이다.
④ 비행 중 받음각은 변할 수 있다.

해설 ③은 기계적인 각인 붙임각에 대한 설명이다.

정답: 3

25 농업 방제용 무인멀티콥터의 모터로 적합한 것은?

① 로터리 엔진　② 제트엔진　③ BLDC 모터　④ 브러시 모터

해설 로터리 엔진은 피스톤이 회전하는 내연기관이다.

정답: 3

26 초경량비행장치의 사고 중 항공사고가 아닌 것은?

① 비행 중 발생한 화재사고

② 비행 중 추락하여 차량의 본네트를 손상시킨 사고

③ 초경량비행장치가 비행 중 사람과 부딪혀서 중상을 입힌 사고

④ 비행장에 주기된 초경량비행장치를 차량이 지나가면서 충돌한 사고

해설 비행 중 발생한 사고에 한한다.

정답: 4

27 초경량비행장치의 비행승인을 받아야 하는 경우는 어느 것인가?

① 자체중량 12kg 이하 비사업용 기체

② 자체중량 12kg 이하 사업용 기체

③ 최대이륙중량 7kg이하 사업용 기체

④ 최대이륙중량 25kg초과 비사업용 기체

해설 〈비행승인 대상〉

초경량비행장치 비행제한공역에서

(1) 최대이륙중량 25kg 초과 무인동력비행장치

(2) 자체중량 12kg 초과 또는 길이 7m 초과 무인비행선

(3) 동력비행장치, 회전익비행장치, 동력패러글라이더, 유인자유기구, 150m 이상 운영 계류식 기구

정답: 4

28 초경량비행장치 조종자 전문교육기관의 지정 요건은 무엇인가?

① 비행경력 20시간 이상의 지도조종자 2명 이상

② 비행경력 200시간의 지도조종자 및 비행경력 300시간 이상의 실기평가지도조종자 각 1명 이상

③ 비행경력 100 이상의 지도조종자 2명 이상

④ 비행경력 150시간 이상의 실기평가지도조종자 및 비행경력 100시간 이상의 지

도조종자 각 1명 이상

해설 사설학원은 지도조종자 1명 / 전문교육기관은 지도조종자 1명과 실기평가지도조종자 1명이 요건이다. 최소비행경력은 지도조종자는 100시간, 실기평가지도조종자는 150시간 이다.

정답: 4

29 항공안전법 제1조에서 규정하고 있는 목적은?

① 안전 · 효율적인 항행과 항공종사자 등의 의무 규정

② 민간항공 보안 기준 규정

③ 항공사업의 질서유지

④ 국내 민간항공의 안전 항행과 발전 도모

해설 1) 항공안전법의 목적(항공안전법 제1조)
이 법은 「국제민간항공협약」 및 같은 협약의 부속서에서 채택된 표준과 권고되는 방식에 따라 항공기, 경량항공기 또는 초경량비행장치의 안전하고 효율적인 항행을 위한 방법과 국가, 항공사업자 및 항공종사자 등의 의무 등에 관한 사항을 규정함을 목적으로 한다.

정답: 1

30 다음 중 항공법상 신고를 요하는 초경량비행장치는 어느 것인가?

① 계류식 무인비행장치

② 자체중량 12kg 이하 및 길이 7미터 이하 무인비행선

③ 초경량 헬리콥터

④ 판매를 목적으로 만들었으나 사용하지 않고 보관해놓은 무인비행기

해설 항공안전법 개정예정(2021. 3. 1)
– 사업용은 모두 신고, 동력비행장치, 회전익비행장치, 동력패러글라이더는 신고대상
– 레저취미용 등 비사업용이라도 자체중량 2kg 초과 무인비행장치는 신고해야한다.(개정)

정답: 3

31 뇌우가 생성되는 조건이 아닌 것은?

① 구름이 많이 모여든다. ② 고기압에서 상승기류가 발생한다.

③ 수증기가 많이 모여든다. ④ 저기압에서 상승기류가 발생한다.

해설 〈뇌우(thunderstorm)〉

천둥(Thunder)과 강한 비(폭풍우, storm)을 동반한 기상현상을 말한다. 주로 여름철의 지표면 불균등 가열로 불안정한 대기로 강한 상승기류로 발생한 수직 구름인 적란운이나 한랭전선에서 발생한 적란운, 적운 등에서 나타난다.

정답: 2

32 북반구 저기압에 대해 옳지 않은 것은 어느 것인가?

① 비와 악 기상을 동반

② 상승기류가 있다.

③ 시계방향으로 불며 맑은 날씨를 보인다.

④ 반시계 방향으로 바람이 분다.

해설 저기압은 북반구에서는 반시계방향으로 바람이 불고 상승기류가 발생하며, 비나 눈이 내리는 경우가 많다.

정답: 3

33 다음 중 항공기의 착빙(Icing)에 대한 설명 중 틀린 것은?

① 거친 착빙도 항공기 날개의 공기 역학에 심각한 영향을 줄 수 있다.

② 양력과 무게를 증가시켜 추진력을 감소시키고 항력은 증가시킨다.

③ 착빙은 날개뿐만 아니라 Carburetor, Pitot관 등에도 다양하게 발생한다.

④ 습한 공기가 기체 표면에 부딪치면서 결빙이 발생하는 현상이다.

해설 착빙(Icing)은 항공기 운행에 위험요소이므로 항공기 항력 증가, 양력 감소, 중량 증가 등의 다양한 악영향으로 항공기 추락의 위험을 발생시킨다.

정답: 2

34 항공기가 항력을 이기고 전진하는 데 필요한 마력은 무엇인가?

① 여유마력 ② 이용마력 ③ 제동마력 ④ 필요마력

해설 (1) 이용마력 : 추진력으로서 비행에 이용될 수 있는 기관의 전체 동력마력
(2) 필요마력: 항공기가 일정한 속도를 유지하거나 상승 하강 등에 필요한 마력
(3) 여유(Excess Power, 잉여마력) = 이용마력 – 필요마력
(4) 이용마력 〉 필요마력

정답: 4

35 다음 중 동력비행장치는 자체중량이 몇 킬로그램 이하인가?

① 60 킬로그램 ② 150 킬로그램 ③ 115 킬로그램 ④ 70 킬로그램

정답: 3

36 위성항법시스템(GNSS)의 설명으로 틀린 것은 무엇인가?

① 위성항법시스템에는 GPS, GLONASS, Galileo, Beidou등이 있다.

② 위성신호는 빛의 속도와 시간을 산출해 거리를 알아낸다.

③ 우리나라에서는 GPS는 사용하지만 GLONASS를 사용하지 않는다.

④ GPS는 삼각진법을 이용하여 위치를 계산한다.

해설 많은 항법장비들이 GPS와 GLONASS를 동시에 사용하고 있다.

정답: 3

37 다음 중 세로안정성과 관련이 드론의 운동은?

① 피칭 ② 롤링 ③ 요잉 ④ 롤링과 피칭

해설 가로안정성과 관련이 있는 운동은 롤링이다.

정답: 1

38 다음 중 풍속 단위 중에 무인 멀티콥터 비행시에 주로 쓰이는 것은?

① m/s ② kg ③ km/h ④ rad/s

해설 초당 이동한 m 즉 m/s를 주로 사용한다.

정답: 1

39 다음 중 바람(wind)에 대한 설명 중 틀린 것은?

① 바람의 풍속의 단위는 knot(노트), m/s 등을 사용한다.

② 풍속은 공기가 이동한 거리와 소요된 시간의 비이다.

③ 바람은 기압이 낮은 곳에서 높은 곳으로 움직이는 공기의 흐름이다.

④ 풍향은 지리학상의 진북을 기준으로 한다.

해설 바람은 기압이 높은 곳에서 낮은 곳으로 움직이는 공기의 흐름이다.

정답: 3

40 다음 중 벡터량이 아닌 것은?

① 가속도 ② 무게 ③ 운동량 ④ 속도

해설 1. 벡트량 : 크기와 방향을 갖는 물리량

예) 중량, 속도, 가속도, 양력, 항력, 추력, 변위, 힘, 충격량, 운동량, 전기장(자기장) 세기

2. 스칼라량 : 방향은 없고 크기만 있다.

예) 질량, 무게, 속력, 길이, 넓이, 온도, 부피 등

정답: 2

부록

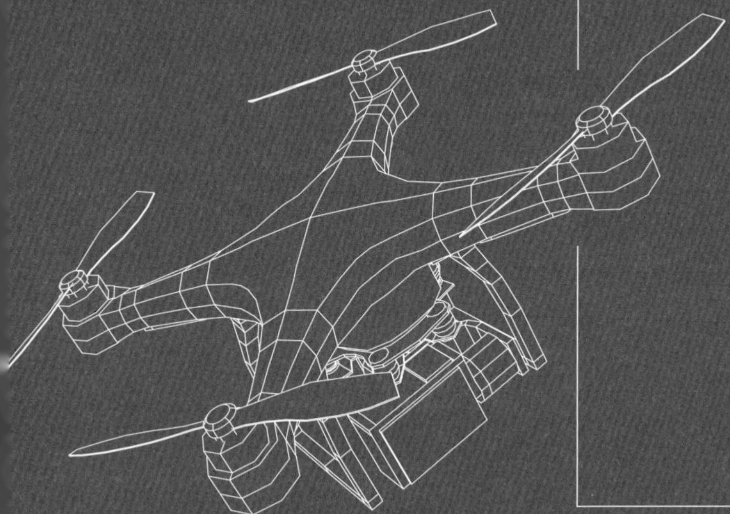

1. 실기시험(구술시험) 질문과 답변

2. 실기비행순서

부록 1 : 실기시험(구술시험) 질문과 답변

〈 구술시험 예상문제 〉

☑ 조종자 준수사항 (위반 시 200만원 이하의 과태료)

시야내 비행	위험한 행동 금지
① 가시권 밖 비행금지 ② 고도 150m 이상 비행금지 ③ 야간비행금지	④ 위험한 낙하물 투하금지 ⑤ 음주비행금지 ⑥ 비행금지구역 비행금지 ⑦ 사람이 많은 곳 비행금지

☑ 야간비행과 가시권 밖의 비행을 하는 방법은 무엇인가?

☞ ①야간비행과 ②가시권 밖 비행은 특별비행승인을 통해 가능하다.

☑ 시계비행과 계기비행

☞ 시계비행은 조정자가 직접 육안으로 확인하며 비행하는 것을 말하며

☞ 계기비행은 기체의 계기판을 보면 비행하는 것을 말한다.

☑ 비행금지구역(용산집무실, 휴전선 지역) 및 비행승인기관

구분	지역 / 내용	관할기관 (비행승인기관)
P73	용산집무실 인근	수도방위사령부
P518	경기 및 강원 북부지역,휴전선 인근지역	합동참모본부

☑ 비행금지구역(원자력 발전소) 및 비행승인기관 (부경영울대-고월빛울자)

구분	지역 / 내용	관할기관 (A구역) (비행승인기관)	관할기관 (B구역:외곽) (비행승인기관)
P-61	부산 기장 고리원전	합동참모본부 (공중종심작전과)	부산지방항공청
P-62	경북 경주 월성원전		
P-63	전남 영광 한빛원전		
P-64	경북 울진 한울원전		
P-65	대전 원자력연구소		서울지방항공청

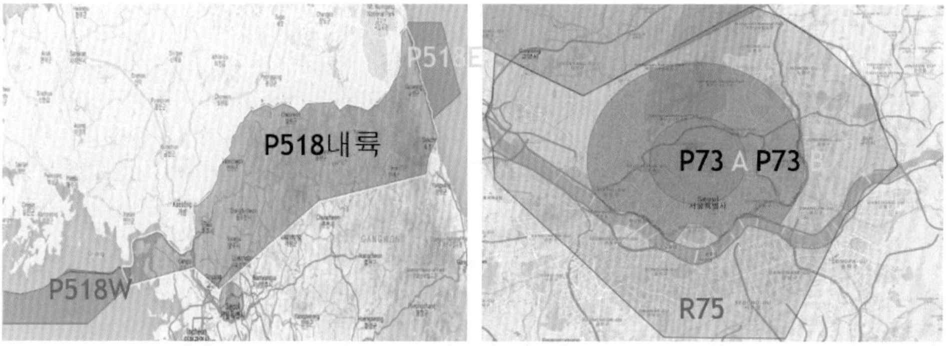

| P518과 P73(A/B), R75위치 |

☑ **조종자가 비행을 하기 전 주의해야 할 사항은 무엇인가? (실기시험 비행 전 점검을 생각)**

☞ 비행할 곳 주변의 사람, 차량등 장애물, 기상(풍향,풍속), 시간등을 확인해야 합니다.

☑ **1NM(해리, Nautical Mile 노티컬 마일) 몇 킬로미터인가?**

☞ 약 1.8km (1.852Km)입니다.

☑ **수도권의 비행제한구역과 비행승인기관 어디입니까?**

☞ R75는 P73B의 용산집무실 외곽지역으로 군사목적으로 설정된 공역으로 수도방위사령부(수방사) 비행승인이 필요합니다.

참고 비행제한구역은 12kg이하 고도 150m 미만의 비행은 원칙적으로 사전 허가가 필요 없으나 수도권의 비행제한구역인 R75는 예외적으로 수도방위사령부(수방사) 비행승인이 필요하다.

〈 공역에 대한 예상 질문 〉

☑ 공역이란?

– 항공기, 초경량비행장치의 안전을 위해 지표면, 해수면으로부터 일정한 높이의 특정공간

☑ 관제공역의 종류는 무엇입니까?

☞ 관제권과 관제구입니다.

(1) 관제권 : 공항주변의 비행금지구역을 포함하는 지역으로 항공교통을 안전을 위해 지정된 공역

(2) 관제구: 높이 200m이상의 기준으로 항공교통의 안전을 위하여 국토교통부장관이 지정한 공역

☑ 비관제공역의 종류는 무엇입니까? (비관제–조정)

☞ 조언구역과 정보구역입니다.

☑ 통제공역의 종류는 무엇입니까?

☞ 비행금지구역, 비행제한구역, 초경량비행장치 비행제한구역입니다.

☑ 주의공역의 종류는 무엇입니까? (주의–군작전으로 훈련하니 위험하니까 경계하여라)

☞ 군작전구역, 훈련구역, 위험구역, 경계구역입니다.

☑ 비행금지구역은 어디입니까?

1. P73(용산집무실인근), P518(휴전선부근)
2. 비행장 주변의 관제권(9.3km)
3. 원전주변(반경 18.6km)등입니다.

☑ 비행금지구역 공항에서 근접해 농사를 위하여 농약 살포를 해야 할 때 비행이 가능한가?

☞ 지방항공청에서 비행승인을 받으면 비행이 가능하다.

☑ 비행승인 절차는?

☞ '드론 원스탑 민원서비스' 홈페이지에서 비행승인신청을 합니다.(drone.onestop.go.kr)

☑ 드론으로 촬영을 할 때 허가는 어디서 받는가?

☞ 국방부입니다.

☑ 취득하려고 하는 자격증의 정식 명칭은 무엇인가?

☞ 초경량비행장치 무인멀티콥터 조종자 증명

☑ 비행시 소지해야 하는 것

- 초경량비행장치 무인멀티콥터 조종자 증명(비행금지구역 비행시에는 비행계획서와 비행승인서등이 필요하다.)

☑ 드론의 비행시간은 언제인가요?

☞ 일출 후부터 일몰 전까지입니다.

Ⓐ 비행하는 날마다 확인하는지? ☞ 예

Ⓑ 어디서 확인하나요? ☞ 인터넷에서 해당지역 검색해서 확인합니다.

☑ 비행고도 한계는?

☞ 고도 150m(= 500ft)미만입니다.

☑ 초경량 비행장치의 비행고도가 150m인 이유

☞ 유인항공기 최저 고도가 150m 이므로 유인항공기와 드론이 충돌하지 않기 위해 드론 비행고도를 150m이하로 제한

〈 드론 자격시험 응시연령 예상질문 〉

☑ '초경량비행장치 무인멀티콥터 4종 조종자'의 자격시험에 응시할 수 있는 최소연령은?

☞ 만 10세 이상

☑ '초경량비행장치 지도조종자(교관)' 자격시험 응시 최소나이는?

☞ 만 18세 이상

☑ 초경량비행장치 무인멀티콥터 조종자 '실기시험'을 보기 위한 비행시간은?

☞ 20시간 (8시간 교관동반 비행과 12시간의 단독비행)

☑ '지도조종자(교관)가 되기 위한 비행시간은?

☞누적 100시간

☑ '실기평가조종자'가 되기 위한 비행시간은?

☞누적 150시간

☑ 초경량비행장치 조종자과정 전문교육기관 운영자 연령은?

☞ 만25세 이상

☑ 초경량 비행장치란?

항공기와 경량항공기 외에 공기의 반작용으로 뜰 수 있는 장치로서, 좌석이 하나인 동력비행장치, 회전익비행장치, 무인비행장치, 기구류 등이 있습니다.

☑ **초경량비행장치 소유권 말소는 어떻게 하는가?**

☞ 지방항공청에 15일 이내 말소신고를 한다.

☑ **절대고도 (상대고도)는 무엇인가?**

☞ 지표면(AGL, Above Ground Level)에서 항공기 간의 거리로 지표면의 높이에 따라 고도가 달라진다.

☑ **진고도는 무엇인가?**

☞ 평균 표준해수면(MSL, Mean Sea Level)에서 항공기간의 고도

☑ **조종기에 타임워치가 달려 있는 이유는?**

☞ 조종시간과, 배터리 잔량을 체크하기 위하여

☑ **비행높이가 150m이면 기준점이 어디부터인가?**

☞ 지표면 또는 물건의 상단에서 150m를 의미한다.

☑ **기체에 장착된 FC(Flight Controllor) 센서의 종류 및 기능은?**

1. FC(Flight Controllor) 란?

   ☞ FC는 드론이 안전적으로 비행할 수 있도록 하는 비행제어 장치로 드론의 두뇌(brain)과 같은 장치입니다.

2. FC의 센서 구성은?

   ☞ 자이로센서, 가속도센서, 지자계센서(방위), 기압센서 등으로 구성되어 있다.(자가지)

3. 드론의 각종 센서의 종류 및 기능은?

   (1) 자이로센서 : 드론의 수평을 유지하여 기체의 자세를 제어한다.

   (2) 가속도센서 – 중력 가속도를 이용해 기울기를 측정하여 기체의 자세를 제

어한다.

(3) 기압센서 – 기압을 측정하여 기체의 고도를 측정

(4) 지자계센서(콤퍼스) – 지구자기장을 이용하여 기체의 방향(Heading)을 일정하게 유지한다.

(5) GPS센서 – GPS 위성 신호를 받아 기체의 위치를 제어하는 센서

4. GPS관련 예상질문

(1) GPS가 제공하는 정보는?

☞ 위치, 속도, 시간 (위속시) 입니다.

(2) GPS는 몇 개 이상의 신호를 수신하여야 정상적으로 동작하는가?

☞ 4개 이상입니다.

☑ IMU(Inertial Measurement Uint) 기능은? (Inertial : 관성, Measurement :측정, Uint : 장치)

①자이로센서, ②가속도센서, ③지자계센서로 구성된 '관성측정장치'로 (자 ~ 가 지! 먹어)

기체의 기울기, 방향 등을 감지하여 기체의 자세를 제어하는 장치

☑ ESC(Electronic Speed Controller, 전자 변속기)의 역할은?

☞ 드론의 모터 속도 조절입니다.

☑ ATTI모드시 꺼지는 센서는?

☞ ①GPS센서와 ②지자계센서 입니다.

☑ GPS모드와 ATTI 모드(자세모드)의 차이점은?

☞ GPS모드는 GPS를 이용하여 자동으로 비행하는 모드로 일반적인 드론을 조종하는 방법이고

☞ ATTI 모드(자세모드)는 GPS를 사용하지 않고 고도는 일정하게 유지시켜 주는

수동조종모드이다.

☑ 비상사태 발생시 최우선적으로 취해야 하는 조치는?

☞ 주변 사람들에게 큰소리를 쳐서 먼저 위험을 알리고 GPS모드에서 즉시 ATTI모드(자세모드)전환하여 안전한 장소에 착륙시킨다.

☑ 멀티콥터와 헬기의 차이점은 무엇인가요?

☞ 멀티콥터는 고정피치를 사용하고, 헬기는 가변피치를 사용합니다.

☑ 프로펠러 피치각은 무엇인가?

깃 시위선과 프로펠러 회전면이 이루는 각입니다.

※ 피치각(Pitch angle) = 깃각

☑ 멀티곱터의 모터갯수에 따른 명칭은?

2개– 바이콥터

3개 – 트라이콥터

4개 – 쿼드콥터

5개 – 펜타콥터

6개 – 헥사콥터

8개 – 옥토콥터

10개–데카콥터

12개 – 도데카콥터

☑ 고정익 비행장치와 비교해서 가장 큰 차이가 나는 회전익 비행장치의 비행 특성은?

☞ 제자리비행(또는 호버링)

☑ 프로펠러의 블레이드 익근(root)의 꼬임각은 에어포일 끝단의 익단(edge)보다 꼬임각

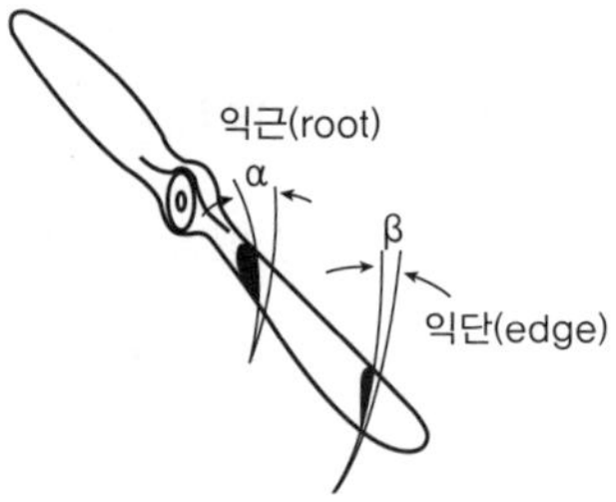

| 프로펠러의 익근과 익단 |

이 큰이유는?

☞ 프로펠러의 블레이드(blade)의 끝(tip)이 과도한 양력이 발생하고 큰 하중이 걸려 블레이드가 손상될 수 있기 때문이다.

〈 드론의 비행원리 관련 질문들 〉

☑ 멀티콥터의 비행원리?

☞ 인접한 모터의 회전 방향을 서로 교차시켜 작용반작용의 원리를 이용하여 비행합니다.

☑ 토크 작용이란?

☞ 헬리콥터의 프로펠러가 시계반대방향으로 회전할 때 동체는 프로펠러의 회전방향과 반대 방향으로 회전하려는 힘을 토크라고 합니다.

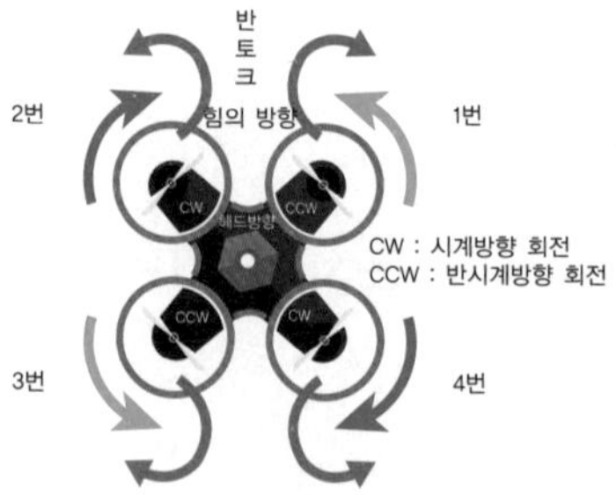

☑ **드론의 비행**

문1) 드론이 전진 시 프롭의 회전은? ☞ 앞쪽 2개 모터 약, 뒤쪽 2개 모터 강

문2) 드론이 좌측으로 이동시 프롭의 회전은? ☞ 좌측 2개 모터 약, 우측 2개 모터 강

문3) 드론이 시계방향으로 회전 시 프롭의 회전은?

☞ 시계 방향으로 회전하는 모터는 약하게 반시계 방향 2개의 모터는 강하게 회전

☑ **호버링시 힘의 관계는?**

☞ 양력 = 중력이고 추력과 항력은 작용 안합니다.

☑ **양력의 원리는?**

☞ 양력의 원리는 베르누이 원리로 설명할 수 있으며 날개 상하부 공기 흐를 때 생기는 압력차의 의해서 양력이 발생합니다.

☑ **NOTAM(Notice to Airmen, 노탐)은 무엇인가요?**

☞ 항공종사자들에게 안전운항을 위한 국가에서 실시하는 항공정보고시보입니다.

☑ **NOTAM(Notice to Airmen, 노탐)의 유효기간은?**

☞ 유효기간 3개월입니다.

☑ **안전성 인증을 받아야 하는 기체 중량은 무엇입니까?**

☞ 최대이륙중량 25kg 초과의 기체입니다.

☑ **안전성 인증을 어디서 실시합니까?**

☞ '항공안전기술원'에서 실시합니다.

☑ **순돌이 드론은 안전성검사를 받아야 하나요?**

☞ 한세드론아카데미 순돌이드론(1종기체)의 경우 최대이륙중량 26kg으로 안전인증검사 대상입니다.

☑ **초경량비행장치 장치신고?**

☞ 최대이륙중량 2kg초과 기체로 한국교통안전공단 이사장에게 신고합니다.

☑ **초경량비행장치 장치신고 하지 않았을 때 벌칙은 무엇인가요?**

☞ 미신고시 징역 6개월 또는 500만원 이하의 벌금

☑ **멀티콥터의 자체 중량과 최대이륙중량의 차이점?**

☞ 자체중량은 기체에 배터리만 포함한 무게이고,

☞ 최대이륙중량은 배터리 외에 농약, 카메라 등 탑재장비를 포함해서 최대로 기체가 이륙 가능한 무게입니다.

〈 배터리 관련 질문 〉

☑ **배터리를 폐기하는 방법은 무엇인가요?**

☞ 1) 몸에 해로운 염소가스가 발생하므로 실외에서 소금물(1:1)에 담근후 야외의 고온다습한 환경을 피해서 2-3일후 방전후 폐기하거나

2) 방전기로 완전 방전후 폐기합니다.

☑ **배터리를 장기보관 하려면?**

☞ 40%~ 50% 충전 상태에서 직사광선을 피하고 습기가 없는 서늘한 곳에 보관온도는 22 ~ 28℃이고, 보관시 '전용용기'에 보관하는 것이 안전합니다.

☞ 배터리가 부풀면(스웰링 현상) 고쳐 쓸 수 없으며 폐기해야 합니다.

☑ **배터리가 다 소모되었다는 것을 어떻게 알 수 있는가?**

☞ 드론이 3.7V 이하가 되면 기체의 LED등에 붉은 빛이 깜빡깜빡 들어오므로, 배터리의 소모가 다 된 것을 인지할 수 있다. 이때는 빨리 착륙을 시킵니다.

☑ 조종기 모드1과 모드2의 차이점은?

☞ 일반적으로 모드2을 사용하며 왼쪽은 스로틀 스틱, 엘리베이터는 왼쪽 스틱이고, 모드1은 그 반대입니다.

☑ 비행허가 지방항공청(3곳)은 어디인가요?

☞ 서울, 부산, 제주 지방항공청입니다.

☑ 비가 얼마나 내리면 비행을 못하는가?

☞ 객관적인 기준은 없고 지도조종자의 판단하에 비행여부를 결정한다.

☑ 비행하기 어려운 풍속은?

☞ 5m/s 이상이면 비행을 중단합니다.

☑ 멀티콥터의 에러시 LED의 색깔은 어떻게 되나?

☞ 기체마다 다르나 보통 적색계통의 색상으로 표시된다.

참고 〈 LED색의 구분 〉

적색 – 에러, 경고 / 노랑 – 에티모드, 주의 / 녹색(또는 옥색) – GPS모드, 정상

☑ 멀티콥터 비행 중 LED 색상이 빨간색으로 변했을 때 배터리 잔량은 통상 몇 퍼센트인가?

☞ 배터리 잔량을 직접 설정할수 있으나 보통 40% 정도로 설정합니다.

☑ 사고시 조치요령은 무엇입니까?

☞ 부상자가 있을때는 먼저 119 신고하여 인명을 구조하고 지방항공청에 신고하여

항공철도사고조사위원회에서 사고조사케 합니다.

☑ **Fail Safe (페일 세이프)에 대해 설명해 보시오.**

☞ 자동안전장치로 비행 시 통신두절 등 기체에 이상이 생기면 자동으로 리턴홈 기능 수행 등 사전에 사용자가 설정(자동귀환, 자동착륙)한 대로 기체가 동작하도록 하는 기능입니다.

☑ **프로펠러나 모터가 1개 고장시 기체 현상을 설명하시오.**

1) 쿼드콥터(프로펠러 4개)일 때 ☞ 고장난 프로펠러의 방향으로 추락

2) 헥사콥터(프로펠러 6개) 일 때

☞ 기체가 특정 방향으로 회전 할수도 있지만 동력보상제어가 가능하므로 추락없이 착륙 가능

3) 옥토콥터(프로펠러 8개)

☞ 동력보상제어가 작동하여 어느 정도 비행 가능하지만 착륙해야 합니다.

☑ **브러쉬드 모터와 브러쉬리스 모터 장 · 단점을 설명하시오**

구분	브러쉬드 모터(완구모터)	브러쉬리스 모터
장점	1) 구조가 간단하고 2) 가격이 저렴하다.	1) 브러쉬가 없어 발열이 적고 수명이 길다. 2) 고속회전이 가능해 대형 멀티콥터에 적합
단점	브러쉬 사용으로 발열과 소음이 많다.	1) 가격이 비싸다. 2) ESC(변속기)가 필요하다.

☑ **사용하고 있는 조종기의 주파수**

☞ 2.4Ghz(제어용) , 5.8Ghz(영상전송용)입니다.

☑ **GPS 안테나 고장시 기체 반응은?**

☞ GPS정보를 수신할수 없으므로 자동으로 기체의 위치제어가 되지 않는다. 이때는 ATTI(자세모드) 모드로 전환해서 비행하여야 합니다.

☑ **자격증 취득 후 비행할 수 있는 기체 중량?**

☞ 자체중량 150kg 이하입니다.

☑ **국토교통부에서 무인동력비행장치로 인정하는 장치의 최대 무게는?**

☞ 자체중량 150kg 이하입니다.

☑ **조종기의 안테나를 꺽인채로 비행하는 이유**

☞ 조종기 안테나의 송신 강도를 좋게하기 위해입니다.

☑ **노콘(NO Control) 발생시 기체 움직임은?**

☞ 노콘 이란 No Control의 준말이며, 기체의 조종 불능상태입니다.

☑ **기체에 사용 되는 순돌이 FC 명칭은?**

☞ DJI회사의 N3 입니다.

☑ **기체에 사용 되는 순돌이 신고번호는 무엇입니까?**

☞ 순돌이드론을 보면서 상단의 하얀스티커를 보면서 읽는다 예시) S7669F

☑ **항공기(기체)에 작용하는 힘 4가지는 무엇인가요?**

☞ 양력, 추력, 항력, 중력입니다.

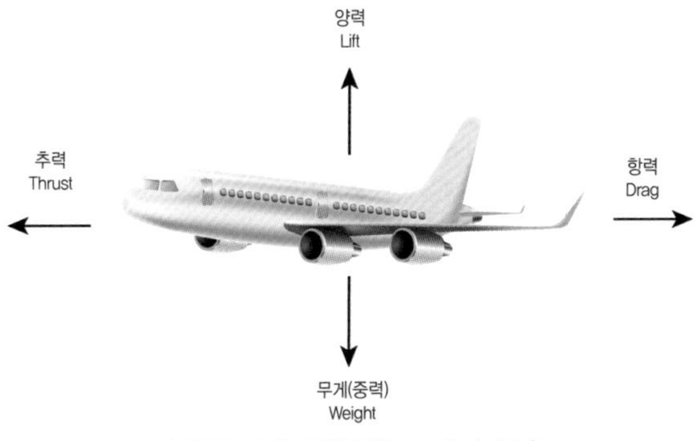

| 항공기에 작용하는 4가지 힘 |

☑ 항공기의 3대 축 운동은 무엇입니까?

☞ 항공기의 3대축은 X, Y, Z인데 각각 롤링, 피칭, 요잉(롤피요) 입니다.

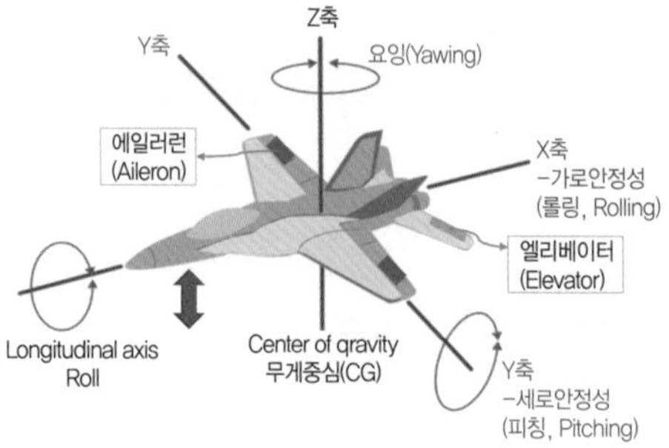

| 항공기에 3대 축운동 |

☑ 과태료 정리

위반 사항	항공안전법	과태료금액		
		1차 위반	2차 위반	3차 이상 위반
안전성 인증 없이 비행	제124조 제166조 제1항 제10호	250	375	500
조종자 증명 없이 비행	제125조 제1항 제166조 제2항 제3호	200	300	400
150미터 이상 고도, 관제공역 등 미승인 비행	제127조 제3항 제166조 제3항 제9호	150	225	300
인명재산 피해 없도록 비행하라는 조종자 준수사항 미이행	제129조 제1항 제166조 제3항 제8호			
미승인 야간비행	제129조 제5항 제166조 제3항 제10호	100	150	200
신고번호 기체 미표시 또는 거짓 표시	제122조 제3항 제166조제4항제4호	50	75	100
장치 미장착 · 미휴대 비행	제128조 제166조 제4항 제5호			
말소신고 미이행	제123 제2항 제166조제6항 제1호	15	22.5	30
사고 미보고 · 거짓보고	제129조 제3항 제166조 제6항 제2호			
안전성검사를 받지 않은 기체를 사용하여 조종자 증명없이 비행한 자		1년이하의 징역, 1000만원 이하 벌금		
음주, 약물 등을 하고 비행한 자		3년이하 징역 3000만원 이하 벌금		

☑ **위반행태별 행정벌인 최대 과태료 금액은?**

★ 말소신고를 하지 않은 경우 : 30만원

★ 안전성인증검사 미인증: 500만원

★ 조종자 증명 없이 비행(무면허): 400만원

★ 조종자 준수사항 미준수: 300만원

★ 미승인 비행(최대이륙중량 25kg 이하): 200만원

★ 기체신고번호 미부착: 100만원

★ 사고 미신고 거짓신고, 말소 미신고 : 30만원

☑ **위반행태별 최대 형사처벌 징역 및 벌금 액수?**

★ 음주환각비행시 ☞ 3년 이하 징역 또는 3천만원 이하의 벌금

★ 사업자등록 미이행 시 ☞ 1년 이하 징역 또는 1천만원이하의 벌금

★ 초경량비행장치 미신고시 ☞ 6개월 이하 징역 500만원이하의 벌금

★ 비행금지구역 미승인 비행 ☞ 300만원 과태료

☑ **프로펠러 제원, 피치의 개념(순돌이) 한세드론아카데미 (순돌이기준)**

질문1) 기체의 무게는?

☞ 자체중량은 13KG 최대이륙중량은 26KG입니다.

질문2) 기체 배터리(Li-Po 배터리)의 1셀당 정격전압을 얼마입니까?

☞ 1셀당 3.7V이며 6셀이 직렬로 연결되어 있으므로 배터리 1개당 정격전압은 22.2V입니다.

질문3) 기체 배터리(Li-Po 배터리)의 1셀당 완충전압은 얼마입니까?

☞ 4.2V입니다.

질문4) 순돌이드론의 경우 배터리 용량은 어떻게 됩니까?

☞ 6셀 리포(Li-Po) 배터리를 사용하며 용량은 개당 16,000mAh입니다.

☞ 기체에 사용하는 배터리의 정격전압은 22.2V이므로 2개를 사용하므로 총

전압은 44.4V입니다.

질문5) 프로펠러 규격 2608의 의미는?

☞ 프로펠러 지름이 26인치, 피치는 8인치입니다.

질문6) 피치란?

☞ 프로펠러가 한 바퀴 회전했을 때 이동하는 거리를 인치 단위로 표시

질문7) 모터의 KV란?

☞ '무부하'에서 1V(볼트)의 전원이 인가되었을 때의 rpm (분당회전 수)

질문8) 지금 사용하고 있는 조종기의 주파수는?

☞ 2.4Ghz

☑ 순돌이 제원표 (2021)

모델명 : SDR H-E2021

성능	무게	13 kg (배터리 제외) 17.1 kg (16000mAh x 2 탑재기준)
	최대이륙중량	26kg
	1회비행시간	25분/자체중량 기준 11분/ 26kg이륙중량 기준
	최대비행속도	50km/h
프레임	크기 (가로,세로,높이)	204.1x 185.8 x 71 (작업時) 63 x 70 x 71 (보관,운반時)
	대각선 축간거리	139 cm
주요장치	모터	SDR P70 120kv x 6개
	프로펠러	26인치 폴딩프롭 x 6개 피치 (26인치 8도)
	권장 배터리	22.2v 16000mAh 25c x 2
핵심적용기술	홈 복귀, 저전압 경고	
	동체 폴더로 운송, 관리 용이	

부록 2 : 실기비행순서

〈 초경량비행장치 무인멀티콥터 실기비행순서 〉

순서	구분	내용 및 특이사항
1	비행 전 점검	▶ 조종기와 배터리/체크리스트가 든 가방을 들고 착륙장 위치로 이동 ▶ 착륙장 오른쪽에 조종기와 가방은 내려놓고 배터리를 들고 기체 앞으로 이동
2	배터리 장착	▶ 기체에 배터리를 밀어 넣고 양쪽 원형 클립을 살짝 앞당겨 홈에 고정
3	기체 점검	▶ 1번 프롭(프로펠러) 위치로 이동하여 순서대로 진행 ▶ 프롭 회전 이상무 – 프롭 상태 이상무 – ▶ 모터 온도 및 유격 이상무 – 암대 및 폴더 이상무 – (6번까지) – ▶ 본체 이상무 – GPS 이상무 – LED 이상무 – 랜딩기어 이상무
4	조종기 점검	▶ 조종기를 들고 스틱을 2바퀴 정도 빙빙 돌리면서 – 스틱 이상무 ▶ 스위치를 올렸다 내리면서 – 스위치 이상무 ☞ 체크리스트 작성 (체크사항 및 아워미터 시간 확인 후 기록)
5	조종기 전원 연결	▶ 조종기 전원 ON ▶ 조종기 배터리 00(3.7V ~ 4.2V)볼트 이상무 착륙장 오른쪽 아래 모퉁이에 조정기를 내려 놓고
6	기체 전원 연결	▶ 1번 배터리(오른쪽)부터 전원 연결 후 조종기를 들고 ▶ GPS 수신 대기 중 LED 램프 초록색 깜빡임 확인 후 스위치 ATTI↔GPS 올렸다 내리고 초록색 깜빡임 다시 한 번 더 확인 ▶ GPS 수신 완료 조종기와 체크리스트가 든 가방을 들고 조종자 안전거리 15M 위치로 이동
7	비행장 안전 점검	▶ 전방 사람/장애물 이상무 – 풍향/풍속 이상무 – GPS 수신 이상무 ▶ 이륙준비 완료
8	시동	▶ 조종기 스틱을 안쪽 아래 45도로 동시에 조작하여 시동을 건 후 ▶ 2번 프롭까지 회전하면 스틱을 서서히 놓고 6번까지 모두 회전을 한 후 ▶ 프롭 회전 이상무 – 이륙 ▶ 스로틀 조작 수직 상승시켜 비행 기준 고도 3~5M 사이에서 정지 * 수술이 잘 반응하는 3M정도의 고도가 적당하며, 최초 고도를 잡았으면 처음부터 끝까지 그 고도를 유지하여 비행하여야 하며, 고도의 허용 범위는 상하 0.5M이내
9	기체 반응 검사	▶ 엘리베이터 전/후 이상무 – 에일러런 좌/우 이상무 – 러더 좌/우 이상무 (호버링 상태 유지) 정지 하나, 둘, 셋, 넷, 다섯
10	호버링 위치로 이동	▶ 바로 앞 중앙 라바콘(A지점) 위로 천천히 이동, 바로 위에서 기체가 흔들리면 까딱까딱 조종해서 잡아 놓고, 수술이 한쪽으로 치우지지 않고 직하방 아래로 흔들릴 때 정지 (호버링 상태 유지) 정지 하나, 둘, 셋, 넷, 다섯

순서	구분	내용 및 특이사항
11	정지 호버링	▶ 좌로 90도 회전 (러더키를 좌측으로 조작하여 90도 회전) (호버링 상태 유지) 정지 하나, 둘, 셋. 넷, 다섯 ▶ 우로 180도 회전 (러더키를 우측으로 조작하여 180도 회전) (호버링 상태 유지) 정지 하나, 둘, 셋 .넷, 다섯 * 기체를 좌우측으로 돌린 경우 랜딩스키드 양쪽 끝을 정확하게 맞춤 ▶ 기수 정렬 러더키를 좌측으로 조작하여 90도 회전시켜 기수가 앞을 향하게 자리 잡고 랜딩 스키드를 11자로 정확하게 맞춤 (호버링 상태 유지) 정지 하나, 둘, 셋. 넷, 다섯
12	전진 및 후진 비행	▶ 전진 50M정도 마지막 라바콘까지 천천히 이동하며, 수술이 흔들리기 시작하면 스틱을 까딱까딱 밀어서 수술이 직하방으로 흔들리면 정지 (호버링 상태 유지) 정지 하나, 둘, 셋. 넷, 다섯 ▶ 후진 12시 지나면서 천천히 호버링 위치까지 이동하며, 수술이 흔들리기 시작하면 스틱을 까딱까딱 움직이며 서서히 접근 수술이 직하방으로 흔들리면 정지 랜딩스키드를 정확하게 11자로 맞춘 후 (호버링 상태 유지) 정지 하나, 둘, 셋. 넷, 다섯 * 전 후진 라인 좌우 1M 안에서 기동 전진비행시 50M 지점은 ±5M내에서 정지 가능하므로 수술이 흔들리면 바로 정지시키고 호버링해도 무관하다
13	삼각 비행	▶ 우로 이동 랜딩스키드 안쪽뒤끝부분을 라바콘 위에 맞추고, 수술이 직하방으로 흔들리면 멈춤 (호버링 상태 유지) 정지 하나, 둘, 셋. 넷, 다섯 ▶ 좌로 상승 스로틀을 먼저 조작하여 서서히 상승하면서 에일러런을 조금 쳐서 45도 각도로 호버링 위치 직상방 정지 지점까지 천천히 상승 (호버링 고도 3.5m + 수직 7.5m정도) (호버링 상태 유지) 정지 하나, 둘, 셋. 넷, 다섯 ▶ 좌로 하강 먼저 에일러런을 조금, 스로틀은 많이 45도 각도 유지하면서 9시 방향 라바콘위 3M정도 위치에 멈춘 후 랜딩스키드 11자로 맞춘 후 정지 (호버링 상태 유지) 정지 하나, 둘, 셋. 넷, 다섯 ▶ 호버링 위치로 이동 (호버링 상태 유지) 정지 하나, 둘, 셋. 넷, 다섯
14	원주 비행	▶ 원주비행 위치로 착륙장으로 이동하며, 안전선을 넘지 않도록 주의 (호버링 상태 유지) 정지 하나, 둘, 셋. 넷, 다섯

순서	구분	내용 및 특이사항
14	원주 비행	▶ 우로 90도 회전 러더키를 우측으로 조작하여 90도 회전 (호버링 상태 유지) 정지 하나, 둘, 셋. 넷, 다섯 ▶ 원주비행실시 출발 1M 진행 후부터 좌러더 조금씩 적용시키고 중간쯤에서 러더가 45도 정도 되도록 유지하고 안쪽 랜딩스키드가 3시 방향 라바콘을 지나도록 하며 3시, 12시, 9시 라바콘을 지날때는 랜딩스키드가 11자로 되어야한다. 엘리베이터는 멈추지 말고 계속 진행하면서 중간 중간 러더를 조금씩 쳐주며 착륙장 위치로 온다. (호버링 상태 유지) 정지 하나, 둘, 셋. 넷, 다섯 TIP : 기체가 안으로 말리면 에이러런을 1시 방향으로 밖으로 나가면 에일러런을 11시 방향으로 조작한다. ▶ 기수 정렬 러더키를 좌측으로 90도 회전 시켜 기수가 앞을 향하게 자리 잡고 랜딩스키드를 11자로 정확하게 맞춤 (호버링 상태 유지) 정지 하나, 둘, 셋. 넷, 다섯
15	비상 조작	▶ 고도 2M 상승 (호버링 상태 유지) 정지 하나, 둘, 셋. 넷, 다섯 (비상상태이므로 안해도 무방) ▶ 비상 에일러런을 조금, 스로틀을 많이, 일반기동 1.5배이상의 속도로 45도 각도 유지하면서 비상착륙장으로 이동, 비상착륙장 위 1미터이내의 고도에서 잠시 정지시켜 기체를 정렬 후 착륙하여 시동을 끈다. * 주의 : 랜딩스키드가 지면에 가까이 있으면 스로틀 하강키 외에 다른 스틱은 무리하게 건드리지 않는다. 랜딩스키드 한쪽 측만 바닥에 부딪히면서 기체가 튕기는 현상이 발생하며 넘어질 수도 있다.
16	정상접근 및 착륙	▶ ATTI모드 변경 스위치 ATTI 모드로 변경 – LED 램프 노란색 깜빡임 확인 후) ▶ ATTI모드 변경 확인 – 시동 – 프롭 회전 이상무 – 이륙 (호버링 상태 유지) 정지 하나, 둘, 셋. 넷, 다섯 ▶ 착륙장 위치로 이동 GPS모드를 꺼서 기체가 이리저리 흔들리므로 드론이 밀려가는 반대방향으로 안 밀려가도록 엘리베이터/에일러런 스틱으로 계속 잡아줘야하며, 착륙장 위 최초 기준고도 위치에 오면 전후좌우를 맞춘 후 (호버링 상태 유지) 정지 하나, 둘, 셋. 넷, 다섯

순서	구분	내용 및 특이사항
16	정상접근 및 착륙	▶ 착륙 착륙장 위 1미터 이내의 고도에서 잠시 정지시켜 기체를 정렬 후 착륙하며, 이때 기체가 착륙장 밖에 있으면 바로 착륙시키지 말고 반드시 수정 후 착륙하여, 시동을 끈다. *중요* 기체중심이 착륙장 안으로 반드시 들어와야 정상 착륙으로 인정
17	측풍접근 및 착륙	▶ GPS모드 변경 스위치 GPS 모드로 변경 – LED 램프 초록색 깜빡임 확인 후 ▶ GPS모드 변경확인 – 시동 – 프롭 회전이상무 – 이륙 (호버링 상태 유지) 정지 하나, 둘, 셋. 넷, 다섯 ▶ 측풍접근 위치로 3시 방향 라바콘을 향해 대각선으로 이동하며, 랜딩스키드 안쪽 뒤끝이 라바콘 직상방에 위치하도록 한다. (호버링 상태 유지) 정지 하나, 둘, 셋. 넷, 다섯 ▶우로 90도 회전 러더키를 우측으로 조작하여 90도 회전 (호버링 상태 유지) 정지 하나, 둘, 셋. 넷, 다섯 ▶ 착륙장으로 이동 착륙장 위치를 향해 대각선으로 이동 (호버링 상태 유지) 정지 하나, 둘, 셋. 넷, 다섯 ▶ 착륙 착륙 방법은 같으나 기수 정렬이 되지 않은 상태의 기체라 방향을 혼동하기 쉬우니 엘리베이터/에일러런 방향에 주의하며, 착륙장 위 1미터이내의 고도에서 잠시 정지시켜 기체를 정렬 후 착륙한다. 이때 기체가 착륙장 밖에 있으면 바로 착륙시키지 말고 수정 후 착륙, 시동을 끈다. ▶ 비행종료 ▶ 비행시간 00분 00초
18	비행 후 점검	▶ 조종기와 체크리스트가 든 가방을 들고 착륙장 위치로 이동, 착륙장 오른쪽에 조종기와 가방을 내려놓고 기체 앞으로 이동 ▶ 기체 전원 분리 2번 배터리(왼쪽)부터 전원 분리 ▶ 조종기 전원 분리 ▶ 기체 점검 실시 1번 프롭(프로펠러) 위치로 이동하여 순서대로 진행 ▶ 프롭 회전 이상무 – 프롭 상태 이상무 – ▶ 모터 온도 및 유격 이상무 – 암대 및 폴더 이상무 – (6번까지) – ▶ 본체 이상무 – GPS 이상무 – LED 이상무 – 랜딩기어 이상무 ☞ 체크리스트 작성 (체크사항 및 아워미터 시간 확인 후 기록) ▶ 비행 후 기체 점검 완료 ▶ 배터리 탈착 ▶ 조종자 퇴장 (실기시험위원에게 큰소리로 수고하셨습니다! 라고 인사) – 체크리스트가 든 가방에 배터리를 담고, 조종기를 들고 퇴장!